烹饪专业项目课程试用教材

烹饪基本功入门

茅建民　主编

中国轻工业出版社

图书在版编目（CIP）数据

烹饪基本功入门／茅建民主编. —北京：中国轻工业出版社，2020.8
烹饪专业项目课程试用教材
ISBN 978-7-5019-7151-0

Ⅰ.①烹… Ⅱ.①茅… Ⅲ.①烹饪-方法-职业教育-教材 Ⅳ.①TS972.11

中国版本图书馆 CIP 数据核字（2009）第 185191 号

责任编辑：秦 功 史祖福 责任终审：张乃柬 封面设计：锋尚设计
策划编辑：秦 功 史祖福 责任校对：李 靖 责任监印：张 可
版式设计：王超男

出版发行：中国轻工业出版社（北京东长安街 6 号，邮编：100740）
印 刷：三河市万龙印装有限公司
经 销：各地新华书店
版 次：2020 年 8 月第 1 版第 7 次印刷
开 本：787×1092 1/16 印张：13.5
字 数：306 千字
书 号：ISBN 978-7-5019-7151-0 定价：26.00 元
邮购电话：010-65241695
发行电话：010-85119835 传真：85113293
网 址：http://www.chlip.com.cn
Email：club@chlip.com.cn
如发现图书残缺请与我社邮购联系调换
201022J2C107ZBW

烹饪专业项目课程开发工程指导委员会

主　任： 周　俊

副主任： 梅纪萍　杨存根　徐　明　宋金海

委　员： 茅建民　刘宁海　李才林　步瑞晨　王　蓓　冯小兰

烹饪专业项目课程试用教材编写委员会

主　编： 茅建民

副主编： 刘宁海　李才林　许　磊　李　增

总　纂： 赵佳佳

参加编写人员（按姓氏笔画排序）：

冯小兰　刘　文　刘宁海　阮雁春　许　磊　陈礼福　杨兆丰
邵泽东　吴　雷　李　增　周文来　茅建民　姚庆功　钱小丽
唐建凤　殷庆宝　袁金广　徐　健　顾铭清　彭旭东　董芝杰
储德发　薛　伟　鞠新美

本书执笔（按编写顺序排序）：

储德发　周文来　彭旭东　殷庆宝　薛　伟　袁金广

本书统稿： 薛　伟

序

在第十九届中国厨师节在扬州召开之际，在江苏省扬州商务高等职业学校建校50周年校庆之际，一套具有鲜明特色的“烹饪工艺与营养”专业项目课程的校本教材问世了，可庆可贺！

2006年，江苏省扬州商务高等职业学校“烹饪工艺与营养”专业被江苏省确定为课程改革试验专业。几年来，承担该项目的工作班子潜心研究，大胆实践，在烹饪专业课程开发和课程改革中，成绩突出，效益显著。他们在2004年编写出版的“扬州三把刀技艺系列教材”烹饪类校本教材的基础上，根据课程改革的要求和新的人才培养方案，依据项目课程编写了“烹饪工艺与营养”专业项目课程试用教材，填补了烹饪专业项目课程的空白，是一项了不起的工程。

职业教育教学改革的核心是课程改革，而课程改革的中心又是教材的改革。教材的内容与编写体例基本上决定了学生从该门课程中能学到什么样的知识、技能，形成什么样的逻辑思维习惯。目前烹饪专业课程教材的编写多数是沿袭传统的学科教材模式，教材的内容与体例按章节设计，理论性强，没有与餐饮业产品、岗位紧密联系在一起，缺乏针对性。“烹饪工艺与营养”项目课程系列教材可以看做是对烹饪教材编写模式改革的一种探索，该套系列教材以项目课程为主线，采取模块化的编写体例，以任务驱动式完成课堂教学。教材内容围绕餐饮企业目前比较流行的菜品及岗位特点进行阐述和安排，同时采取教材体例模块化、模块内容单元化、单元结构程式化的编写模式，不能不说是一种探索和创新。

本套系列教材最大的特点是在烹饪项目课程开发的基础上编写项目课程试用教材。项目课程是指以工作岗位项目为单元，以工作任务为载体，以职业技术能力为基础，以学生素质与现代餐饮企业烹饪岗位相适应的技术实践能力为主要内容，以实训活动和实习为主要形式，多种课程形态相结合的课程。本套系列教材的显著特征是融学习过程与实践、训练为一体，凸显实用性、创新性、逻辑性和多样性。

当然，烹饪专业项目课程的开发还处于探索阶段，尚需要我们继续探究。本套系列教材只是目前烹饪专业课程改革前一阶段的物化成果，还有许多未完善的地方，尚需要我们共同努力，逐步完善，使我们培养的烹饪人才真正成为餐饮企业的栋梁。

江苏省联合职业技术学院扬州商务分院
江苏省扬州商务高等职业学校

党委书记、校长 周

2009年1月于扬州

前　言

江苏省扬州商务高等职业学校的前身是江苏省扬州商业技工学校，成立于1959年，至今已有50年的办校历史，烹饪专业是学校的始创专业、主打专业、龙头专业。

由于学校烹饪专业职业教育办学历史悠久，师资雄厚，实训基地条件优越，办学效果显著，社会声誉好，2006年江苏省教育厅将学校的烹饪专业作为全省的重点示范专业，进行课程改革实验试点。几年来，学校投入了大量的人力、财力，组织力量，成立专门班子，投入烹饪专业课程改革的实验工作中去。他们在高密度的社会调研基础上，由行业专家参与，科学制订了烹饪专业人才培养方案，确定了烹饪专业各主干课课程标准，并多次通过专家论证，几易其稿，最后得以确定。他们深入餐饮企业，结合行业特点，开发了烹饪专业项目课程，并经过实验实践，获得了餐饮企业、行业专家的认可。2008年，课程改革在学校1000多名烹饪专业的学生中全面推开，成效显著，深受教师、学生、企业、社会的欢迎。全国数百家烹饪类职业学校前往该校参观学习，烹饪专业的课程改革和项目课程的开发获得了成功。

本套系列教材是学校烹饪专业课程改革成果的再现，是课程开发的物化成果。该套教材以项目课程为主线，分为六个大项目，即《烹饪基本功入门》、《冷菜工艺教程》、《热菜工艺教程》、《面点工艺教程》、《烹饪艺术教程》、《国外菜点制作教程》。编写体例突破了传统教材的章节，采取课程模块化，以任务驱动式完成课堂教学。教材内容围绕餐饮企业目前比较流行的菜品及岗位特点进行阐述和安排，融学习过程与实践、训练为一体，凸显了实用性、实践性、创新性、逻辑性和多样性的特点。烹饪职业学校的学生使用本套教材学习烹饪专业，会受益匪浅。

本套教材的编写是在该套教材编委会的领导下，历时一年完成的。由江苏省扬州商务高等职业学校烹饪系主任、副教授、高级烹饪技师、中国烹饪名师、江苏烹饪大师茅建民担纲主编，参与编写的老师近30名。在教材编写过程中，走访了许多企业的专家、学者，参阅了很多烹饪类教材和书籍，特别是得到了江苏省教育厅职社处、教研院以及江苏联合职业技术学院领导的关心和支持，在这里不一一列出，谨表示衷心的感谢。

由于水平有限，本套教材的编写肯定有不足之处，望在发现后向我们指出，以便修订时及时改正。好在本套教材是作为课程改革的试用教材，我们力荐全国同业学校能共同使用，试用一段时间。如果有效果的话，能与我们共同开发，在此基础上，编制一套大家认可的、正式使用的烹饪专业项目课程教材，为中国烹饪职业教育锦上添花，将烹饪专业的课程改革推向深入。

《烹饪基本功入门》一书，模块一由储德发编写，模块二、模块三由周文来编写，模块四由彭旭东编写，模块五由殷庆宝编写，模块六由薛伟编写，模块七由袁金广编写。

烹饪专业项目课程试用教材编写委员会

2009年1月

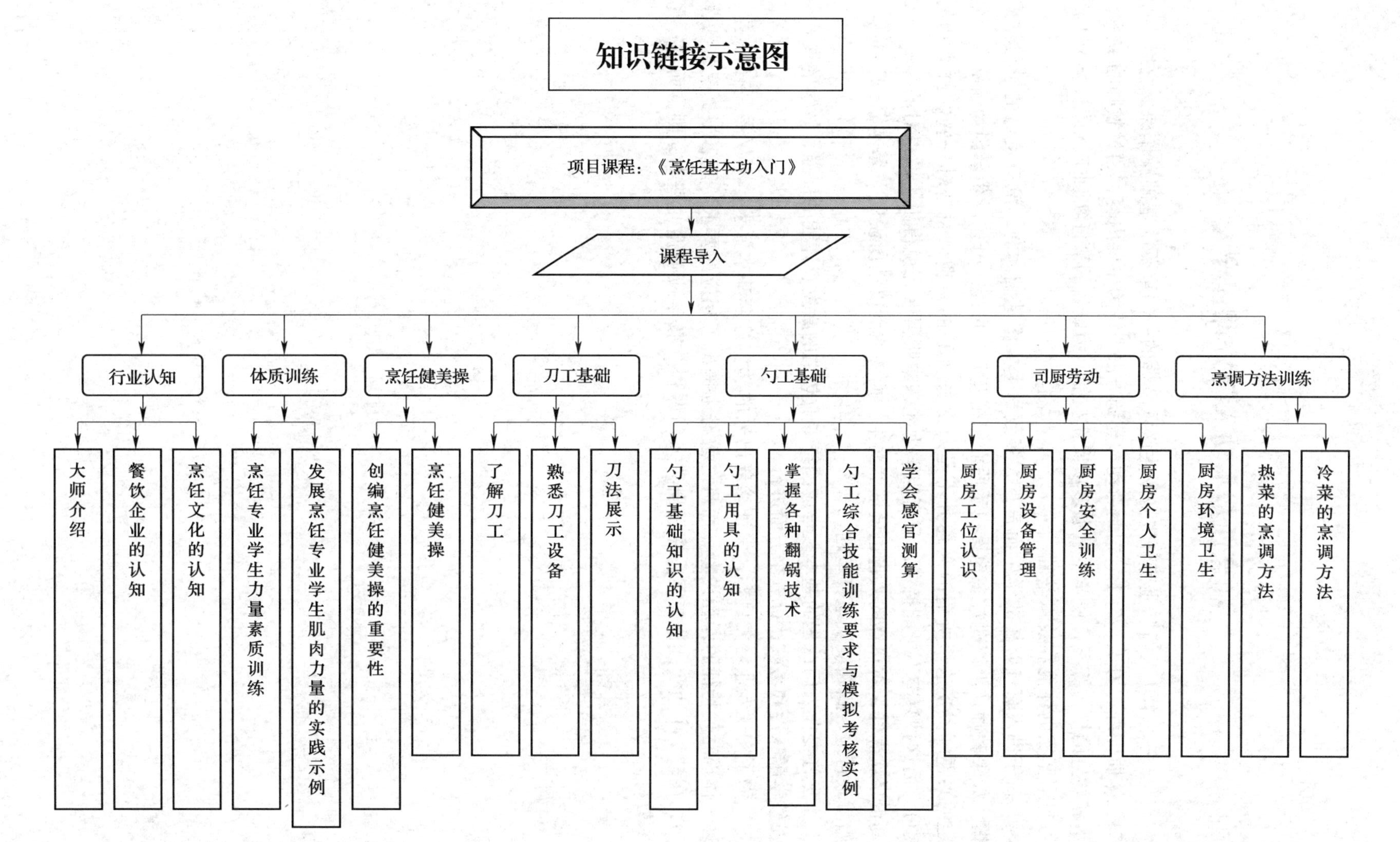

知识链接示意图
项目课程：《烹饪基本功入门》
课程导入
行业认知
大师介绍
餐饮企业的认知
烹饪文化的认知
体质训练
烹饪专业学生力量素质训练
发展烹饪专业学生肌肉力量的实践示例
烹饪健美操
创编烹饪健美操的重要性
烹饪健美操
刀工基础
了解刀工
熟悉刀工设备
刀法展示
勺工基础
勺工基础知识的认知
勺工用具的认知
掌握各种翻锅技术
勺工综合技能训练要求与模拟考核实例
学会感官测算
司厨劳动
厨房工位认识
厨房设备管理
厨房安全训练
厨房个人卫生
厨房环境卫生
烹调方法训练
热菜的烹调方法
冷菜的烹调方法

《烹饪基本功入门》课程导入

“烹饪基本功入门”是烹饪专业学生必须掌握的一门重要的基础操作课，它以行业认知、体质训练、刀工、勺工、司厨劳动和烹调方法训练为主要内容，通过教师的讲解、演示和学生的模仿练习，使学生掌握多项操作技能，为以后的烹饪实训工艺课教学及生产实习打下坚实的体能和技术基础。

对于进入烹饪院校的学生而言，大多数学生操作基础薄弱，没有良好的学习钻研习惯。如果教师在上课时过多地重视手段而忽视基础，可能一开始学生会因为新鲜，产生一定的兴趣（其实这里所谓的兴趣并不是对烹饪实验的兴趣，而是对一些新鲜事物的兴趣），但这种兴趣不可能持久。只有当学生能基本听得懂、说得出、做得对的时候，才会真正喜欢烹饪，对烹饪的兴趣也就油然而生。而要达到以上所说的“基本”，必须从一开始就艰苦地、踏踏实实地打基础。

烹饪专业入门课程的基本教学应围绕专业热情的激发、体能的加强、教学的展开、增强教学趣味性和考核达标五个方面进行。

为了实现专业培养目标，保证培养出来的学生符合基本要求，不仅需要有科学、合理、体现时代特征的课程设置，而且对教材也提出了相应的要求。笔者根据烹饪教学经验，在教学中边实践边摸索，探索出“入门课程”教学应遵循的基本原则，而编写了这本教材。

目　录

模块一　行 业 认 知

模块描述：此模块为烹饪专业入门课程的认知篇。通过学习，对烹饪行业有总体的了解，包括中国烹饪大师、名师成长历程；餐饮企业的创业艰辛；中国烹饪的起源、菜系的流派、特点及各种类型的特色菜肴。

建议学时：12 学时

教学目标：

终极目标：通过课堂对学生讲述部分中国烹饪大师的成功经历、餐饮企业的创业过程、中国烹饪文化的渊源，使学生树立正确的职业理念，激发学生学习专业知识和技能的兴趣。

过程目标：了解部分中国烹饪大师、名师的光辉历程；部分餐饮企业（老字号）的成长过程；中国烹饪的起源、菜系的流派、特点及各种类型的特色菜肴。

任务分解：

任务 1：大师介绍

任务 2：餐饮企业的认知

任务 3：烹饪文化的认知

任务一　大 师 介 绍

学习目的：了解部分中国烹饪大师、名师成长过程，给个人职业生涯以启迪。

教学方法：课堂讲述、影像展示和资料收集。

任务驱动：以大师、名师为学习榜样，实现成功的人生。

知识链接：

（一）薛泉生——中国十佳烹饪大师

中国十佳烹饪大师之一，国家一级烹饪评委，中国烹饪国际评委，全国十佳烹饪明星之一，高级技师。曾夺得全国第二届烹饪大赛全能奖杯等。在继承传统基础上，勇于创新。曾赴日本、新加坡等国献艺。

1959 年，薛泉生开始涉足烹饪事业，成了烹饪泰斗丁万谷先生的得意门生。

1962 年，入冶春园高级饭馆和富春茶社操练技艺。

1972 年，入扬州百年老店菜根香饭店。

1973 年，为江苏商校烹饪专业讲师。

1981 年，赴香港表演“大江南北宴”受到好评。

1984 年，受中央电视台和中国食品报社邀请，讲解烹饪，在亿万观众面前亮相。

1988 年，在江苏省烹饪比赛中获冠军金杯。在第二届全国烹饪大赛中连获两金、两银、一特别奖，荣获全能奖，步入全国烹饪赛十佳明星行列，晋升为特一级烹调师，任江苏扬州商业技工学校副校长，兼绿扬村酒楼总经理。

1989 年，又赴香港表演“乾隆宴”，再一次引发香港数十家媒体争相报道，当时创作的“乾隆大鲍翅”、“翠珠鱼花”、“虹桥修禊”、“蟹粉狮子头”、“御果园”等，令参加活动的社会各界特别是文化界、艺术界人士耳目一新。

1990 年，任中国商业部主办的“鲁、川、淮扬、粤”四大菜系之一的淮扬菜系电视烹饪教学片技术总顾问。

1993 年，江苏科技出版社出版了《薛泉生烹饪精品》画册，创作的作品成为许多厨师模仿的范例菜式，先后设计过“红楼宴”、“乾隆宴”、“古筝宴”、“三头宴及新三头宴”、“满汉全席”等多款宴席，是扬州大学旅游烹饪学院、黑龙江商学院、四川烹饪专科学院兼职教授。培养的学员遍布全国，可谓“桃李满天下”。

1999 年，被评为国家烹饪一级评委。

2000 年，被评为全国十佳烹饪大师。

2002 年，赴日本、新加坡表演“乾隆宴”，得到很高评价，并被同行业争相邀请。同年，被评为中国烹饪国际评委，先后赴新加坡、马来西亚等地评判赛事。

2004 年，应邀赴日本表演中国淮扬菜，同年又应新加坡政府之邀，担任新加坡 2004 年美食节“狮城天厨宴”和“红楼宴”的顾问及中方领队。

（二）高炳义

高炳义，1947 年出生，山东省青岛市人，高级烹调技师、特一级烹调师、中国名厨和鲁菜大师。现任青岛市劳动就业训练中心副主任、青岛市烹饪协会名誉会长、中国烹饪协会副会长。1964～1967 年就读于山东省青岛第一商校烹饪专业，从师于鲁菜大师杨品三、纪树昌，从事烹饪实践和研究 30 多年，历任青岛市崂山人民饭店主厨，青岛崂山旅社厨师长、经理；青岛崂山迎宾馆总厨、副总经理；青岛崂山宾馆总经理；青岛大厦总经理兼北京青岛渔家宴大酒楼有限公司董事长、总经理。曾担任过《青岛厨师报》总编辑、青岛市高级厨师协会会长。高炳义烹饪技艺全面、精湛，富有创新精神，在烹饪界享有很高的声誉，几十年来曾在国内、国际烹饪比赛中获得骄人成绩。早在 70 年代就多次获青岛市烹饪比赛冠军，1987 年参加山东省第一届鲁菜大奖赛，获金杯奖，所制作的菜肴“锅烧鸭”被评为山东十大名菜之一。1995 年参加在加拿大多伦多举行的国际烹饪比赛获“金厨奖”和多枚金牌。1997 年参加美国旧金山国际中菜大赛获特别奖，曾多次出国进行烹饪技艺表演、交流。2000 年参加中国名厨创新菜表演。

高炳义十分重视烹饪科研和创新开拓，经多年努力，博采齐鲁渔民饮食之长，根据鲁菜的传统技艺，创制了有百余道菜点的“渔家宴”，并在青岛、北京和美国洛杉矶开办了“渔家宴”饭店，引起极大反响。他曾两次参加国际饮食烹饪理论研讨会，所撰论文被评为优秀，并被收编入国际烹饪研讨会论文集。多年来他编著和与人合著专业书籍 8 部，达 160 多万字。他所创制的菜肴已有 17 项被国家专利局授予专利权，曾有几十款菜肴在国内、国际比赛中获金奖。

高炳义司厨 30 多年来，凭高超的技艺和出色的工作，多次担任过国内、国际烹饪比赛的评委。1999 年当选为中国烹饪协会副会长。

在传授技艺、培养徒弟等方面有突出的业绩，自 1994 年起担任青岛大学旅游系客座教授和山东东方美食学院副院长、教授。亲自培养了几百名徒弟，许多已成为高手和酒店烹饪界的佼佼者。

高炳义 1992 年被评为山东省优秀科技工作者。中央电视台曾在一套节目黄金时段专题报道和介绍过他的事迹。

（三）徐永珍

徐永珍，中国烹饪大师，全国劳动模范，七届全国人大代表，中国烹饪协会副会长，高级技师。曾获江苏省首届美食杯白案最佳奖。参加三届全国烹饪大赛扬州队，夺得团体金杯。赴日、法等国献艺，受到高度评价。

“不进富春门，等于未到过扬州城”。富春是扬州的百年老店，是历史文化名城扬州的一个引人入胜的“窗口”，是淮扬菜点的正宗代表，也是扬州人及中外游客嘉宾的福地洞天。而富春的原领头人，就是被誉为“点心王国女状元”的中国烹饪大师徐永珍。

徐永珍与富春一样也闻名中外，载誉遐迩。她 15 岁即从师学艺，专攻面点制作。磨刀，剁馅，擀皮子，捏包子，“身不离案板，手不离面杆”。长年累月的艰苦磨砺，加上心灵手巧，她逐渐熟练地掌握了擀、捏、斩、剁、蒸等面点基本功。熟能生巧，60 年代初，在扬州地区青工技术比赛中，徐永珍以 2 分钟擀出 72 张饺皮的惊人速度，夺得第一名。扬州市团委、扬州市总工会为她颁发了荣誉证书。“巧姑娘”的美名霎时传遍了大街小巷。

1984 年，江苏省首届美食杯烹饪大赛在南京隆重举行。“巧姑娘”徐永珍凭着久经磨练的坚实功底、日积月累的娴熟技艺，又一次充满信心地登上了赛台。果然，她以“玉果粉点”、“双麻酥饼”、“野鸭菜包”等面点制作技压群芳，一举夺得最佳点心师的桂冠，成为江苏省第一位“点心女状元”。

后来，在 1988 年和 1993 年的全国第二届、第三届烹饪大赛上，徐永珍又个人独得 3 枚奖牌，并奋力夺得了团体金牌。

1997 年，徐永珍继在东瀛表演之后，又作为江苏省唯一的代表、全国女点心师唯一的代表，随中国技能工人访法观摩表演团去了法兰西。她超人的美点技艺，传到了欧洲大地。

1997 年 6 月 17 日，在法国巴黎市中心的日月星酒家，徐永珍游刃有余地表演中式面点的制作。只见她巧手翻动，笑脸如花，制作的“千层油糕”、“小鸡归巢”、“双麻酥饼”、“月宫玉兔”等十余种面点，不仅造型逼真，而且香味绕梁，令人叹为观止。巴黎政界、企业界、法律界、金融界，还有烹饪界等各界来宾三百多人，络绎不绝地步入展厅，争相与徐永珍握手、拥抱。

在巴黎表演，不仅受到法国政府的礼遇，还受到了法兰西人民的热情欢迎。徐永珍，又一次在国际烹饪大舞台上，留下了坚实光彩的足迹，为祖国为人民争得了荣耀。

“点心女状元”徐永珍为伟大祖国争了光，为古城扬州添了彩。同时，也赢得了一连串闪亮的光环：中国烹饪大师、高级面点师、中国烹饪协会副会长、全国劳动模范、全国商粮供明星、全国三八红旗手、全国技术能手、第七届全国人大代表、江苏省优秀女企业家以及省和市党代会代表、《中国淮扬菜》丛书“点心”主编等。她领导的百年老店富春，也成了国家特级酒家，并在日本等地开设了分店。企业的社会效益与经济效益步步上升，年利润从几十万元增加到二百余万元，在全省同行中名列前茅，连续十年被命名为省、市文明单位，成为全国商业系统和全市的明星企业。

对于这一切，徐永珍只有一句话：“在中国与世界的烹饪事业中再作贡献。”

（四）史正良

史正良，四川绵阳市人，特一级厨师，高级中式烹调技师，国家烹饪大师，现任四川省绵阳市饮食服务有限责任公司副总经理、兼任该公司专业技术培训中心主任，中国烹饪协会副会长，四川省烹饪协会副理事长，第三届、第四届全国烹饪大赛评委。

史正良 14 岁入厨，40 年的烹饪实践，使他练就了一身扎实深厚的基本功。他精通川菜，旁通鲁、苏、粤、闽、徽、湘、宫廷菜和西菜。他能熟练口咏、默写、烹制 2000 多种传统和创新川菜的冷、热菜肴和川式面点的制作工艺。尤其擅长墩炉，经他加工的原料，薄厚均匀，剞花清晰，片薄如纸，切丝如发，堪称绝招。

几十年来，他在继承优良传统川菜的基础上，博采众长，勇于创新，推出了 200 余款新菜。如当今四川流行的“鱼香虾球”、“火爆春蚕肚”、“茄汁茶花鱼”、“峨眉松鼠鱼”和“太白诗酒宴”等。他的这些创新名菜既保持了传统特色，又注意了营养的合理调配，更具时代气息，许多中外宾客慕名到四川品尝“史派”菜肴。

1995 年被中共绵阳市委、市政府授予“有突出贡献的中青年科技拔尖人才”，1997 年被国家贸易部授予“全国商业行业技能之星”，国家劳动部授予“全国技术能手”、四川省省委、省政府授予“四川省十大杰出技术能手”，2000 年，被国家贸易部授予“中国烹饪大师”光荣称号。

（五）孙应武

孙应武，男，汉族，1946 年生，安徽芜湖人，高级烹调技师，人民大会堂餐厅处处长，人民大会堂首个总厨师长。1961 年开始事厨，1964 年调到人民大会堂餐厅处工作。从 1976 年起，历任厨房冷菜、热菜加工间厨师长和总厨师长，1994 年任餐厅处副处长。1984 年和 1989 年分别参与编写和出版了《人民大会堂国宴菜谱集锦》和《人民大会堂国宴食品雕刻画册》。

1988 年，参加首届北京市“京龙杯”烹饪比赛，获热菜总分第二的好成绩，同年参加全国第二届烹饪技术比赛，获一金、一银、一铜三枚奖牌；1993 年，被第三届全国烹饪技术比赛组委会聘为个人赛评委。2007 年获“中国烹饪大师金爵奖”。

1985 年，赴日本新大古饭店进行餐饮考察工作；1987 年和 1992 年，作为世界名厨协会会员出席了在美国召开的第十届和在北京召开的第十五届年会，分别受到美、中两国领导人的接见。1997 年，率领人民大会堂国宴表演团赴新加坡进行技术表演和交流，在当地引起极大的反响，博得同行和食客们的高度评价。

成功地组织并实施了数百次接待外国元首的重大国宴和大型宴会的烹调工作，他制作的黄焖鱼翅、蚝皇鲜鲍、富贵龙虾、清炖羔鳖、麻香鱼卷等菜肴，多次受到党和国家领导人及外国元首的赞扬。

任务二　餐饮企业的认知

学习目的：了解部分中国餐饮名企、名店的创业艰辛，树立最高职业梦想的目标。

教学方法：课堂讲述、影像展示和资料收集。

任务驱动：借鉴餐饮名企、名店为个人职业奋斗目标。

知识链接：

一、概　念

1．餐饮企业的概念

饮食企业，是指从事饮食品生产，提供饮食消费场所、设备和服务性劳动，直接为消费者销售饮食品的经济组织。饮食企业具有生产、服务、销售为一体的特点，从而区别于其他企业。

2．餐饮业的概念

餐饮业是指在一定场所，对食物进行现场烹饪、调制，并出售给顾客，主要供现场消费的服务活动。

餐饮业包括：餐馆、饭店、酒楼、酒吧、茶楼、美食城、快餐店等。

3．餐馆的概念

所谓餐馆，是指专门从事饮食经营的饮食企业。如饭馆、菜馆、酒馆等。除定点涉外餐馆外，这类企业的消费对象一般为国内旅游者和本地区消费者。企业规模以中、小型为主体。组织机构设置，以企业经理直接负责，下分厨房、餐厅、财会、仓库四个部门。厨房生产由厨师长负责，指定采购员采购烹饪原料。餐厅销售服务由餐厅部经理负责，兼管饮料、服务用具、用品的采购和保管。仓库管理员主要负责烹饪原料保管和领用。财会部全面负责财务管理。

4．饭店的概念

所谓饭店，通常是指以从事食、宿为主要经营服务的饮食企业。如宾馆、饭店、酒店等。消费对象主要为国内、外旅游者，企业规模以大、中型居多。组织机构设置：饭店设餐饮部，由餐饮部负责饮食经营管理活动。一般设厨房、餐厅、宴会部和采购部。与餐馆设置相比较，餐饮部突出了宴会销售服务和采购的功能。在现代饭店管理中，餐饮部实行经济独立核算，财务管理由饭店财务部直接管理。

二、部分餐饮企业简介

（一）中国全聚德（集团）股份有限公司

1．公司简介

中华著名老字号“全聚德”，创建于1864年（清朝同治三年），历经几代全聚德人的创业拼搏获得了长足发展。1999年1月，“全聚德”被国家工商总局认定为“驰名商标”，是我国第一例服务类中国驰名商标。

在百余年里，全聚德菜品经过不断创新发展，形成了以独具特色的全聚德烤鸭为龙

头，集“全鸭席”和400多道特色菜品于一体的全聚德菜系，备受各国元首、政府官员、社会各界人士及国内外游客喜爱，被誉为“中华第一吃”。敬爱的周恩来总理曾多次把全聚德“全鸭席”选为国宴。

1993年5月，中国北京全聚德集团成立。1994年6月，由全聚德集团等6家企业发起设立了北京全聚德烤鸭股份有限公司。2004年4月，首都旅游集团、全聚德集团、新燕莎集团实施战略重组。首都旅游集团成为北京全聚德烤鸭股份有限公司的第一大股东。2005年1月，北京全聚德烤鸭股份有限公司更名为中国全聚德（集团）股份有限公司。2007年4月，北京著名老字号餐饮企业仿膳饭庄、丰泽园饭店、四川饭店也进入全聚德股份公司，至此中国全聚德（集团）股份有限公司已发展成为涵盖烧、烤、涮，川、鲁、宫廷、京味等多口味，汇聚京城多个餐饮老字号品牌的餐饮联合舰队。

全聚德股份公司成立以来，秉承周恩来总理对全聚德“全而无缺，聚而不散，仁德至上”的精辟诠释，发扬“想事干事干成事，创业创新创一流”的企业精神，扎扎实实地开展了体制、机制、营销、管理、科技、企业文化、精神文明建设七大创新活动，确立了充分发挥全聚德的品牌优势，走规模化、现代化和连锁化经营道路的发展战略。十几年来，以独具特色的饮食文化塑造品牌形象，积极开拓海内外市场，加快连锁经营的拓展步伐。现已形成拥有70余家全聚德品牌成员企业，年销售烤鸭500余万只，接待宾客500多万人次，品牌价值近110亿元的餐饮集团。

在取得良好经济效益的同时，全聚德股份公司其他各项工作也取得了优异的成绩。先后被中央文明办、全国总工会、国家质检总局、中国商业联合会等单位授予“全国文明行业示范点”、“全国五一劳动奖章”、“全国质量管理先进企业”、“国际餐饮名店”、“国际质量金星奖、白金奖和钻石奖”、“国际美食质量金奖”、“全国商业质量管理奖”、“中国十大文化品牌”、“中国餐饮十佳企业”、“中国最具竞争力的大企业集团”和“北京十大影响力企业”等荣誉和奖励。

经评估，“全聚德”无形资产价值1994年1月1日是2.69亿元人民币；2004年6月28日在世界品牌实验室和世界经济论坛主办召开的世界品牌大会上，全聚德品牌评估价值上升到84.58亿元人民币；2005年8月6日，世界品牌实验室宣布全聚德品牌评估价值为106.34亿元人民币。2007年9月，在第二届亚洲品牌盛典中，“全聚德”品牌荣获第320强，是亚洲餐饮行业唯一进入亚洲500强品牌的企业。

2. 特色菜肴

经过100多年的不断发展与创新，形成了以全聚德烤鸭为代表、集全鸭席及400多道特色名菜于一体的全聚德菜系。全聚德烤鸭及其独具特色的饮食文化，已成为中华饮食文化的重要组成部分，享誉海内外。

为了使全聚德饮食文化不断发扬光大，现已从全聚德400多道菜品中精选出具有代表性的21个特色菜品，通过量化定标，并由国家食品营养专业研究机构测定营养成分，确定为首批全聚德特色菜品。这些菜品色香味俱佳，营养比例合理，是全聚德菜肴中的精粹。

3. “全聚德”的企业精神

一炉百年的火，铸成了“全聚德”。天下第一楼，美名遍中国。“全聚德”闪光的金匾，历经百年沧桑，讲述着古老的故事，记录着几代人的艰辛与成果。

新一代全聚德人“继承和弘扬民族优秀饮食文化成果，以繁荣和发展中华饮食为己任”。充分发挥老字号的品牌优势，立足北京，面向全国，走向世界。努力实现集团化体制、连锁化经营、现代化管理的目标，并已建立现代企业制度，成功上市。

“不到长城非好汉，不吃全聚德烤鸭真遗憾”。这发自国内外五洲宾朋内心的赞美，使“全聚德”同中国的长城一样，成为中华民族的又一象征。200 多个国家和地区的元首、政要都曾光临“全聚德”。百余年来，“全聚德”总济天下同仁，高朋满座，胜友如云。“全聚德”不仅仅是在做生意，还在传播中华民族的饮食文化、成为促进中外友谊、交流与合作的纽带和桥梁。

“全聚时刻当然在全聚德”。这表达了顾客对“全聚德”的企盼。一把飘香的木柴点燃了甜美的生活。朋友在这里相聚，亲人在这里欢乐，全聚德人捧出了清香，捧出了爱，情比炉火热。

“全而无缺、聚而不散、仁德至上”。百年的炉火，锤炼出不灭的企业精神，传导着“全聚德”不畏艰难、全力以赴、奋力拼搏、谋求发展壮大的宏图伟志；体现着“全聚德”同心协力、锲而不舍、聚心、聚志、聚力、追求事业发展和永远奋进的顽强精神；象征着“全聚德”圆满、团圆、仁义、恭谦的道德观念和以德为先、诚信为本，热情、周到为各方宾客服务的经营理念。

每一个全聚德人都要像爱护自己的眼睛那样，珍惜“全聚德”的信誉。“全聚德”兴，则我兴我荣，“全聚德”衰，则我穷我耻；情系“全聚德”，命系“全聚德”。全体全聚德人要风雨同舟，荣辱与共，携手并进，坚定不移地把“全聚德”事业推向新的发展阶段。让“全聚德”的金匾，更加灿烂夺目。

4.“全聚德”的由来

杨全仁（字全仁，本名寿山），河北冀县杨家寨人，初到北京时在前门外肉市街做生鸡鸭买卖。杨全仁对贩鸭之道揣摩得精细明白，生意越做越红火。他平日省吃俭用，积攒的钱如滚雪球一般越滚越多。杨全仁每天到肉市上摆摊售卖鸡鸭，都要经过一间名叫“德聚全”的干果铺。这间铺子招牌虽然醒目，但生意却江河日下。到了同治三年（1864 年）生意一蹶不振，濒临倒闭。精明的杨全仁抓住这个机会，拿出他多年的积蓄，买下了“德聚全”的店铺。

有了自己的铺子，该起个什么字号呢？杨全仁便请来一位风水先生商议。这位风水先生围着店铺转了两圈，突然站定，捻着胡子说：“啊呀，这真是一块风水宝地啊！您看这店铺两边的两条小胡同，就像两根轿杆儿，将来盖起一座楼房，便如同一顶八抬大轿，前程不可限量！”风水先生眼珠一转，又说：“不过，以前这间店铺甚为倒运，晦气难除。除非将其‘德聚全’的旧字号倒过来，即称‘全聚德’，方可冲其霉运，踏上坦途。”

风水先生一席话，说得杨全仁眉开眼笑。“全聚德”这个名称正和他的心意，一来他的名字中占有一个“全”字，二来“聚德”就是聚拢德行，可以标榜自己做买卖讲德行。于是他将店的名号定为“全聚德”。接着他又请来一位对书法颇有造诣的秀才——钱子龙，书写了“全聚德”三个大字，制成金字匾额挂在门楣之上。那字写得苍劲有力，浑厚醒目，为小店增色不少。

在杨全仁的精心经营下，全聚德的生意蒸蒸日上。杨全仁精明能干，他深知要想生意兴隆，就得靠好厨师、好堂头、好掌柜。他时常到各类烤鸭铺子里去转悠，探查烤鸭的秘密，寻访烤鸭的高手。当他得知专为宫廷做御膳挂炉烤鸭的金华馆内有一位姓孙的老师傅，烤鸭技术十分高超，就千方百计与其交朋友，经常一起饮酒下棋，相互间的关系越来越密切。孙老师傅终于被杨全仁说动，在重金礼聘下来到了全聚德。

全聚德聘请了孙老师傅，等于掌握了清宫挂炉烤鸭的全部技术。孙老师傅把原来的烤炉改为炉身高大、炉膛深广、一炉可烤十几只鸭的挂炉，还可以一面烤、一面向里面续鸭。经他烤出的鸭子外形美观，丰盈饱满，颜色鲜艳，色呈枣红，皮脆肉嫩，鲜美酥香，肥而不腻，瘦而不柴，为全聚德烤鸭赢得了“京师美馔，莫妙于鸭”的美誉。

相关链接：

“德”字为什么少一横？

当年全聚德的创始人杨全仁，请一位名叫钱子龙的秀才题写匾额。这一匾额几经风雨，一挂就是130多年。可是不知您是否注意到：全聚德牌匾上的德字少了一横。这是为什么呢？

有人说，当时杨老板把钱子龙请来，两人对饮开怀，杨全仁得知钱子龙书法非常好，于是马上拿出笔墨纸砚，请钱秀才题个字。由于钱秀才多喝了两杯，精神有些恍惚，一不留心，“德”字忘写了一横。

还有人说，当时杨全仁创业时，一共雇了13个伙计，加上自己一共14个人。为了让大家安心干活，同心协力，所以让钱秀才少写一横，表示大家心上不能横一把刀。

这些当然都是猜测和传说。真正的原因是什么呢？原来早在1000多年前，“德”字在书法作品中，就可以有一横，也可以没有横。这一点，我们可以从唐宋元明清书法名家的墨迹中得到印证。比如，现立于北京国子监孔庙的清朝康熙皇帝御书《大学碑》中的“德”字就没有一横；又比如生活在与全聚德创立同期的清代画家郑板桥本人书写的“德”字，有的带一横，有的不带一横。

另外，我们还可以从中国古钱币方面来考证“德”字。例如，北宋真宗年间（公元1004年）铸造的“景德通宝”的“德”字就没有横，而明朝宣宗年间（公元1426年）铸造的“宣德通宝”的“德”字就有横。

从以上分析可以得出这样的结论：在过去，“德”字有两种写法，可以有横，也可以没有横，两种写法都是正确的。全聚德为了保持其牌匾的历史原貌，所以牌匾上的“德”字一直少一横。

（二）富春茶社

坐落于古城扬州得胜桥的富春茶社，是一座闻名中外的百年老店，始创于1885年。百余年来，经过几代人的共同努力和精心经营，逐步形成了花、茶、点、菜结合，色、香、味、形俱佳，闲、静、雅、适取胜的特色，被公认为淮扬菜点的正宗代表。扬州人宴请宾客的常用方式，就是去富春吃茶。古城的过往客人都以品尝富春菜点为莫大享受。

富春茶有特色，富春茶名为“魁龙珠”，它是用浙江的龙井、安徽的魁针加上富春自家种植的珠兰配制而成。用扬子江水泡沏，汇龙井之味，魁针之色、珠兰之香于一堂，浓郁醇厚，茶色清澈，香气诱人，难怪使中外嘉宾流连忘返。

富春茶社的淮扬细点，经过几代人的不断继承和创新，已成为扬州烹饪的重要组成部分。以历史悠久，制作精细，造型讲究，馅心多样，风味佳美闻名于世。传统名点三丁包被誉为“天下一品”，千层油糕与翡翠烧卖堪称“扬州双绝”。上述名点曾荣获全国“金鼎”奖，被中国烹饪协会认定为“中华名小吃”。近年来，茶社将传统点心产业化，推出“富春”牌速冻点心，确保了品质，提升了形象，深得消费者喜爱。

富春茶社制作的淮扬菜肴选料严格，制作精细，注重本味，讲究火工，清鲜平和，浓醇兼备。富春狮子头圆润膏黄，咸鲜隽永；拆烩鲢鱼头肉质腴嫩，汤汁鲜美；大煮干丝刀工精细，绵软入味；肴肉透明晶莹，红润酥香；清炒虾仁洁白如玉，鲜嫩爽口……2000年，中国烹饪协会授予富春的蟹粉狮子头、拆烩鲢鱼头、大煮干丝为中国名菜。近年来，富春成功推出了“春晖宴”、“夏沁宴”、“秋瑞宴”、“冬颐宴”四季淮扬宴席，声誉倍增。

富春菜点之所以闻名遐迩，是因为有一支过硬的厨师队伍，淮扬名师严长山、张广庆、朱万宝、杨玉林、董德安、徐永珍、陈春松等相继在富春主厨和不断创业。1980 年起，富春茶社加强了技术输出，向国内外输送了几十名厨师，有的在五星级酒店，有的在驻外使馆，大大弘扬了淮扬美食文化。

如今的富春茶社生机勃勃，名列扬州餐饮业前茅，是国家特级酒家、中华餐饮名店。“富春”商标被评为江苏省著名商标，企业多年来荣获“江苏省文明单位”的称号。正如中外宾客所云：“不到富春就不能算来过扬州”。

任务三　烹饪文化的认知

学习目的：知道中国烹饪文化的渊源，以及菜肴菜系的流派、特点及各种类型的特色菜肴，提高个人专业文化修养。

教学方法：课堂讲述、影像展示、资料收集和讨论交流。

任务驱动：了解中国源远流长的烹饪文化，提高专业基础知识能力。

知识链接：

一、烹 饪 释 义

1. 烹

“烹”，字典的解释为：

① 烧煮：烹调。烹饪。

② 做菜方法之一，热油把食物略炒后，即加入液汁调味品，迅速搅拌。如烹对虾。

2. 饪

“饪”的字典的解释为：饪（rèn），做菜做饭：烹饪。<动>形声。从食，壬声。本义：做饭做菜。

二、烹饪的作用

烹的起源是火的利用，调的起源是盐的利用。烹调就这样演绎过来的。然而现在所说的烹调，有了更新、更科学的含义。烹即加热，调即调味，通过加热和调味制作出不同风味菜肴的一种方法叫做烹调。饪即熟，原料加工成熟能食即为烹饪。其作用如下：

(1) 杀菌消毒，保障食用安全　一些菌虫在温度达到85℃左右都可以被高温所杀死，从而保证人们的饮食安全。

(2) 分解养分，便于消化吸收　烹制时可初步分解食物的养分，经过烹制热处理就会发生复杂的物理变化和化学变化。

(3) 生成香气，增强饮食美感　蔬菜、谷类、肉类等烹饪原料经过煮熟后会有一些醇、酯、酚糖类在受热时随着原料的组织分解而游离出来。

(4) 合成滋味，形成复合的美味　在烹制前各种原料的滋味是独立的，互不融合的，物质中的分子都处在运动中，温度越高分子的运动就越激烈，各种原料在高温作用下，以水、油为载体互相渗透，从而形成复合的美味。

(5) 增色美形，丰富外观的形态　烹制时可以丰富菜肴外观的形态和色彩，只要在加热时火候掌握得恰到好处。就可以使菜肴颜色鲜艳，外形美观。

(6) 丰富质感，形成各式风格　只要火候掌握得好，烹制方法得当，就可以使菜肴质感多样，风格各异。

三、概　　念

1. 烹饪

烹饪是一个历史概念，此词最早出现于2700年前《周易》(又称《易经》)，书中提出了“以木巽火，烹饪也”，此话的意思是将食物原料置放在炊具中，添加清水和调味料，用柴草顺风点火煮熟。由此可知，《周易》中烹饪这一概念包括了炊具、燃料、食物原料、其他调味品及烹饪方法诸项内容，反映出当时人们的生活状况及对饮馔的基本认识。

随着社会经济的日益发展，经过几千年的变化，现代的烹饪概念也随之发生了变化，如今的烹饪概念中“烹”就是煮的意思，“饪”是指熟的意思，狭义地说，烹饪是对食物原料进行热加工，将生的食物原料加工成熟食品；广义地说，烹饪是指对食物原料进行合理选择调配，加工治净，加热调味，使之成为色、香、味、形、质、养兼美的安全无害的，利于吸收，益人健康，强人体质的饭食菜品，包括调味熟食，也包括调制生食。总而言之，也可将烹饪概念概括为：人类为了满足生理需要和心理需要，把可食原料用适当方法加工成为食用成品的活动。

2. 烹调

烹调是从烹饪转化而来，此词最早出现于宋代的韩驹，他的《食煮菜简吕居人》这首五言古诗中就有“空费烹调功”句。稍后，陆游的《种菜》诗里，也有“菜把青青向药苗，豉香盐白自烹调”句。他们使用烹调之词，是说烹煮或烹炒调制，与烹饪词义大体近似。“烹”就是加热，是把烹饪原料通过加热的方法，使其成熟的过程；“调”就是调制滋味，通过调制使菜肴达到滋味可口，色泽诱人，形态美观。综合“烹”和“调”得出烹调的概念是将可食性的动植物、菌类等原料进行粗细加工、热处理及科学地投放调味品等烹制菜肴的全过程。其中，包含两个方面的含义：一方面从狭义上讲，是指将加工、切配好的烹饪原料，进行加热和调制，使其成为菜肴的操作过程。另一方面从广义上讲，烹调是指制作菜肴的整个过程。通过烹调可以对食物杀菌消毒，除去异味，使食物变得鲜香可口；使菜肴口味多样化；使食物色泽鲜艳，形态美观；使食物中的养料分解，便

于人体消化吸收。

3. 烹调技术

烹调技术是指根据制作菜肴的实践经验和科学原理而形成的烹调工艺操作方法与技能，还包含着相应的烹饪工具和设备以及操作的工艺过程或操作程序与技法。从技术的分类上讲可分为食品雕刻技术、冷菜烹调技术、热菜烹调技术三个大类。从技术的操作上讲可分为初步加工技术，刀工技术，干货原料涨发技术，配菜技术，热处理技术，调味技术，制汤技术，糊、浆的处理与勾芡技术等。

4. 烹饪工艺

烹饪工艺指有目的、有计划、有程序地对烹调原料进行筛选、切割、组配、调味与烹制，使之成为符合营养卫生科学，具有民族文化传统，能满足人们饮食需要的菜品（包括菜肴与面点）的规范方法。其主要内容为烹调的标准化，烹调的定量化，烹调的机械化，烹调的科学化以及烹调的程序化。

5. 烹饪专业（特指中餐烹饪专业）

烹饪专业是学习中国菜品（包括菜肴和面点）及其生产与消费规律的专业。本专业实践学习的内容是中国各大菜系的名菜名点以及各种原料加工方法、烹调技法；理论学习的重点是菜品的时代气息、民族特色、东方情味等矛盾的特殊性，从纵向时间看，它要学习菜品的发展历史、饮食市场的变迁、饮食民俗的由来、饮食文化的成因、烹饪的理论建构以及中国菜的国际地位；从横向空间看，主要学习烹饪原料的环境色彩，各地宴席的格局，菜系的相互影响，食疗保健的应用以及菜谱、面点谱、席单、食经的编写方法等。总之，它要在纵横交叉的立体网络上，以菜品为核心，将相关的专题串联起来，学习厨师在实践中将会提出的问题，并且指导厨艺活动，推动烹饪发展。

6. 红案

烹饪工艺因其所用原料大部分为鲜红肉品，并且烹调是使用明火，故行业中俗称“红案”。烹调工艺是菜肴制作方法与技能，包括选料、初加工、细加工、临灶成菜等。细分之，又有热菜烹调工艺、冷菜烹调工艺和食品雕刻工艺。按地域分为鲁菜、川菜、粤菜、淮扬菜四大菜系。鲁菜主要风味特点是：咸鲜。味纯，善用面酱，突出葱香。原料以水产品和禽兽为主，重视火候，精于爆、炒，善于制汤，具有官府菜的风格。川菜主要风味特色是：清鲜醇浓并重，以善用麻辣、味型繁多著称；选料广博，普通原料精做，以小煎、小炒、小烧、干烧、干煸见长，平民生活气息浓郁。粤菜主要风味特色是：以生猛、鲜美、清淡，具有热带风情和滨海饮膳特色，技法广集中西之长，随时而变，勇于革新，潮流多变，大菜华贵，设施一流，商品气息浓郁。淮扬菜主要风味特色是清鲜平和，鲜甜适中，口味淡雅，组配严谨，刀法精妙，色调秀美，菜形清丽，食雕技术一枝独秀，擅长炖、焖、煨、烤，筵席水平高，节令性强，园林文化和文士饮膳的气质浓郁。

7. 白案

面点工艺因其所用原料主要是白色的面粉和米粉，故行业中俗称“白案”或“面案”。白案工艺是研究面点原料、面团调制、制馅、成形和熟制等一系列的面点制作工艺。

其技术特点为：① 选料精细，花样繁多；② 讲究馅心，注重口味；③ 技法多样，造

型逼真。其主要风味流派有京式、苏式、广式三种。

京式面点的特色为：① 用料广，以麦面为主；② 品种繁多；③ 制作精细；④ 馅心具有北方独特风味。

苏式面点的特色为：① 品种繁多；② 制作精细，讲究造型；③ 应时迭出；④ 馅心掺冻，汁多肥嫩，味道鲜美。

广式面点的特色为：① 品种丰富多彩；② 季节性强；③ 擅长米及米粉制品；④ 使用油、糖、蛋较多；⑤ 馅心用料广，口味清淡。

四、烹饪的起源和发展

我国的烹饪，是参加劳动实践的古代先民经过一代又一代经验的积累逐步形成的。我们祖先发明钻木取火之后，过去难于下咽的兽肉、鱼鳖、螺蛤等食物，可以"炝生为熟"、"燔而食之"了。炝、燔就是烧烤，上古时人们最早的肉食正是烧肉和烤鱼。这时人们还学会把含有丰富淀粉质的植物种子和根茎放到热灰或烧穴中去煨熟了吃，堪称是古代最早的熟食素食了。烹饪正是这样产生的。但这还不是现代意义上的烹饪，因为当时尚不会调味。

后来，东部海滨宿沙氏部落发明"煮海为盐"，即把海水盛放在陶制容器中熬制成盐。制盐的发明是对人类文明生活的一大贡献。人们每天适量进食盐可以促进人体胃液分泌，提高消化功能。人们食盐后，体质和智力增强了。

盐是最基本的调味品。有了盐才产生了又"烹"又"调"完整的烹饪、烹调概念。发明了烹饪，在摄生以维持生存繁衍这一点上，人类才从动物界正式脱离出来。

（一）从茹毛饮血到用火熟食

人类是由古猿进化而来的。古猿向人的演变经历了极其漫长的时期，中国有不少地区是原始人群的发祥地。在元谋人以前的原始人群，都是茹毛饮血、生食禽兽和草木之实，随后的人群开始使用自然火。到了元谋人，北京人时代，都开始用火和管理火，说明当时人们已经开始了熟食。

之后又进入了"钻燧取火"的阶段，这在用火的历史上是主动有意识地取得火种的时期，中国历史上称之为"燧人氏"时代。

（二）调味及初步烹饪条件的形成

1．盐的发明

仅仅是熟食还不是烹饪，但用火熟食则是烹饪的开端。在熟食的基础上，再加调味就是烹饪活动了。古者，熟食所尝到的仅是食物的本味，不知调味。最早发现和发明的调味品是盐，在古代文献中有所记载："古者宿沙初煮海盐"，"黄帝臣，夙沙氏煮海为盐。"宿沙氏是炎帝的诸侯之一，是我国东部沿海的一个氏族或部落。他们经常接触到海边潮汐自然留下的盐粒，通过品尝并佐食，即产生了最早的调味效果，逐渐发展到"煮海水为盐的"时代，此为新石器时代。这是在先民开始用火，炮生为熟以来，又一伟大的发明。由于盐的食用，使食物产生了鲜美的滋味，加速了对肉食品的分解，促进了人的消化吸收，并且盐是人体重要的营养素。《管子》曰："煮海为盐，其利通于天下"。古者总结盐之所利用，为"日用所不可缺"，"咸能滋五味"，"咸则终身食之不厌不病，虽百谷为养生治本，非咸不能果腹。"盐、梅是指调味中的咸和酸。周朝王室还专门设有"盐人"，

《周礼·天官》说：盐人，掌盐执政令，以供百事之盐……王之膳羞共饴盐，后及世子，亦如之。可见到周代时，盐已经十分普及。

2. 调和五味

调和五味，是很早就提出来的观念。约在夏、商时代，经过长期实践，就提出了“辨五味”之说。《吕氏春秋》记：“仪狄始作酒醪，辨五味”。五味，是“酸、甜、苦、辣、咸”的总称。《礼记·礼运》中说：“五味、六和、十二食，还相为质也。”说明人的味感已经总结出了呈现个中味道的食物品种和特色，初步建立了“调和五味”的烹饪观念。这“五味”调味品的最早出现年代和品名，下面将加以探讨：

（1）咸味　调味品最初是盐，但在盐的发明之后，又产生了不少盐的制作品。主要有：

醢：是以兽肉为原料加盐制成的食品。《周礼·天官》有“醢人”，是专门管理和制作醢的人。做醢，最早约在商代，周已普及。最初是由腌制鱼、肉类保藏食物的方法发展而成。有：豕醢、牛醢、鱼醢、兔醢、雁醢等。这种食品直到南北朝时的《齐民要术》还有其制法的记载，说明距今1400多年时仍在使用。

酱：是周代已经有的调味品，《周礼·天官》：“酱用百有二十瓮”。孔子《论语·乡党》有：“不得其酱，不食”之说。古之酱是醢、醯之泛称，以肉酱为多，再即植物原料制作的酱，也是盐的衍生物。是在烹饪中作为调味品使用的。

豉：又称豆豉，《释名·释饮食》记：“豉，嗜也，五味调和须之而成，乃可甘嗜也。”“故齐人谓豉声同嗜也，止用酱耳……史游《急就篇》乃有‘芜夷盐豉’”，《史记·货殖列传》曰：“蘖鞠盐豉千合，盖秦汉以来始为之耳。”人为豉在秦汉之际才普及，古时多并称为“盐豉”。豉在问世后，其销路不亚于盐，是调味必需之品。

（2）酸味　最初调味品是梅，《尚书·说命》有记：“若作和羹，惟尔盐梅。”是殷商时代的事。梅，是指青梅之类的果实。其汁液味酸，古时多做成“梅酱”用于调味。

醯：又称做“酢”，后谓之“醋”，《周礼·天宫》中有“醯人”，醋是由制作酒而演变出来，古籍有时称为“苦酒”者。《说文》释为酸，是取其酸味的，春秋战国时期已使用很普遍。

（3）甜味　最早取得甘甜味的是蜂蜜，其次是制成品饴、饧，之后才是糖。蜜：《说文》云：“蜜，蜂甘饴也。”是蜂采花酿制而成的自然造物，味甜润，还有医疗作用。《礼记·内则》说：“子事父母，枣、栗，饴蜜以甘之。”说明周代已经知道用蜜取甘甜之味，并有蜜枣、蜜栗等食物。《吴越春秋》有：“越以甘蜜丸樘报吴增封之礼。”在战国时代，已有用蜜做的饼饵食品。这种做法直到后世许多朝代都仍沿用着。

饴、饧：《释名》记：“饧，洋也，煮米消烂洋洋然也。饴小弱于饧，形怡怡然也。”说明饴、饧均为米制，饴为软糖，饧为硬糖。用蔗汁熬制的糖，是唐代的事。

（4）苦味　自然界中有不少物质带有苦味之物。《黄帝内经》明确调味事：夏季宜适量用苦味。

（5）辛香味　辛、香味是挥发性物质产生出来的，对人的味觉有刺激作用，对嗅觉尤其有较强的刺激作用，应用最早的辛、香调料品有：

姜：《吕氏春秋本味篇》云：“和之美者，阳朴之姜。”说明调和之美品，是阳朴之姜。在食用鱼调味时用姜有明确记载。《论语》：“不撤姜食。”说明姜在饮食中是不可缺

少的。

椒：今称为“花椒”，是较早应用的一种香料，也是调味料，应用椒于饮食调味在西周已有记载，秦汉时已普及应用。

酒：是饮料，也是调味品之一。相传夏禹时代已经会酿酒，殷商已大量生产。

3. 食谷

先民饮食以肉食为多，食物来源较单一，为了开辟新的食源，神农氏通过“尝百草”选出可食的植物加以驯化，从而产生了种植业。考古发掘研究结果表明，西安半坡一直就是以农业为主的社会，是属新石器时代，约在公元前4800~4300年。原始社会聚落遗址，出土有已炭化了的谷物——粟。

由于人类开始定居，除农作物耕种之外，在渔猎所得已有剩余之后，渐渐学会了驯养家畜、家禽。在新石器时代早期文化遗址出土的动物骸骨中有猪、狗、鸡、羊等。猪的家养约在公元前5000年。是驯养动物中较早的一种，猪主要用于供给肉类。

4. 井、臼、灶

井：《世本》记载：“尧臣伯益教民作井。”《帝王世纪击壤歌》记：帝尧之世，有八九十岁老人击壤而歌曰：“日出而作，日入而息，凿井而饮，耕田而食，帝力于我何有哉?”这段描述农耕生活的文字，说明凿井而饮已经很普遍。人类懂得了凿井而饮，使得饮水更讲究卫生，并且可以使生活范围离开水边，从而扩大了生活地域。

臼：《世本》记载：臣雍父始作杵臼。杵臼，能对米食进行加工。这也是最早的加工工具。

灶：是烹煮食物的器物。先秦学者认为灶为黄帝所造。最初的蒸煮器，多是三足支撑，这些三足陶器，就是一种连体灶。从出土文化遗址可知最早是在土地上掘地为灶。

五、古代烹饪演变

人类的饮食由生食到熟食，以致用火、调味、食用原料的发展、炊灶工具的产生，都是随着人类文明的演进而发展的，从而形成了最初的“烹饪”概念。

此后，烹饪工作者的概念也已出现。

周代已有主管烹饪工作的官职，掌管鼎、锅的用水、用火的多少。并且管理外飨、内飨的烹、煮、辨膳、制馐的工作和原料，并管理炉灶。这表明烹饪已经成为有组织的活动。西周时代已能达到这个水平。

据史籍记载，夏朝国君少康曾命舜的后裔有虞氏为“庖正”（约在公元前2079年）。这可能是我国史书第一次出现关于专司厨师工作的记载，说明当时烹饪已经发达到能够专业化的程度。

商汤之时，又出现了一位烹饪工作出身的宦臣——伊尹。《孟子·万章》：“伊尹以割烹而为相。”《史记·殷本纪》也载：“伊尹负鼎俎以滋味为说汤。”在《吕氏春秋·本味篇》中还详细记述了伊尹说汤时所阐述的各项烹饪理论。是当时烹饪水平的反应。

（一）新石器时代以前的烹饪

1. 石烹

人类开始用火烹食，在相当长的时间里都是直接在火上烧烤。之后是以烧石之法传热，将食品做熟，被称为石烹法。

用石料（石板、石块、鹅卵石等）作为传热介质焙熟食品的方法多种多样。至今流传于陕西、山西、山东等地的石子馍、干馍、沙子饼，就是其遗风。方法是用面粉加水、盐和面，擀成饼坯，把洗净的鹅卵石子放在平锅里烧热，把饼坯放在石子上，在饼上再铺一层烧热的石子，上下热石子将饼焙熟。饼成之后形成凹凸不平的形态，带有明显的石子焙熟的特征。成品可以久存，是很有特色的食品。另外，至今在云南的少数民族中也还保留有石烹法制作食品者，如独龙族的“石板粑粑”，就是用石板置火上烧热，将“粑粑”（荞麦面糊摊成）烙热。而所用的石板，是选用云南贡山特产的石板，这种石板光滑细腻，火烧不裂。再如，布朗族一种传统食品“卵石鲜鱼汤”，烹饪方法是在沙滩上刨个圆坑，在坑内铺上多层芭蕉叶贴紧，作为“锅”。再将河水和新捕到的鲜鱼加入“锅”内。在旁边烧起火，放入鹅卵石烧至极热，取烧热的卵石子，一个接一个放入“锅”内，使水沸腾，将鱼煮熟。这些食品都是“石烹”的遗风。

2. 陶烹

陶器的发明，是人类发展史上划时代的标志，也是饮食烹饪史上的划时代大事，标志着新石器时代的开始。中国陶器的起源，从河南新郑裴李岗和河北武安磁山出土的陶器来看，都是比较原始的，其年代为公元前5000多年。之后广泛分布的新石器时代文化遗址，如仰韶文化、马家窑文化、西安半坡、齐家文化、大汶口文化、龙山文化、河姆渡文化等，直到进入奴隶社会的商后文化，都是陶器发展的时代，也是一脉相承的。

陶器是一种容器，可以盛物，也能用于烹饪。因为陶器的传热能力较石料强，耐火性能高，从而使烹饪法焕然一新。应用陶器进行烹饪活动，称之为“陶烹”，或谓之“陶烹法”。

相传黄帝“始造釜甑……始蒸谷为饭，烹谷为粥”，“黄帝初教作糜”。釜、甑都是陶器中的烹饪器，用这些陶器“蒸饭”、“为粥”、“作糜”。釜和鼎都是最早出现的煮食物的炊器，其作用如今天的锅。鬲，是由釜发展起来的三足袋状的蒸煮器。在陶器制作的初期，人们就懂得了三点支撑的平衡道理，而把三足再做成中空的袋状，就使内装的水受热时增加了受热面积。新石器时代的人们就有如此聪明的设计思想。甑，是一种底部有穿孔的蒸制器，置于釜或鬲上配合使用，是最早的“笼屉”。而甑和鬲相结合就构成了甗，就成了最早的“蒸锅”。

有了陶器制作的烹饪工具，就有了蒸、煮两种烹饪方法，使得烹饪又前进了一步。

（二）先秦的烹饪

1. 青铜器时代的烹饪概述

先秦烹饪是处于青铜器时代的烹饪，这一阶段包括殷商之后的西周、东周（春秋、战国）至秦王朝的历史过程。这个时期是从奴隶社会进入封建社会的过程。表现在烹饪方面，君王贵族的饮食酒宴达到了穷奢极欲的程度，“纣为鹿台糟丘酒池肉林”，而终为亡国之君。周王室设置的众多掌管饮膳酒食之人，官职数十，人员数百，这些都刺激了烹饪的发展。随着青铜器的产生，生产力得到发展，经济逐渐提高，生产剩余增多，饮食范围不断扩大，民间饮食生活水平也在提高。因此这一时期烹饪发展得很快，从烹饪理论到烹饪实践，都成为古代烹饪的形成时期。其主要特征有：

（1）烹饪条件

刀具：要想提高烹饪菜肴的精细程度，提高烹饪效率，必须提高切割工具——刀具的质量，青铜切刀应运而生。安阳殷墟出土的文物中就有薄刃铜刀，解剖大牲畜、切割肉片肉丝已经成为现实。“庖丁解牛”、“脍不厌细”的历史，反映了刀工的绝技。

炊具：青铜质的炊具，具有传热迅速、耐高温的特点，为烹调快速成菜创造了条件。如1978年在湖北随县发掘曾侯乙墓出土的一件青铜炉盘，安有双层盘，上层为盘，下层是炉，出土时上盘有鱼骨一具，下层炉内有木炭。时间是公元前433年，距今已有2400多年。这时烹、煎、炸等烹调方法已经成熟。

油烹：用油脂作为传热介质，是青铜炊具特别是鼎产生之后才具备的条件，所以油烹的烹调方法也产生了，如煎、炸、烹等。比陶烹时代更增加了菜肴的特色。

（2）名厨　随着烹饪的发展，以烹饪为职业的庖厨也出现了一些出类拔萃者。见于历史文献的著名厨师有：

伊尹：《墨子·尚贤》：“汤举伊尹于庖厨之中。”伊尹出身于庖厨，并以烹制调和之理调政，被商汤用为相。

易牙：《战国策》：“齐桓公夜半不兼（腹饥），伊牙乃煎、熬、燔、炙和，调味而进之。”易牙，齐国人，以擅长烹饪得宠于齐桓公。在齐国故都临淄的《临淄县志》中有传。再如《列子·说符》：“白公问曰：‘若以水投水何如?’孔子曰：‘淄渑之合，易牙尝而知之’。”《论衡》中说：“易牙之调味，酸则沃之以水，淡则加之以咸。”从这些记载中可见其烹饪技艺是高超的。

（3）筵席、宴会　筵席和宴会是由祭祀产生的。最早的情况在《礼记·礼运》中已说清楚：“夫礼之初，始诸饮食，其燔黍捭豚，污尊而捧饮，犹若可以致其敬于鬼神。”这就是原始时代人们祭敬鬼神时，用手掬水来喝，击地而作乐鼓的情景。当逐渐生成筵席形式时，仍长期保留着先古穴居之风，席地而坐。《周礼·司几筵》郑玄注说：“铺陈曰筵，籍之曰席。”就是说先铺在地上的为筵，后加在筵上者为席。周代的官场筵席，还有着严格的制度，《礼记·礼器》记：“天子之席五重，诸侯之席三重，大夫再重。”孔子也说：“席不正不坐。”说明在先秦时期，形成筵席、宴会之时，已经有了严格的规定，一直影响着后世，至今还沿用“筵席”之称，就是例证。宴会上饮酒、佳肴，都要用各种酒器、食器。特别是青铜器时代，各种宴会器皿都已十分丰富和讲究。

2. 烹饪原料

在这一时代，人们的饮食原料更加丰富，进一步扩大了饮食范围。

（1）《诗经》记录的各种原料

谷物：《小雅·甫田》：“黍、稷、稻、粱，农夫之庆。”

《小雅·采菽》：“采菽采菽，筐之筥之。”

《周颂·思文》：“贻我来牟。”

蔬菜：《陈风·泽陂》：“彼泽之陂，有蒲有荷。”

《小雅·采菽》：“言采其芹。”

当时记载的蔬菜有：蒲、荷、葵、菽、瓜、壶（葫芦）、韭、芹等，有些是人工栽培，有些是野生的。

果类：《周南·桃夭》：“桃之夭夭。”

《召南·摽有梅》：“摽有梅，倾筐塈之”。

《召南·何彼浓矣》：“何彼浓矣，华如桃李。”

《豳风·七月》：“八月剥枣。”

可见当时的果类有：桃、李、梅、栗、枣等。

渔猎：《小雅·采绿》：“其钓维何，维鲂及鱼。”

《陈风·衡门》：“岂其食鱼，必河之鲂……岂其食鱼，必河之鲤。”

《小雅·无羊》：“谁谓尔无羊？三百维群。”

当时食用的渔猎肉类，可见已有各种河鱼、海鱼，还有鳖、兔；也有放牧牛羊。

（2）《周礼》、《礼记》记载的一些原料

《周礼》：膳夫，掌王之膳食。“凡王之馈，食用六谷。膳用六牲，馐用百有二十品，珍用八物……王日一举，鼎十有二，物皆有俎。”

庖人，掌共六畜、六兽、六禽、七菹等经过初步加工的原材物料。

饭：黍、稷、稻、粱、白黍、黄粱等，说明可以做饭的粮食品种有以上几种。

膳，在这里说的是菜单，其中有：牛肉羹、羊肉羹、猪肉羹和炮牛肉。

饮：重醴，稻醴清糟，黍醴清糟，粱醴清糟，或以酏为醴，黍酏，浆水，滥。

酒：清，白。这里说的饮料，有醴酒、稀粥、梅浆、用干饭和稀饭混合加水调成的滥。酒，则有清、白两种。

食：蜗醢，雉羹，麦食，脯羹、鸡羹、犬羹、兔羹和糁不蓼，濡豚，包苦实蓼，濡鸡，醢酱实蓼，濡鱼，卵酱实蓼，濡鳖，醢酱实蓼。

3．周代八珍及其烹饪术

先秦烹饪技术水平的标志，应属《礼记·内则》所记载的“八珍”，一般研究饮食烹饪史者称为“周代八珍”。

（1）淳熬　“煎醢，加于陆稻上，沃之以膏曰淳熬。”把煎的浓厚的酱肉淋浇在旱稻米饭上，再淋上脂膏，名叫淳熬。

（2）淳母　“煎醢加于黍食上，沃之以膏，曰淳母。”意把煎的浓厚的酱肉淋浇在黍米饭上，再淋上膏油，就叫淳母。

（3）炮豚　“炮，去豚若降，刳之，实枣于其腹中，编萑以苴之，涂之以谨涂，炮之，涂皆干，擘之。濯手以摩之，去其……”即说炮的制法是：将小猪或肥羊羔宰杀后，剖腹去掉内脏，把枣子填在肚内，用草绳捆扎好，扎完后涂以黏泥，放进火里烧烤。等到外面涂裹的一层黏泥烧干后，掰去干泥，洗手，把皮肉上的一层薄膜去掉，再用稻米粉调成粥状，敷在全猪身上，然后放在油膏里煎，油膏必须淹没过猪（羊羔）。然后再准备一只大汤锅，把煎过的小猪（或羊羔）配上料，放在一只小鼎里，将小鼎放进装有汤水的大鼎里。大鼎里的水又不能再溢入小鼎里。用小火连续炖三天三夜，然后取出。吃时再用醯和醢调味。

（4）梼珍　“取牛、羊、麋、鹿之肉，每物与牛若一；捶，反侧之，去其饵；熟，出之……”其制法，选牛、羊、麋、鹿的夹脊肉，每样同牛肉的量相等，反复捶，去掉筋骨。待烹熟了再去掉膜，令肉柔软。

（5）渍　“取牛肉必新杀者，薄切之，必绝其理，湛诸美酒，期朝而食之，以醢若醯。”渍制法：取新杀的鲜牛肉，薄薄的切好，横着肉纹切断。将肉放在好酒里浸泡一天，就可以食用，食用时加调料即可。

（6）熬　将生肉先捣捶，除去筋膜，然后摊放在芦草编的草席上，把切成细屑末的桂、姜洒在牛肉上面，用盐腌一下，干了就可以吃。用羊肉，做法相同。用麋、鹿等的肉做法相同。如想吃带汁的肉，则用水润开加醢煎一煎。如想吃干肉，就捶打之后而食。

（7）糁　其做法是：取牛、羊、猪肉三等分，肉切成小丁，选用稻米，用两份稻米、一份肉和起来做成饵饼，煎了食用。

（8）肝膋：取狗肝一副，用狗网油将它包裹起来，再将其架举在火上烤炙，等到网油烤干就可以食用。

周代八珍，反映了这一时期的烹饪技术水平，这八珍就是指的烹饪方法，而不是名馔之说。所以称为"八珍之齐"，齐者，剂也，是调剂烹饪之意。当时所以称之为"珍"，因是珍贵的烹饪方法，而不是原料的珍贵，是总结周代烹饪技术之大成。

（三）汉、南北朝的烹饪

1．烹饪原料的增加

西汉是汉王朝经济发展时期。从《史记·货殖列传》记载的一些资料可知，西汉前半叶，在农、渔、牧和食品加工方面都有很大发展。果蔬已有大面积的栽培；牛、羊、猪及家禽已成群放牧、饲养；池塘养鱼一年可收一千石；酒、醋、酱、曲、鱼干、咸鱼产量也很乐观。

（1）西域引进的烹饪原料　丝绸之路开辟了通西域的道路，汉使张骞，公元前 139 年和公元前 119 年两次出使西域各国。开始了国际经济贸易交流，输出丝绸及其他中国特产，从西域传入各种农产品。这是中国烹饪原料第一次从外域引进。并且持续了相当长的一段时间。

古代西域指甘肃敦煌以西的新疆、安息（今伊朗）、大月氏（今阿富汗北部）、大宛（今乌兹别克斯坦）等广大地域。所谓从西域传入的食物果树品种，并不一定都是西域原产。例如：

《史记·大宛列传》："汉使取其实来，于是天子始种苜蓿、葡萄。"

《博物志》："张骞使西域，还，乃得胡桃种。"又"汉张骞出使西域，得涂林安石榴种以归。"

《汉书·地理志》："敦煌古瓜州，地有美瓜。"

总之，从西域引进的果蔬、香料、油料品种，有：无花果、安石榴、胡桃（核桃）、胡瓜（黄瓜）、大蒜、胡荽（芫荽）、胡麻（芝麻）、胡椒、葡萄等。其他还有胡豆（蚕豆）、芒果、胡萝卜、西瓜、菠萝蜜等。

（2）豆腐的发明　豆腐是我国重要的食品发明，史书有记载，多认为由西汉淮南王刘安发明。

2．油料、饼食、素食的起源

（1）植物油料　植物油料的产生，应该是具有榨油技术之后。而最容易榨制取油的种子则是芝麻。最早见于史籍者是陈寿《三国志·魏志》："孙权至合肥新城，满笼驰往……折松为炬，灌以麻油，从上风火烧贼攻具。"此处所指麻油，就是芝麻油，是可以用来烹饪和食用的油。但这时的油主要用于点火照明，将植物油用于烹调则是唐宋以后开始普及的。

（2）面食起源　在东汉刘熙撰的《释名》中就有关于饼食的记载，到《后汉书》中记载："灵帝好胡饼，京师皆食胡饼。"说明饼食在汉代已经普及。

由于饼是用面粉做的，面粉又是磨的加工产品，磨是面粉的加工设备。磨，在汉代已经普及，从出土可证，如河北满城发掘的汉中山王刘胜墓，就随葬有一副石磨，还发现有相当多的陶磨。

面粉的普及使面食制作发生了重大变革，推动了白案技术的发展。

(3) 佛教及素食　佛教是从印度传入的，见于史书最早是东汉明帝永平十年，蔡愔偕西域僧以白马驮载经像归洛阳。其下榻处后名为白马寺，是中国佛教寺院之始。佛教禁戒杀生，有茹素的主张，对饮食产生了很大影响。特别是南朝梁武帝萧衍，笃信佛教，竭力提倡素食，再与佛教僧徒戒杀生联系起来，产生了寺院的“香积厨”。特别是豆腐、面筋、蔬食得到发展，使素菜很快形成体系。

相关链接

淮　扬　菜

淮扬菜系我国四大菜系之一，淮扬风味以扬州、两淮（淮安、淮阴）为中，以大运河为主干，南起镇江，北至洪泽湖周边，东含里下河并及于沿海。这里水网交织，江河湖所出甚丰，肴馔以清淡见长，味和南北。其中，扬州刀工为全国之冠，两淮的鳝鱼菜品丰富多彩，镇江三鱼（鲥鱼、刀鲸、鮰鱼）驰名天下。

淮扬菜在选料上较讲究，善烹河鲜江鲜，制作精细，突出主料，强调本味，清淡适口，注重火工，烹调方法以炖、焖、煮、煨见长，酥烂脱骨不失其形，口味上保持原汁原味，擅长制汤，清则见底，浓则乳白，咸甜适中，南北皆宜。其菜品色调雅淡，造型清新，精于瓜果雕刻，所制的瓜灯玲珑剔透，飞禽走兽栩栩如生。鱼类菜肴以活嫩、软嫩、鲜嫩、松嫩、酥嫩著称。点心品种繁多，以发酵面点，烫面和油酥面点取胜，馅多盈口，素馅鲜嫩，清新味美。

六、中国的八大菜系

中国幅员辽阔，是世界上最重视“吃”的民族，经过几千年的发展，形成了博大精深的“食文化”。长期以来，各地由于选用不同的原料、不同的配料，采用不同的烹调方法，因而形成了各自的独特风味和不同的菜系。其中，较为著名的八大菜系指川、粤、鲁、苏、湘、闽、徽、浙等。

1. 粤菜

广东人以会吃闻名，是中国食文化的开拓者和实践者。广东地处亚热带，地形多变，物产丰饶，同时，广东又处在中外交流的枢纽，天南海北的游客、商人云集，使广东的食文化丰富多彩。“食在广东”已名扬海内外。

粤菜包括广州、潮州、东江等地菜。粤菜风味独特，用料广泛。传统上各种奇珍异食无所不吃。“野味香”之名，脍炙人口。其原料有来自深山密林中的猴子、果子狸等走兽，也有鹧鸪、山鸡、禾花雀等飞禽；既有钻地打洞的穿山甲，也有树上跳跃的松鼠；既有叫声令人惊悸的猫头鹰，也有草中长蛇，水上野鸭；既有水里游的鱿鱼、鳞虾，也有四脚爬行的乌龟、甲鱼；既有鱼翅、燕窝、海参等珍品，也有家中猫、野地老鼠等动物。这些野生动物，大多其貌不扬，名声不佳，然而经过广东高明厨师加工烹调后，便成了味道鲜美、营养丰富的桌上佳馔，口中奇珍。现代社会保护野生动物理念深入人心，但仍有驯养、养殖的允食珍品入馔。

丰富多彩、营养上乘的广东菜、广东小吃和广东食品尽使广东人大饱口福，同时广东人对“吃”的要求越来越高，广东人的食文化讲究吃出情调，吃出享受。

2. 川菜

四川是天府之国，物产丰饶。川菜源远流长，历史悠久。其烹调技法博大精深，调味品纷繁而富有特色，故菜肴的口味丰富而独特，素有“一菜一格，百菜百味”之美誉。

四川气候潮湿，重庆是中国有名的“雾都”，因此，四川人（含重庆）吃辣椒是出名的，吃辣椒能祛寒除湿。在所有的川菜中，无论是炒菜、凉菜，还是在汤里都要放辣椒。著名的重庆火锅其最大的特点就是味浓香辣。四川人吃辣的方式多样，有单用辣椒的吃法，但更多的是辣椒与花椒并用的麻辣味。川菜善于因时因地制宜，灵活掌握味道的浓与淡、麻与辣，使味道浓淡有别、清鲜醇浓。

川菜的用料比较大众化，一般的禽兽鱼蔬鲜都可。但烹调方式十分多样，且精工细做，对刀工切配、色味火候都有独特的要求。川菜是由地道的四川人居家吃的家常菜发展而成的，虽然川菜中也有名贵的燕窝、鱼翅做成的豪华菜式，但其中给人回味至深的代表菜却是麻婆豆腐、鱼香肉丝、水煮牛肉、河水豆花、毛肚火锅一类的家常菜。由此可见，川菜具有典型的大众性，是中国民间食文化的基础，深受广大民众的欢迎。

3. 鲁菜

山东地处我国胶东半岛，依山傍海，物产丰富。山东历史悠久，是我国古代齐鲁文化的发源地。鲁菜早在春秋时期已负盛名，是我国北方菜的代表。到了元朝，鲁菜的风格更加鲜明，制作更加精湛，在华北、东北、北京、天津等地广为流传。此时，山东菜还传进宫廷，成为御膳的主体。

传统鲁菜擅长烹调海鲜与禽兽，讲究清鲜。自鲁菜进入京城后，久为官场享用，所以选料十分精细，多选用当地特色的原料和新鲜的海产品，采用多种烹调方法，精心制作。其特点是清香、鲜嫩、味纯，既讲究真材实料，又讲究丰满实惠。鲁菜至今仍有大鱼大肉、大盘大碗的特点，请客宴会以丰满实惠著称。鲁菜的代表菜如葱烧海参、糖醋鲤鱼、德州扒鸡、清汤燕菜等皆给人留下了清香鲜美、酥脆质嫩的美好回味。

在鲁菜的发展过程中，也广泛地吸收了全国各地菜系之所长，使之成为我国影响最大的菜系之一。

4. 苏菜

江苏位于我国东南沿海，长江的下游。这里气候温和，土地肥沃，盛产稻、麦、棉、蚕、鱼等土特产，素有“鱼米之乡”的美誉。“春有刀鲚夏有鲥，秋有肥鸭冬有蔬”，一年四季各种禽蛋、瓜果蔬菜、水产、土产不断上市，这为苏菜的形成与发展提供了有利条件。经过长期的演变与发展，江苏的食文化积累了丰富的烹饪经验，烹调技术日臻完善，逐步形成了以淮扬、南京、苏锡三种地方菜为主体的江苏菜系。

江苏菜历史悠久，品种繁多。据《史记》、《吴越春秋》等书记载，早在2400年前已有炙鱼、蒸鱼、鱼片等不同的烹调方法。用鸭子做菜，起源也较早，在1400年前鸭子已是金陵民间喜爱的食品。

苏菜的主要特点是选料以鲜活、鲜嫩为佳，制作精细，注重刀工火候，四季有别。如“淮扬狮子头”这一名菜随季节变化用不同原料烹制，春秋宜清炖，冬季宜烩焖，春季做河鲜芽笋狮子头，秋季做蟹粉狮子头，冬季做芽菜风鸡狮子头等，因时而异。苏菜在调味上讲究清淡入味，追求清香四溢淡香扑鼻，注重色泽鲜艳清爽悦目。

苏菜是我国主要的传统菜系之一，在国外享有较高声誉。

5．徽菜

安徽位于华东的西北部，兼跨长江、淮河流域，区内平原、丘陵、山地俱全，河流湖泊交错，物产丰盛。徽菜分南北两大菜系，即皖南徽菜与江淮徽菜，徽菜是我国八大菜系的一系，起源最早，取材于本地区的土特产，又以当地传统的烹调方法烧制，形成了独特的地方风味。

徽菜以烹制山珍野味而著称，如传统风味中的“火腿炖甲鱼”和“红烧果子狸”就是选用皖南地区特产沙地马蹄鳖、雪天牛尾狸做主料。其特点是量大油重，朴素实惠，善于保持原汁原味。徽菜虽取料朴素，但色、香、味俱全，可谓物美价廉。安徽淮南人能靠着豆腐征战全国，实在不易。如有机会品尝几道传统的徽菜，定有“日啖徽菜一二道，不辞长作徽州人”之感。

6．浙菜

浙江气候温和，土地肥沃，境内有平原，有山区，丘陵绵延，河流纵横，湖泊水库，星罗棋布，自然条件非常优越。浙江人心灵手巧，善于动脑，加上浙江文化发达，历史悠久，因此浙菜有其独到之处。

浙菜的特点是选料时鲜，制作精细，色彩鲜艳，味道鲜美。浙菜魅力巨大，正如诗人白居易所赞“清明土步鱼初美，重九团脐蟹正肥，莫怪白公抛不得，便论食品亦忘归。”

经过长时期的演变发展，以杭州、宁波、绍兴等三个地区为代表的浙江菜系以其独特的风味誉满中外。

7．闽菜

福建位于我国东南沿海，境内山岭耸峙，丘陵起伏，河谷与盆地错落，素有“八山一水一分田”之称。这里气候温暖湿润，盛产热带作物，物产丰富，水产发达。福建历史悠久，是“海上丝绸之路”的起始驿站，也是我国海洋文化的发源地。

闽菜起源历史早，由福州、泉州、厦门等地方菜组成，擅长烹调海鲜及当地土特产。其特点是色彩绚丽、味鲜而清淡、咸中略带酸甜。驰名的闽菜有佛跳墙、雪花鸡、八宝鲟饭、太极明虾等。

闽菜继承了我国烹饪技艺的优良传统，以其浓厚的地方色彩和独特的福建风味而香飘中外。

8．湘菜

湖南地处我国长江中游，洞庭湖以南，境内水系纵横，气候潮湿。湖南奇山秀水物产富饶。

湘菜由湘江流域、洞庭湖区和湘西地方风味构成，其特点是制作精细，用料广泛，讲究原料的入味。口味偏重咸、辣、酸、香，以辣为特色。湘人食辣为瘾，无论男女老幼皆喜辣成癖，一顿没有辣椒便会饭菜不香，正所谓“无辣不成味”。

著名的湘菜有：麻辣子鸡、红煨鱼翅、火方银鱼、油辣冬笋尖等。

除以上介绍的中国八大菜系之外，我国还有许多地方的菜系和品种繁多的地方风味。由于我国的烹饪技术精湛，源远流长，食文化始终贯穿于人类文明发展史中，随着社会的进步，中国的饮食文化定会更加繁荣兴旺。但是，必须指出的是，食文化与饮食文化不相同，其满足“口福”的单纯生理需要并不占有主要地位，它是通过“食”的过程而感受到其背后的文化意味和历史风情，并由此而了解这一地域或国家。

当代饮食文化具有更加鲜明的时代色彩，食的对象发生了明显的变化，环境意识、动物保护意识和无公害意识被越来越多的人所认同。因此，那些以山珍野味为主要对象的中国食文化（如广东菜系）也必须发生变革，否则不仅不会得到相应的收益，反而会因此而受到旅游者的批评。

七、中国饮食文化的特色和特点

中国是具有5000年历史的文明古国，其饮食文化与烹调技艺是其文明史的一部分，是中国灿烂文化的结晶。中国疆域辽阔，气候多样，热带、亚热带、温带、亚寒带兼而有之；地形多样，江河湖海，山川平原，无一不备，这样就为中国的饮食与烹调提供了不同种类、不同品质的鱼肉禽蛋、山珍海味、瓜果蔬菜等丰富的动植物原料、调料。

1. 中餐烹饪技巧

数千年来，中餐积累了精湛的烹调技艺，仅烹调的操作方法就有：烧、炸、烤、烩、熘、炖、爆、煸、熏、卤、煎、氽、贴、蒸等近百种，从而形成了各式各样、千差万别、风味各异的菜系和品种。据不完全统计，现在全国约有各式菜肴一万多种。著名的清宫廷宴席菜肴“满汉全席”，仅此一桌的冷热大菜就有120余种。以这种大菜为代表的中国食文化，显示出华丽、气派的“天朝”和“帝王”心态，表现出中国传统文化的普遍特点。

2. 中国饮食文化特色

中餐的菜肴以色艳、香浓、味鲜、形美而著称于世。其形美，尤以花式冷拼盘最为突出。它造型别致、五彩缤纷、栩栩如生，呈现出富有意境的景色和图案。那山川树木、亭台楼阁、花鸟鱼虫、珍禽异兽，尽收盘中。仿佛是一幅美丽的图画，给人以享受。而且中餐每套都以双数为单位，四、六、八、十……成为一般的规则，俗话说：“两个盘子待客，三个盘子待鳖”，追求双数恰恰表现出中国文化注重“十全十美”，讲求偶数为利的心理习惯。

中餐的菜肴名称也别具特色，富有中国传统文化特色，给人以美好的回味。如“游龙戏珠”、“阳春白雪”、“银珠牡丹”、“金玉围翠”、“玉手摘桃”、“宫门献鱼”等，五花八门，应有尽有。充满了诗情画意，有时就是一种立体的诗配画。

在中国，真可以说走到哪里，吃到哪里。全国各地的饭店、酒家、餐馆、食摊比比皆是。尤其是各大中城市，仅在一地，就可以品尝到南北各地的饮食风味、荤素名菜、点心面粥、应时小吃。即使在国外，中式餐馆也是很多，几乎遍布世界各地。并且这些中餐馆常常是宾客满座，应接不暇，生意十分兴隆。在美国，中餐馆更是多得惊人。仅纽约一个城市，就有5000家以上。

3. 中国饮食文化特点

中国是文明古国，亦是悠久饮食文化之国度。几千年的实践和积淀，形成了博大精深而风格多样的饮食文化，特点概括如下：

（1）风味多样　由于我国幅员辽阔，地大物博，各地气候、物产、风俗习惯都存在着差异，长期以来，在饮食上也就形成了许多风味。我国一直就有“南米北面”的说法，口味上有“南甜北咸东辣西酸”之分，主要是巴蜀、齐鲁、淮扬、粤闽四大风味。

（2）四季有别　一年四季，按季节而吃，是中国烹饪又一大特征。自古以来，我国一直按季节变化来调味、配菜，冬天味醇浓厚，夏天清淡凉爽；冬天多炖焖煨，夏天多凉拌冷冻。

（3）讲究美感　中国的烹饪，不仅技术精湛，而且有讲究菜肴美感的传统，注意食物的色、香、味、形、器的协调一致。对菜肴美感的表现是多方面的，无论是一个红萝卜，还是一个白菜心，都可以雕出各种造型，独树一帜，达到色、香、味、形、美的和谐统一，给人以精神和物质高度统一的特殊享受。

（4）注重情趣　我国烹饪很早就注重品位情趣，不仅对饭菜点心的色、香、味有严格的要求，而且对它们的命名、品味的方式、进餐时的节奏、娱乐的穿插等都有一定的要求。中国菜肴的名称可以说出神入化、雅俗共赏。菜肴名称既有根据主、辅、调料及烹调方法的写实命名，也有根据历史掌故、神话传说、名人食趣、菜肴形象来命名的，如“全家福”、“将军过桥”、“狮子头”、“叫化鸡”、“龙凤呈祥”、“鸿门宴”、“东坡肉”等。

（5）食医结合　我国的烹饪技术，与医疗保健有密切的联系，在几千年前即有“医食同源”和“药膳同功”的说法，利用食物原料的药用价值，做成各种美味佳肴，达到对某些疾病防治的目的。

古代的中国人还特别强调进食与宇宙节律协调同步，春夏秋冬、朝夕晦明要吃不同性质的食物，甚至加工烹饪食物也要考虑到季节、气候等因素。这些思想早在先秦就已经形成，在《礼记·月令》就有明确的记载，而且反对颠倒季节，如春“行夏令”“行秋令”“行冬令”必有天殃；当然也反对食用反季节食品，孔子说的“不时不食”，包含有两重意思：一是定时吃饭，二是不吃反季节食品，与当代人的意识正相反，有些人吃反季节食品是为了摆阔。

八、文人与美食

美食文化的创造，首应归功于厨师，但厨师未必是美食家。即使烧得一手好菜，厨师往往也只是一个匠人。能明饮食文化的渊源，融会贯通，知其然且知其所以然，信手拈来，皆成美味，治大国如烹小鲜，轻而易举，可谓大厨师，可为大师，亦可兼称美食家。这自然是食界众生所仰望的。

另一方面，文人的贡献，不可忽略。苏东坡是一位大美食家，有人称赞东坡写的《菜羹赋》、《老饕赋》等文，我以为此类文字似尚不能列入对美食文化有什么创造，那只不过是好吃之徒的食颂。只有东坡就地取材创造了一些吃法与美味，方可列入真正的美食家。

简言之，食有三品：上品会吃，中品好吃（好读去声），下品能吃。能吃无非肚大，好吃不过老饕，会吃则极复杂，能品其美恶，明其所以，调和众味，配备得宜，借鉴他家所长，化为已有，自成系统，乃上品之上者，算得上真正的美食家。要达到这个境界，就

不是仅靠技艺所能就，最重要的是一个文化问题。最高明的烹饪大师达此境界者，恐怕微乎其微；文人达此境界者较多较易，这就是因由所在。

文人即使不能创造美食，然天性好食，食后品题点染，就是有力的宣传，大有助于美食的扬名。苏州木渎“石家饭店”的“鲃肺汤”，诚然是天下美味，于右任的题诗，使此名菜大增光彩，这是众所周知的事。昔年北京的“烤肉宛”、“烤肉季”，破屋之中遍贴著名文士的赞词，也是老食客所熟悉。此是宣传手法，但也应包容在饮食文化之中，比起在店里张贴美女照，有文化得多了。现在惟香港著名的镛记酒家，尚可见一些著名文人题字，可称难得。

1. 苏东坡与美食

中国古代好美食的文人，苏东坡先生算得重要一人。苏公有一诗“宁可食无肉，不可居无竹，无肉令人瘦，无竹令人俗。”当好吃而又会吃的先生面临着将肉和竹相提并论时，先生既难舍美食而又要留雅趣，如何解决这个问题，先生说“若要不俗又不瘦，顿顿笋煮肉”。苏公写诗“三年京国厌藜蒿，长羡淮鱼压楚糟，今日骆驼桥下泊，恣看修网出银刀。”又有诗“日啖荔枝三百颗，不辞长做岭南人”，在以功名仕途为重的中国古代，被贬谪出京，离开了政治权利的中心，该是如何沉重的一件事，然而，苏东坡先生虽然官场受挫，却因为可以享受到美食而洋洋得意。从东坡先生对待吃这一事，可以看出先生对待坎坷仕途的一种气质风范，对待困苦命运的乐观自在的生活态度。苏东坡先生写的《菜羹赋》和《老饕赋》还不及以他名字冠名的杭州名菜东坡肉、四川的东坡肘子更为后人所广知，这真是有点“古来圣贤皆寂寞，唯有饮者留其名”的意思了。东坡先生有知，怕也要捻须微笑吧。

2. 陆游与美食

人们都知道陆游是南宋著名的诗人，但很少有人知道他还是一位精通烹饪的专家，在他的诗词中，咏叹佳肴的足足有上百首，还记述了当时吴中（今苏州）和四川等地的佳肴美馔，其中有不少是对于饮食的独到见解。

陆游的烹饪技艺很高，常常亲自下厨掌勺，一次，他就地取材，用竹笋、蕨菜和野鸡等物，烹制出一桌丰盛的佳宴，吃得宾客们“扪腹便便”，赞美不已。他对自己做的葱油面也很自负，认为味道可同神仙享用的“苏陀”（油酥）媲美。他还用白菜、萝卜、山芋、芋艿等家常菜蔬做甜羹，江浙一带居民争相仿效。陆游在《洞庭春色》一诗中，有“人间定无可意，怎换得玉脍丝莼”的句子，这“玉脍”指的就是隋炀帝誉为“东南佳味”的“金齑玉脍”。“脍”是切薄的鱼片；“齑”就是切碎了的腌菜或酱菜，也引申为“细碎”。“金齑玉脍”就是以白色的鲈鱼为主料，拌以切细了的色泽金黄的花叶菜。“丝莼”则是用莼花丝做成的莼羹，也是吴地名菜。陆游在诗中称赞的这些菜肴，在当时确实都是名菜。

陆游不但会做，而且很懂得烹调技术。他长期在四川为官，对川菜兴味浓厚。唐安的薏米、新津的韭黄、彭山的烧鳖、成都的蒸鸡、新都的蔬菜，都给他留下了难忘的印象，离蜀多年后还念念不忘。晚年曾在《蔬食戏作》中咏出“还吴此味那复有”的动情诗句，在《饭罢戏作》一诗中，他说：“东门买彘骨，醢酱点橙薤。蒸鸡最知名，美不数鱼鳖。”“彘”即“猪”，“彘骨”是猪排。排骨用加有橙薤等香料拌和的酸酱烹制或蘸美至极。此外在诗中称道了四川的韭黄、粽子、甲鱼羹等食品。

陆游在选用新鲜的优质烹饪原料时写道："霜余蔬甲淡中甜，春近录苗嫩不蔹。采掇归来便堪煮，半铢盐酪不须添。"他总结了选取新鲜蔬菜不要调味，吃起来也很好。从强调新鲜原料一面来看是对的，但从"半铢盐酪不须添"之句来看，又有点走向另一个极端，他否定了盐（主味）应有的作用，过于强调"本味"也是不足取的。

陆游到了晚年，基本吃素，他认为吃素既节俭，又可养生。他喜爱的素菜有白菜、芥菜、芹菜、香蕈、竹笋、枸杞叶、菰、豆腐、茄子、荠菜等。还亲自种菜，而且几乎与荤菜绝了缘。同时还自谓所以这样节约，"不为休官须惜费"，而是"从来简俭是家风"。何况"邻家稗饭亦常无"，自己这样吃素食，也可使"胸中无愧怍，一餐美敌紫驼峰"。尤其嗜食荠菜，常常吃得不肯罢休。他对荠菜的做法也很讲究，主张采来便煮，确保新鲜，不加盐酪，突出真味。在评价薏米时，有诗句云："初游唐安饭薏米，炊成不减雕胡美。大如芡实白如玉，滑欲流匙香满屋"把大如芡实（鸡头米）的薏米的白、滑、香的特点都写得非常生动。

陆游又认为吃粥可以强身益气，延年益寿。他在《食粥》诗中写道："世人个个学长年，不悟长年在目前。我得宛丘（仙人名）平易法，只将食粥致神仙。"他之所以能够活到八十多高龄，恐怕同他吃粥与晚年基本吃素有一定的关系。

陆游还提倡乡土风味，如"鲈肥菰脆调羹美，麦熟油新作饼香。自古达人轻富贵，倒缘乡味忆回乡。"又如"祖国山河无限好，家乡父老不患贫。淡云出岫发何日，也味争如乡味醇。"这是有一定道理的。

3. 袁枚为豆腐三折腰

清朝乾隆年间，著名诗人、文学家、任沭阳知县的袁枚，有一回在海州一位名士的酒宴桌上，看到一道菜是用芙蓉花烹制的豆腐。这豆腐制作得非同一般，色若白雪，嫩比凉粉，香如菊花，细腻似凝脂，透着一股热腾腾的清嫩鲜美味，看了惹人眼馋，闻了令人流口水，袁枚夹了一块，细细品味之后，抹了满意的嘴巴，离席径往豆腐店，笑呵呵地向主人请教制法。

店主是位年老赋闲在家的官吏，见这样一位闻名遐迩的大文人、县官屈尊登门求教，是自己难得的一种荣耀，就成心摆摆架子，想把这荣耀再辉煌一番，于是笑道"俗语说得好：一技在身，赛过千金。这制法岂能轻易传人？"

笃诚的袁枚听了信以为真，略一思考，似乎明白了什么，说："你是要银子？请开个价。"

店主见一副诚恳而又急吼吼的样子，就故意开个玩笑道："这是金不换哪！"

袁枚见店主执意不肯，知道这尊菩萨难敬，心里发急，嘴里喃喃着："怎么办呢？"

店主一本正经地说："陶渊明当年不为五斗米折腰，请问你肯不肯为这豆腐而三折腰？"

袁枚是个爽快人，向来又以不耻下问出名，听了店主的话，不愠不怒，毕恭毕敬地向这位比自己年长一倍的老人弯腰三鞠躬。

店主见他居然俯首施礼，屈尊求教，一面歉疚地说"折杀我也，折杀我也。"一面赶忙频频答礼。然后，将制法全教给了他。

后来，这位名诗人、美食家在编撰《随园食单》时，特意把这一种新制法收录书中，使之广泛传播，让更多的人享此口福。

4. 周作人与饮食

随便翻翻周作人的著述，其中有关饮和食的文字林林总总。关于吃饭与筷子、喝酒与酒友，关于鱼、蟹、海错和味之素，关于臭豆腐、油炸鬼和端午节，关于苦茶、盐松树和北京的茶食，关于梅子、菱角和故乡的野菜，等等等等，颇有些清新隽永、别出心裁的妙论，而他的饮食趣味，也有值得一书的独到之处。

早年留学日本时，周作人从普通人的日常生活习惯中敏锐地感受到日本文化的某些神韵，这使他获得了难言的喜悦。而每日普通的吃食，则使他加深了对日本文化的认同感和亲切感。周作人幼年时代对“简中有真味”的乡间生活方式就已习以为常，来日本后相当清苦的寄居生活恰好与他的内心操守形成了一种默契，每天早上两片面包加黄油，中午和晚上两餐饭，萝卜、竹笋而外，绝少肉食，偶尔吃到些猪、牛肉和鸡，羊肉则无处买，鹅、鸭也极不易见。周作人却不以为苦，倒觉得这别有一番风趣，他说：“吾乡穷苦，人民努力日吃三顿饭，唯以腌菜、臭豆腐、螺蛳为菜，故不怕咸与臭。”

评价方法：面谈、论文。

评价内容：通过课堂对学生讲述部分中国烹饪大师的成功、餐饮企业的创业、中国烹饪文化的渊源，使学生树立正确的职业理念，激发学生学习专业知识和技能的兴趣，并能在实际学习、操作过程中表现出来。

思考与练习：

1. 讲述你认识的一位烹饪大师（或名师）的传奇故事？
2. 当今餐饮业的发展趋势是什么？
3. 中国菜系的流派大致可分为几个？
4. 中国饮食文化特色有哪些？
5. 淮扬菜的成菜特点有哪些？

模块二　体 质 训 练

模块描述： 此模块为烹饪专业学生身体素质训练篇。通过自身的锻炼，改变从古到今的厨师职业形象，并能适应操作中体能上的要求。

建议学时： 12 学时

教学目标：

终极目标：有目标地对身体各部位进行锻炼，能适应烹饪操作过程中的体力要求，提高个人综合素质。

过程目标：加强体育锻炼，增强体质。

任务分解：

任务 1：烹饪专业学生力量素质训练

任务 2：发展烹饪专业学生肌肉力量的实践示例

任务一　烹饪专业学生力量素质训练

学习目的：让同学们了解力量的基础常识，针对烹饪操作中体能上的要求，有目标地加强锻炼，提高个人综合素质。

教学方法：训练、指导和竞赛。

任务驱动：有目标地对身体各部位进行锻炼，能有效地完成烹饪操作过程中的体力要求，提高个人综合素质。

知识链接：

一、力量素质概述与训练原则

力量素质是人体或身体某些部分用力的能力或指人体肌肉系统工作时克服内部和外部阻力的能力。力量素质是人们行为活动的基础，是人们完成各种动作的动力来源。特别是以体能主导类的工作中，力量素质水平的高低直接影响到我们本职工作任务的完成效率或者工作质量；力量素质也是我们学习掌握职业技能、发挥职业技术的重要基础。

（一）力量分类

在不同的职业工作中，力量素质表现形式有所区别，可划分为最大力量、速度力量和力量耐力。

1. 最大力量

最大力量是指肌肉通过最大随意收缩抵抗无法克服的阻力过程中所表现出的最高力值。最大力量取决于传入肌肉的神经冲动的强度和频率，取决于肌肉收缩的内协调能力和关节角度的变化。

2. 速度力量

速度力量是指肌肉在单位时间内，尽快和尽可能地发挥力量的能力。速度力量取决于肌肉收缩速度和最大力值。

3. 力量耐力

力量耐力是指肌肉在静力或动力性工作中长时间保持肌肉紧张用力而不降低工作效果的能力。可分为动力性耐力和静力性耐力。动力性耐力由发挥最大力量的能力和重复发挥快速力量的能力两种组成，如仰卧起坐。静力性耐力指长时间支撑、固定肌肉运动的能力，如长时间站立。

那么，在力量实际训练中，人们往往会根据自己职业身体素质的需要，而对某一部位进行专门性的力量训练，让自己的身体素质在职业工作中变得游刃有余。由此来看，我们的力量素质训练还可划分为一般训练，专门性力量训练。

（二）一般力量练习的主要作用

1. 保证练习者各部位力量的均衡发展

人体肌肉力量的运用通常不是单一肌肉的运动，而是不同部位完成工作任务共同配合的结果，而通过一般身体训练中的循环练习，能够使身体的各部分得到系统的发展。在这样日常训练课中，不仅能够全面增长发展我们的身体力量，而且能够减少劳损性运动损害。

2. 提供高水平的积极恢复

不同的职业对身体素质的要求不同，仅烹饪一个专业对人体不同部位肌肉力量要求也不一样。譬如面点专业的学生，对手指、手腕、上肢力量要求比较高，以及相关的腰部力量，甚至还要结合腿部肌肉的配合。从一定程度上说，同学们在学习面点专业时，一定部位的肌力也会得到加强，同时，还伴有指酸腕累，腰酸背痛现象。那么，经过一般身体训练，可以积极恢复肌力，消除疲劳，还可全面发展人体肌肉力量，为我们职业发展贮备必要的身体素质，提高我们同学未来工作能力。

（三）专门性力量训练

在一般力量训练的基础上，有选择性地、针对性地进行专门力量训练。专门练习指与专业技术有紧密联系的专门关节动作或肌肉动力的练习。力量训练职业化发展，选择各种各样的训练方式是极其重要的，有助于学生在职业生涯中更好地发展自己的专业，为工作提供必备的专业化身体基础。所以，根据职业所需要的力量类型安排和发展，发展与专业特点广泛相关的肌肉最大力量、力量耐力或速度力量是十分重要的。如面点专业的学生，对手腕的力量耐力要求应该比较高，如果没有足够的耐力，就不能长时间进行工作，而影响到自己职业生涯的发展，以及岗位竞争的需要，即使学生的烹饪技术水平比较高，但是，有可能因为身体素质不力的原因，在竞争上岗的机会中错失良机。那么，对于手腕肌力的练习手段，可采用握力器反复进行指腕肌力练习，也可手抓铅球、实心球或一定重量的沙包等。对于肱二头肌的专门训练可采用屈力棒、拉力器训练，也可采用一定负荷的俯卧撑、哑铃的双飞、屈肩伸等多种练习手段。

烹饪专业的学生对力量的要求比较高，在未来工作生涯中具有一定的重要性，但是，对于训练手段来说，可以采用丰富多彩的方式，而不能局限于某一种手段。借鉴运动项目的练习手段来加强自己职业发展需要的能力，进行专门化训练，这也是体育与烹饪专业结合的一种手段方式。值得注意的是：发展力量素质必须遵循四个训练原则：专门化训练原则、超负荷训练原则、可逆性训练原则、安排性原则。

1．专门化训练原则

力量训练的手段尽量与专项力量要求的专项技术结构相一致，也就是针对性地与训练自己职业发展需要的肌肉部位力量相一致，这种一致性表现在身体的姿势、动作的幅度、方向、速度都相似。另外，力量训练中应充分考虑烹饪职业中不同岗位对肌肉力量要求的程度（红案与白案必然有所不同），根据相关的力量要求而安排相应部位的力量训练。

2．超负荷训练原则

超负荷训练原则就是力量训练过程中，超过平时一般训练时的量，或者说是超过过去已经适应的负荷。比平时大的负荷阻力对肌肉有较强的刺激，能使骨肉产生相应的生理学适应，这样的训练才能取得实效。如烹饪同学采用2千克的重量，进行手腕8字绕环训练，提高腕力的话，通过一段时间，那么，你必须在原来单位时间内完成的次数上增加，或同等次数情况下，增加重量。也就是说相同次数，可增加重量加大负荷量；相同重量，可增加次数，来增加运动负荷。还可以既增加重量，也可增加练习数量的方式，提高运动负荷，这就是所谓的超负荷练习原则。

3．可逆性训练原则

根据用进废退学原理，力量训练应全年系统地安排。力量训练频率高，肌肉力量增长很快，停止训练后消退也快；训练频率低，训练时间较长，肌肉力量缓慢增长，力量保持时间则相对较长。研究表明，力量增长后，若每2周训练1次基本能保持原来增长水平，若每6周训练1次能保持较长时间，若不训练，等30周后原增长水平完全消退。许多研究结果得出，每周进行三四次力量训练，可使力量明显增长。

4．安排性原则

力量训练中练习的安排，应该先是大肌肉群的练习，后小肌肉群，主要是因为小肌肉群比大肌肉群较早容易疲劳。为了保证大肌肉群的超负荷，训练中应从大肌肉群开始，然后到小肌肉群。不要在两个相继的练习中使同一肌群练习，以保证肌肉在每次负荷后有足够的恢复时间。

根据我们上面的训练理论，很显然，烹饪专业学生都应选择专门的练习方法来发展相关的力量。在这些力量中，可分为一般练习、专门练习两大类。据此，对于烹饪专业学生，主要以专门性力量训练为主，适应于学生未来职业发展的需要，实现定向培养目标的方案要求，同时，也要注意一般力量训练，以达到全面发展的要求。

二、力量训练的一般要求

1．准备充分

每次力量训练前，要做好准备活动。可采用慢跑、伸展性体操类活动，来增加血液循环，增加肌肉和关节的活动范围，提高体温，克服肌肉的生理惰性，使生理组织器官适应力量训练工作负荷需要，提高身体器官的应激反应，防止运动损伤。

2．姿势正确

当借助器械，克服外界阻力训练力量时，保持头和颈部正直，两脚分开且距离一般要大于肩宽，使身体姿势前后处于平衡状态。不要猛烈振动和扭转，以防因转动头部、颈部和躯干部造成的脊椎伤害。

3. 正确呼吸

在负重练习中，上举开始时吸气，在最大用力的瞬间短暂屏息，练习完成后时呼气。在整个练习过程，不要憋气，憋气会阻止血液流向脑部，造成缺氧甚至休克。

4. 循序渐进

在力量训练时，一定要根据自己的力量素质水平进行训练，与自己纵向比较，不断提高克服外界阻力的能力。切不可盲目攀比，超过身体承受的能力，造成意想不到的伤害事故。

5. 注意饮食

蛋白质是肌肉的重要组成部分，在力量训练期间，特别要注意增加蛋白质的补充。在练习初期，肌肉的比重增加，人体体重就会自然增加，不要因此而烦恼，更不要节食或改变饮食习惯，这是正常的生理现象。从逻辑上讲，蛋白质吃得越多，肌肉就长得越多，力量也越大。实际并非完全如此，其摄入量必须与训练量相协调。如果蛋白质的摄入量超过了肌细胞的利用能力，则不仅会增加体脂，还会对身体有许多不良影响。许多高蛋白食物也含高脂肪，如100克瘦猪肉大约含蛋白质23克、脂肪29克，100克瘦牛排含蛋白质28克、脂肪31克。这些食物因含大量饱和脂肪和胆固醇，长期大量食用会增加体脂，甚至影响心血管系统的健康。

6. 练习频度

（1）每周练习的课次数　力量训练每周一般可以安排3次力量训练课，对于一周的力量训练课的安排，可以在每周的一、三、五，或二、四、六。

（2）每次训练课的组数　组数的多少受多种因素的影响，对不同练习目的的练习在组数上可有差异，一般认为一次练习3~6组。每次训练课持续45~75分钟。每次力量训练课后休息1天，或安排其他性质的练习，保证肌细胞的恢复和重建，以便肌肉力量迅速增长。

（3）每组重复的次数　每组练习重复数以RM的最高次数为准。如10RM，则每组均练习10次，但负荷各组都可以循序渐进。烹饪专业学生的力量主要以力量耐力（下肢部位），速度力量（上肢部位）为主，其力量训练也应该以力量耐力和速度力量训练为主。可采用10~15RM负荷为主的训练，针对性地发展职业相关的身体素质，适应烹饪专业发展的身体需要。

（4）每组重复的重量　在采用10~15RM的区间负荷重量来发展速度、力量、耐力。以重复10次为例，就是每组连续重复10次的重量，最后一次恰好能完成。可以在前几次训练课中通过不断尝试来决定重复10次的重量。通过一个阶段的训练，你可以在一个重量下连续练习超过10次重复，这时就可以增加重量了，再找下一个恰好完成10次的负荷重量。如此反复，速度、力量、耐力就会得到不断地提高。

（5）完成每组重复练习的时间　完成练习速度的快慢，对骨骼肌纤维类型的变化及线粒体的影响有所不同。一般认为，完成练习的速度应力求快些，重复次数多，练习应在5～15秒内完成；但适应耐久力的练习，重复次数较多，一般应在20～50秒内完成。

7. 方式效果

力量训练采用不同的训练方式，其产生的效果也不同：少重复次数、大强度克服阻力练习，主要是发展最大力量。多重复次数、小强度克服阻力练习，主要是发展力量耐力。

8. 肌群次序

在初期的训练课中，发展肌群力量要注意：一般先进行大肌肉群力量练习，再进行小肌肉群力量练习。这是因为如果小肌肉群先疲劳的话，就无法充分完成大肌肉群的练习，难以取得理想的效果。人体有最主要的七个肌肉群，进行力量练习的顺序如下：

（1）腹部肌群　从这里开始进行部分的准备活动。

（2）大腿前部肌群　这是人体最大的肌肉群。由于双腿能够自动地带动腰部肌群参与运动，所以在开始大腿前部肌群的练习之前，需要进行充分的准备活动。

（3）胸部肌群　它们是完成上肢支撑动作的主要肌群。

（4）背部肌群　在开始背部肌群的练习之前，需要进行充分的准备活动。

（5）肩部肌群　它们是完成上肢支撑和提拉动作的肌群。

（6）肱二头肌群　它们是完成上臂屈肘动作的主要肌群。

（7）肱三头肌群　它们是人体最小的肌肉群。

9. 力量训练的要点

（1）在力量训练中应该重视发展肌肉的专门收缩特性。还需要结合采用必要的肌肉灵活性和伸展性练习，它们能够保证人体所有关节完成全幅的运动，以及人体自然的生长发育过程。

（2）建议年轻练习者以多种中等强度、较多组数、每组8～10次重复的一般力量训练作为基础。

（3）与男性练习者相比，女性练习者力量训练的负荷量和强度的增加应该更加循序渐进。

（4）在年轻练习者的训练中，应该把更多的注意力集中在：发展骨盆上部脊柱肌群（腹肌和背肌）、脊柱旋转的那些肌肉上。

（5）在最大力量的训练时，如果练习者主动肌和对抗肌的力量发展不平衡、准备活动不充分或是练习者过度疲劳，就大大增加了练习者受伤的危险性。

（6）当练习者肌肉疲劳或最大力量练习之后，不宜进行被动的动力性练习。

（7）当参与练习的肌肉感到刺痛时，练习应该立即停止。

（8）由于传统深蹲练习中膝关节的全幅屈伸容易造成半月板或韧带的损伤，因此，在深蹲练习时应该穿插采用坐姿蹬腿、伸膝、前蹲、滑动下蹲、换腿蹬上台阶、侧蹲等手段。必须发展对抗肌的肌肉力量。

（9）当练习者的骨骼、生长发育还没有完全定形时，不宜采用对脊柱施加负荷的练习。因此，对于不满16岁或17岁的练习者，在练习中不应该采用肩部负重的练习，除非

练习者有扎实的训练基础，已经系统发展了支撑脊柱的肌肉群。

（10）当练习者承受负荷时，脊柱受到压力。这时脊柱必须保持正直，不应当有过大的弯曲，而肩部也应当保持挺立，以免使脊柱处于极其不利的发力状态，构成严重损伤的危险。

（11）所有施加的阻力必须与职业技术紧密相关 这就是说，要采用较轻的负荷进行学习，并且持续进行监控。

（12）在完成力量性的练习之后，不宜紧接着采用易引起力竭的耐力练习，以免引起练习者连接组织的损伤。

任务二 发展烹饪专业学生肌肉力量的实践示例

学习目的：学习不同部位的训练方法，提高身体各方面的能力，达到烹饪操作中体能上的要求，为精湛的烹饪技艺打好基础。

教学方法：训练、指导和竞赛。

任务驱动：通过对指力、腕力、臂力、颈力、腰力、腿力等部位进行锻炼，使身体各项技能达到烹饪操作过程中体力要求。

知识链接：

一、指力训练

1. 手指俯卧撑

双手十指着地支撑身体［见图2－1（1）］，吸气时下落［见图2－1（2）］，呼气时上撑［见图2－1（3）］。每组10～15次，分3组练习，功久指力强者，可以双手中、食四指着地做俯卧撑，呼吸法同上。依此循序渐进，持之以恒，再以双手中、食四指侧立练习。要点：指力练习非一朝一夕之功，不可一曝十寒。

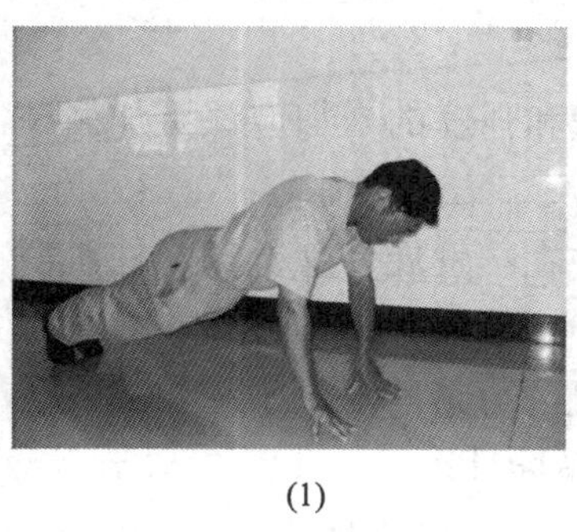
(1)

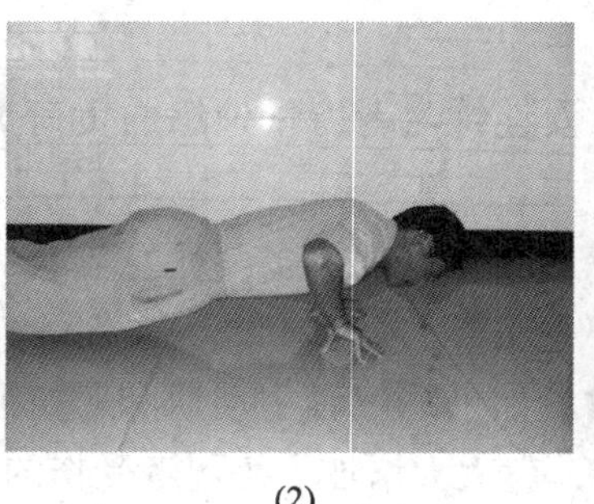
(2)

(3)

图2－1

2. 手指抓重物

用五个手指抓重物，如沙包、实心球、铅球之类重物。具体方法可参照图2－2（1）、图2－2（2），方法是用手指抓起来，然后放下来，以10个为一组，共4～5组，两手交换练习。具体练习中根据练习的重量来决定次数和组数。

另外，常见的还有指拨健身球、指力器训练等。

(1)

(2)

图2－2

二、腕力训练

1．手持重物屈腕

用5千克重物，快速屈伸手腕至最大角度10～15次，间歇时间为60秒，重复6～8组，完成后马上做手腕的鞭打动作，使手腕的力量和灵活性都得到加强，达到提高手腕爆发力的目的［见图2－3（1）至图2－3（4）］。两手可单独做，也可两手交换轮流做，交替完成可提高时间效益，具体各人根据自己情况而定。

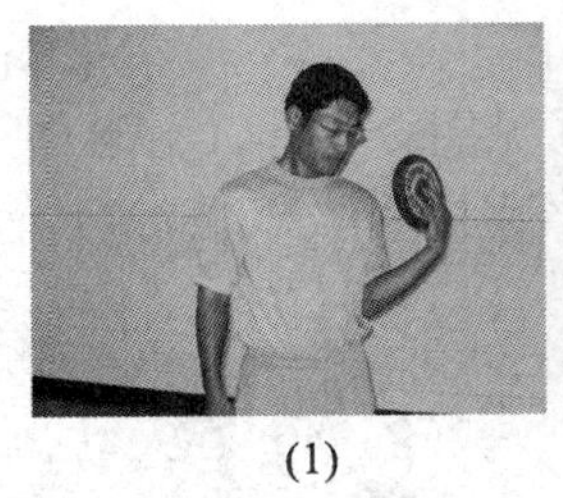
(1)

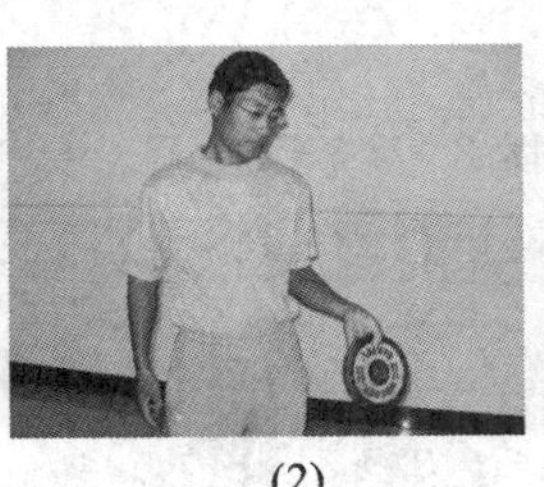
(2)

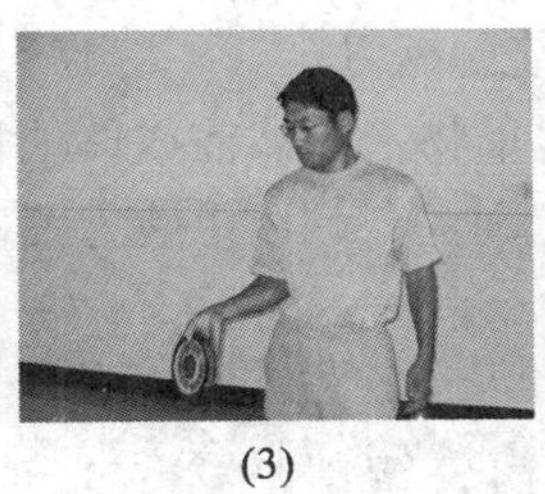
(3)

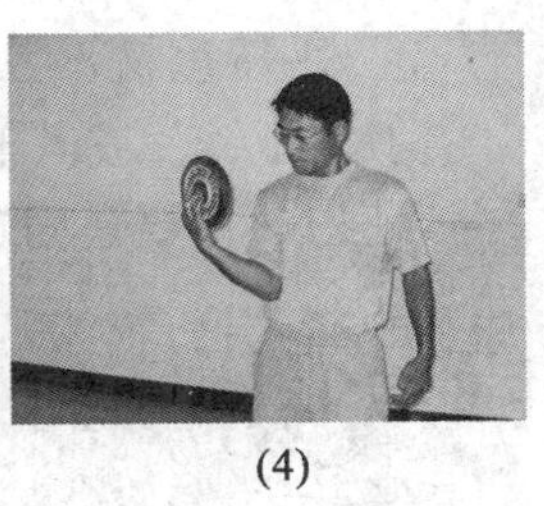
(4)

图2－3

2．掷重物练习

手持3～5千克重物进行后抛练习［见图2－4（1）、图2－4（2）］，前抛练习［见图2－4（3）、图2－4（4）］，左右抛接练习［见图2－4（5）至图2－4（7）］。

(1)

(2)

(3)

(4)

(5)

(6)

(7)

图 2 –4

3．手持重物 8 字绕腕练习

手持哑铃片或其他重物，在体前或体侧做 8 字绕环练习。具体见图 2 –5（1）至图 2 –5（4），主要是固定肘关节，以手腕为轴，进行绕环练习。两手分别进行交换着练习。

(1)

(2)

(3)

(4)

图 2 –5

4．手持重物转臂练习

手持哑铃在体侧做旋内、旋外练习。具体参照图 2 –6（1）至图 2 –6（3）。

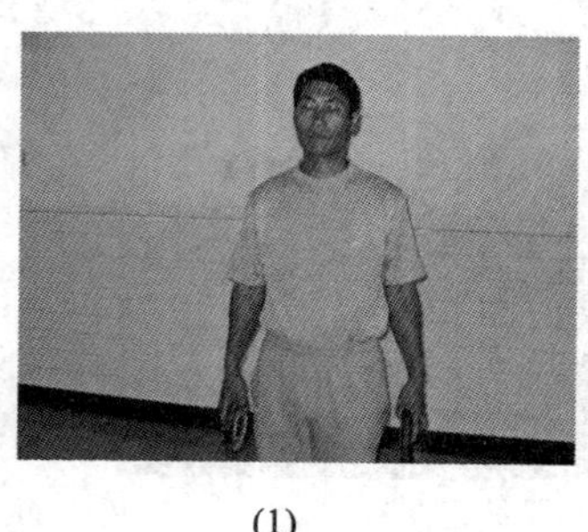

(1)

(2)

(3)

图 2 –6

5. 单杠悬垂

此方法是用手指抓住一根能承担一个人重量的横杆（如图2－7），坚持时间越长越好，不断延长悬垂时间，手腕力量自然会增长。

图2－7

6. 拧卷重物

这种办法对腕力有很大的帮助，而且可以增强手的持握耐力，但锻炼起来相当费力。必须持之以恒，而且每次锻炼完以后，需要彻底对前臂进行放松练习。以提高强度，可以将绳子所系的重物加重。所吊重物为5千克时，绳长1.2米［如图2－8（1）、图2－8（2）］。

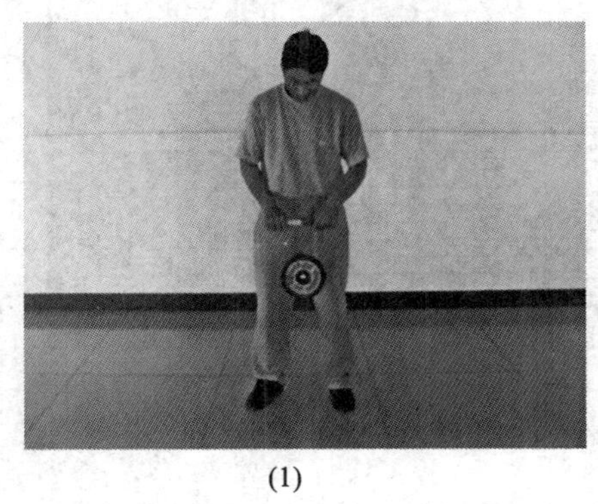

(1)

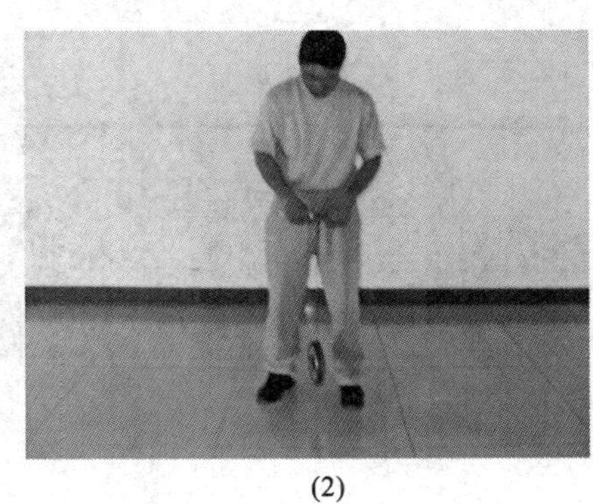

(2)

图2－8

三、臂力训练

1. 俯卧撑

俯卧撑能锻炼到的肌肉包括胸肌、三角肌、斜方肌、三头肌。有常规俯卧撑［如图2－9（1）、图2－9（2）］，也有非常规俯卧撑［如图2－9（3）、图2－9（4）］，就是双脚垫高再做，这样可以加大行程，难度自然增大。你也可以负重做俯卧撑，就是身上压个重物。

2. 引体向上

以杠为例，两手抓住横杠，先自然悬垂。然后两臂用力上拉，最好让下巴超过横杆［如图2－10（1）、图2－10（2）］。根据练习目的，可改变不同的练习方法，如想发展速度力量，可快速练习。想练习力量耐力，你可以停顿在上面一会，也可靠动力性练习，增加练习的次数，耐力自然增加。

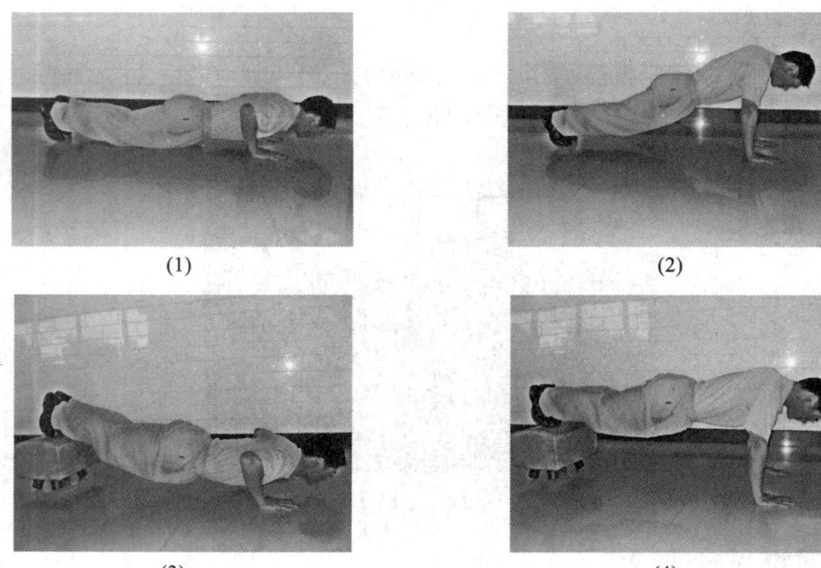

(1) (2)

(3) (4)

图 2 -9

(1) (2)

图 2 -10

3．挺举重物

两脚平行站立［如图2 -11（1）、图2 -11（3）］，挺举［如图2 -11（2）、图2 -11（4）］，既可前后站立，又可平行势。举的重量完全根据自己发展力量的目的来定，具体可参照前面训练理论来制定自己的重量、组数、次数等。

(1)

(2)

(3)

(4)

图 2－11

4．支撑臂屈伸

两手臂撑杠［如图 2－12（1）］，用力撑起［如图 2－12（2）］，可以发展肩膀三头肌等。

(1)

(2)

图 2－12

5．正反握杠铃（哑铃等重物）弯举

握法［如图 2－13（1）、图 2－13（3）］分正手握和反手握。脚下不动，不要借助于腰部力量，反复交替上举和放下练习［如图 2－13（2）、图 2－13（4）］，以发展臂二头肌和三头肌为主。

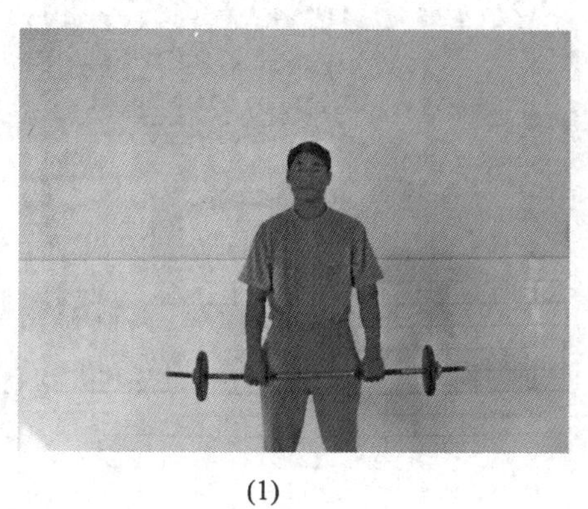
(1)

(2)

(3)

(4)

图 2－13

6. 重物交替弯举

两手分别持重物，交替弯举［如图 2－14（1）至图 2－14（3）］。

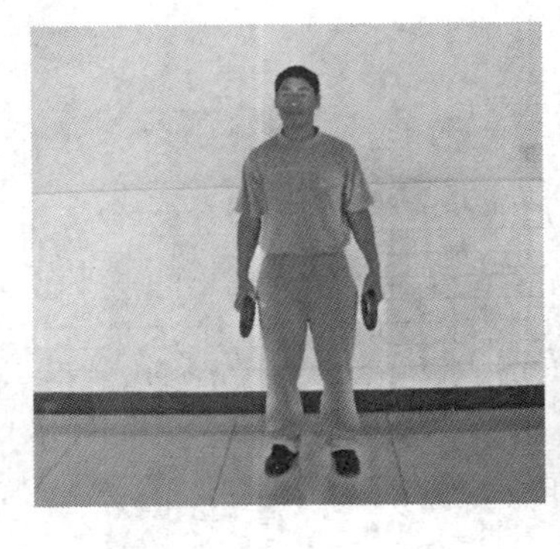

(1)

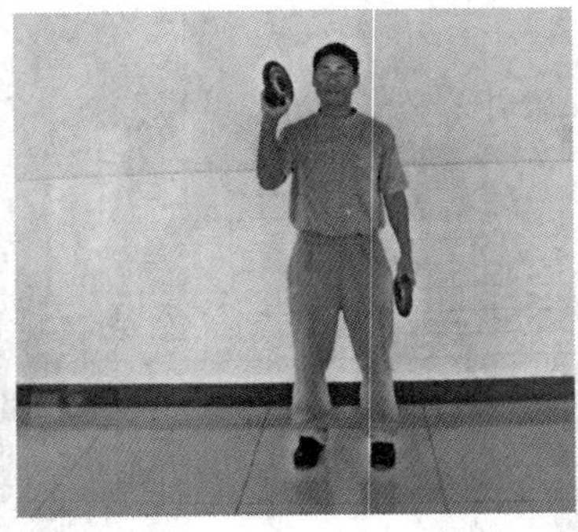

(2)

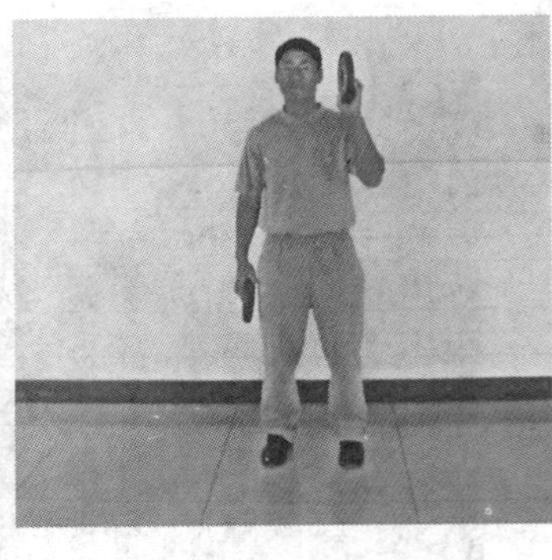

(3)

图 2－14

7. 颈后两臂屈伸

可站立［如图 2－15（1）、图 2－15（2）］，可坐着［如图 2－15（3）、图 2－15（4）］。坐姿练习效果最好，更能有效地发展三头肌，使人体在练习时，很少或不用腿部力量的参与，完全依靠手臂力量。

(1)

(2)

(3)

(4)

图 2－15

8. 窄握前推举

这种方法［如图 2－16（1）、图 2－16（2）］一般以发展快速力量和力量耐力为主，重量不能太大。另外，还可借助于屈力棒、拉力器、综合训练器械发展上臂力量。

(1)

(2)

图 2－16

四、颈力训练

1. 颈部旋转

做头部前后左右偏转摆动及 360°全方位的旋转［如图 2－17（1）、图 2－17（2）］，并可适度用两手去辅助加大转摆的幅度。这样练习有利于你增加颈部的柔软度，增加颈部肌肉力量，还可以预防和治疗颈椎疾病。

(1)

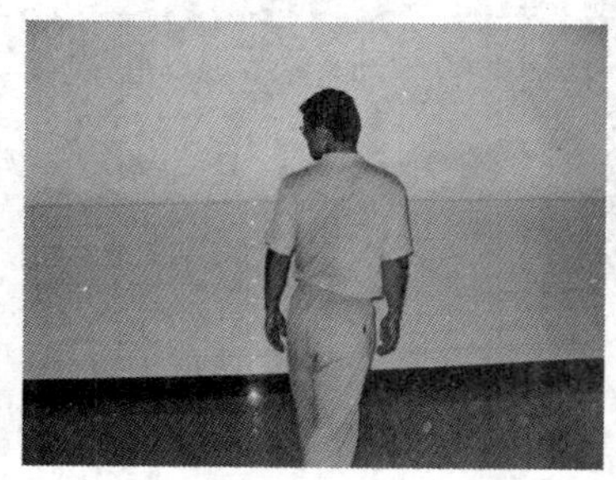
(2)

图 2－17

2. 头手角力

用两手指交叉置于脑后，然后头用力向后顶［如图 2－18（1）、图 2－18（2）］，进行头部与手臂力量的对抗，这种练习简易有效，在很多日常环境中都可以进行练习。

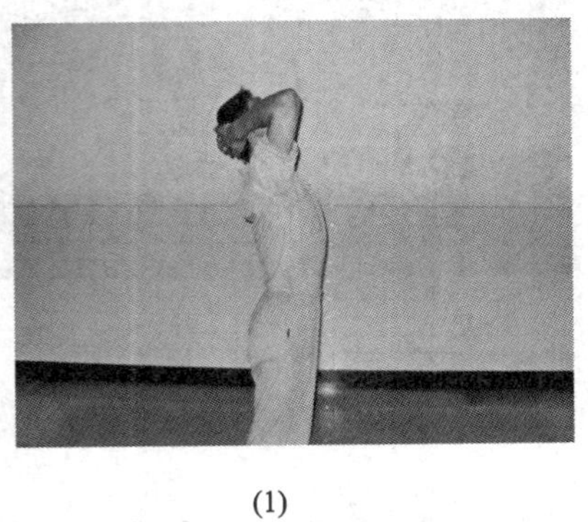
(1)

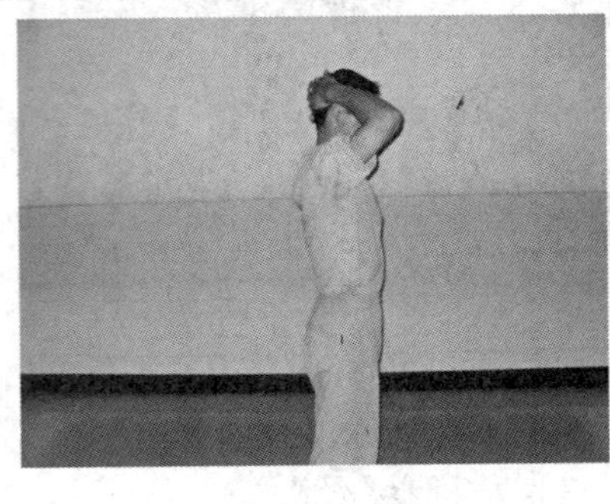
(2)

图 2－18

3. 前桥和后桥训练

前桥方法是身体正面向下，用头（前额）及双脚将身体弓起，双手置于身后［如图 2－19（1）、图 2－19（2）］。后桥则是身体背面向下，用后脑和双脚将身体弓起，双手置于胸前［如图 2－19（3）、图 2－19（4）］。具体训练时间，因人或训练水平而定。可垫上、床上、地板上完成，如果太硬可在头下方垫上一块软垫或厚毛巾。

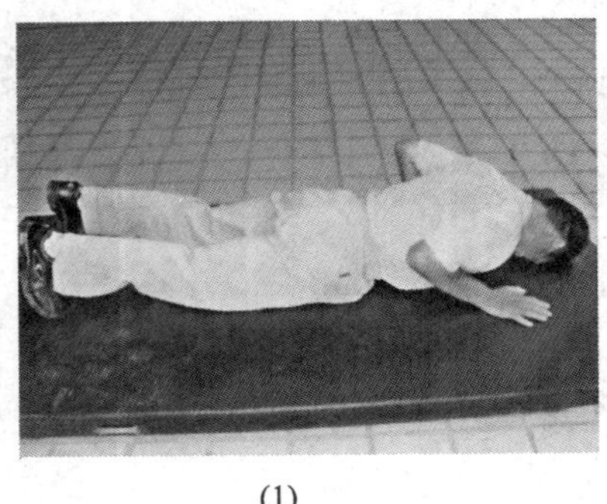
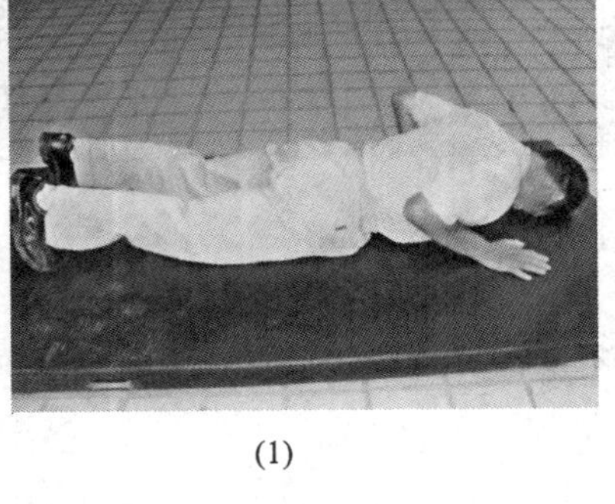
(1)

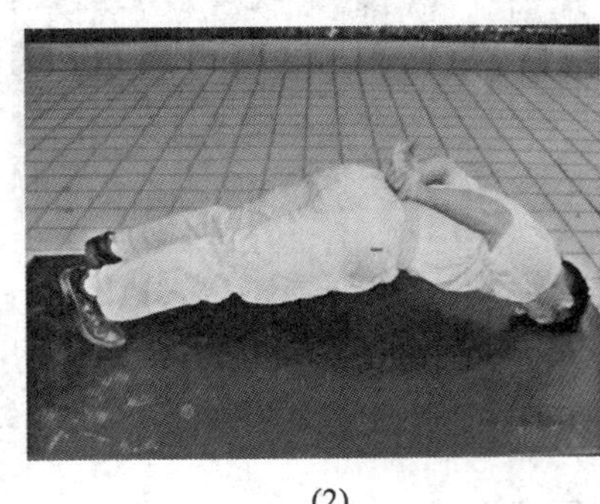
(2)

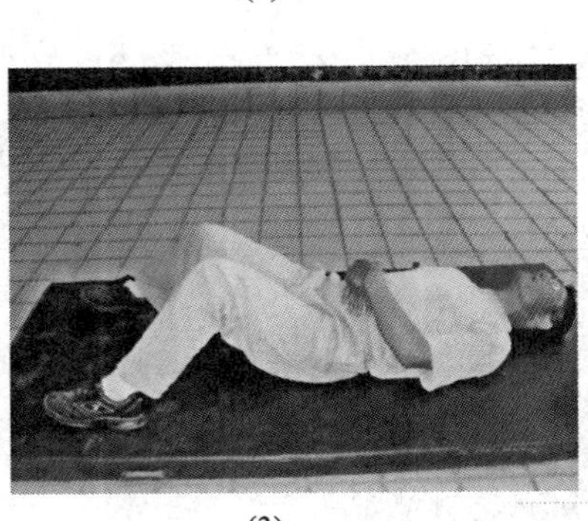
(3)

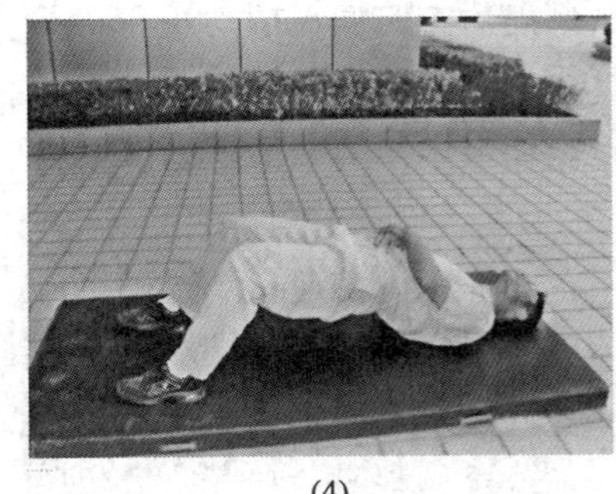
(4)

图 2－19

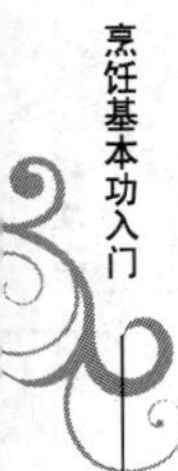

五、腰力训练

1. 转体仰卧起坐

仰卧起坐时，双手放在脑后［如图2－20（1）］，坐起来的时候用右肘关节碰左膝盖［如图2－20（2）］，第二次用左肘关节碰右膝盖［如图2－20（3）］，如此反复，能有效地锻炼两侧腰肌力量。

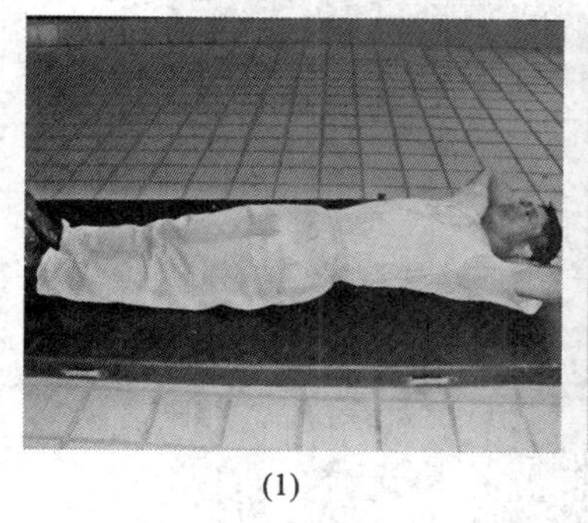
(1)

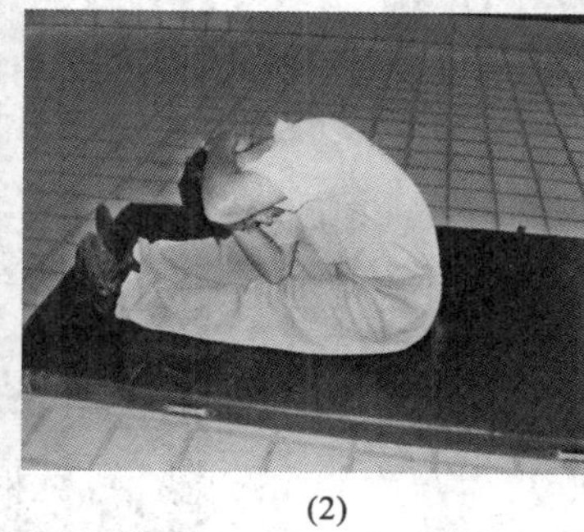
(2)

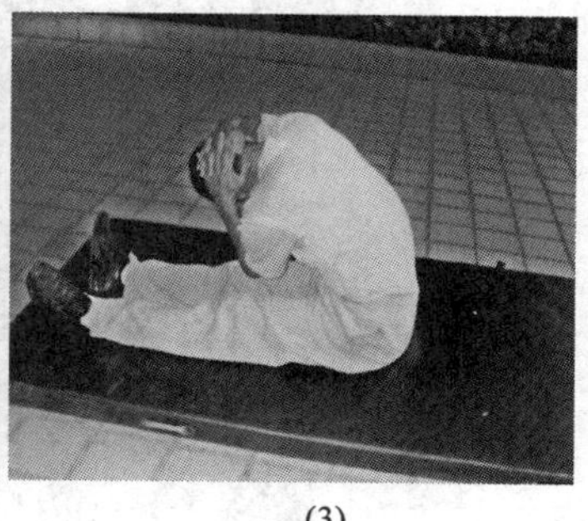
(3)

图2－20

2. 仰卧两头起

仰卧在地上，双臂平放在身体两侧，双腿完全伸直或保持膝部略微弯曲［如图2－21（1）］。保证在开始的时候，头部和双脚离开地面［如图2－21（2）］，用力收缩腹部和髋部肌肉，以爆发力来启动动作。具体是将你的双腿和躯干同时上抬，直至与地面呈45°～60°角时，就是在动作接近最高点，将你的双臂迎击双脚面［如图2－21（3）］。

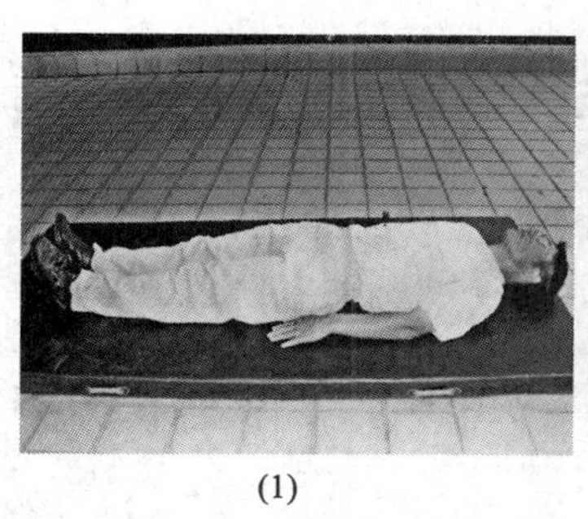
(1)

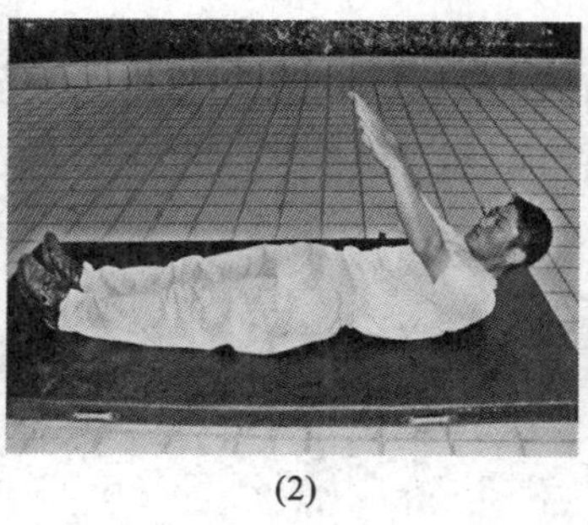
(2)

(3)

图2－21

3. 背卧两头起

俯卧躺下，两手交叉在脑后［如图2－22（1）］，腰部用力，上体部分和下肢用力向后抬起［如图2－22（2）］，形成弓状，如此反复。做的组数和每组做的次数都要根据自己的身体素质情况而定。

4. 杠上仰卧起坐

这种方法是常规仰卧起坐的延伸，运动幅度大［如图2－23（1）、图2－23（2）］，主要是发展腹直肌等。

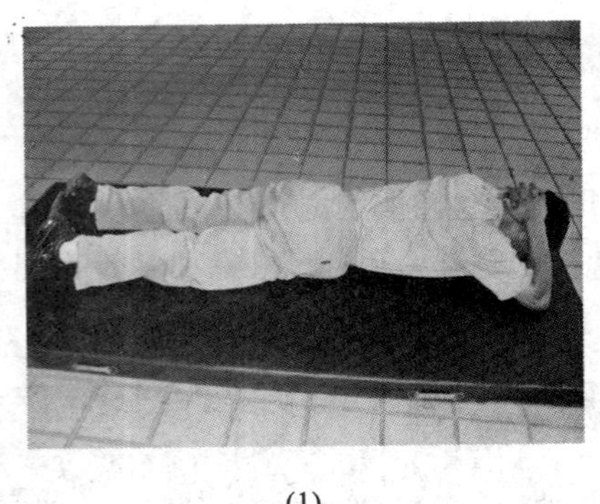

(1)

(2)

图 2－22

(1)

(2)

图 2－23

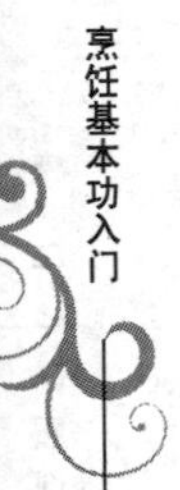

5. 负重转体

这种方法，就是负重左右转动身体［如图 2－24（1）至图 2－24（3）］，身体转动时不能快，特别是重量较大时，否则很容易扭伤腰肌。

(1)

(2)

(3)

图 2－24

6. 负重屈体起

负重屈体起，15 岁以下的一般不宜采用。这种方法［如图 2－25（1）、图 2－25（2）］主要是发展脊柱两侧肌肉。

(1)

(2)

图 2-25

7. 悬垂收腹举腿

两臂挂立悬垂状［如图 2-26（1）］，两腿上举［如图 2-26（2）］，主要依靠腹肌力量，如此反复训练。

(1)

(2)

图 2-26

8. 原地收腹抱腿跳

自然站立［如图 2-27（1）］，跳起时，用力收腹使膝关节靠近腹部［如图 2-27（2）］。

(1)

(2)

图 2-27

9. 车轮跑

支撑车轮跑［如图2－28（1）至图2－28（4）］和仰卧车轮跑［如图2－28（5）至图2－28（7）］两种，动作完成就像骑自行车，两腿依次交替重复完成动作，围绕轮子转，故名为车轮跑。不过这种动作的完成，主要是依靠腹肌收缩，所以能达到发展腹肌力量的目的。

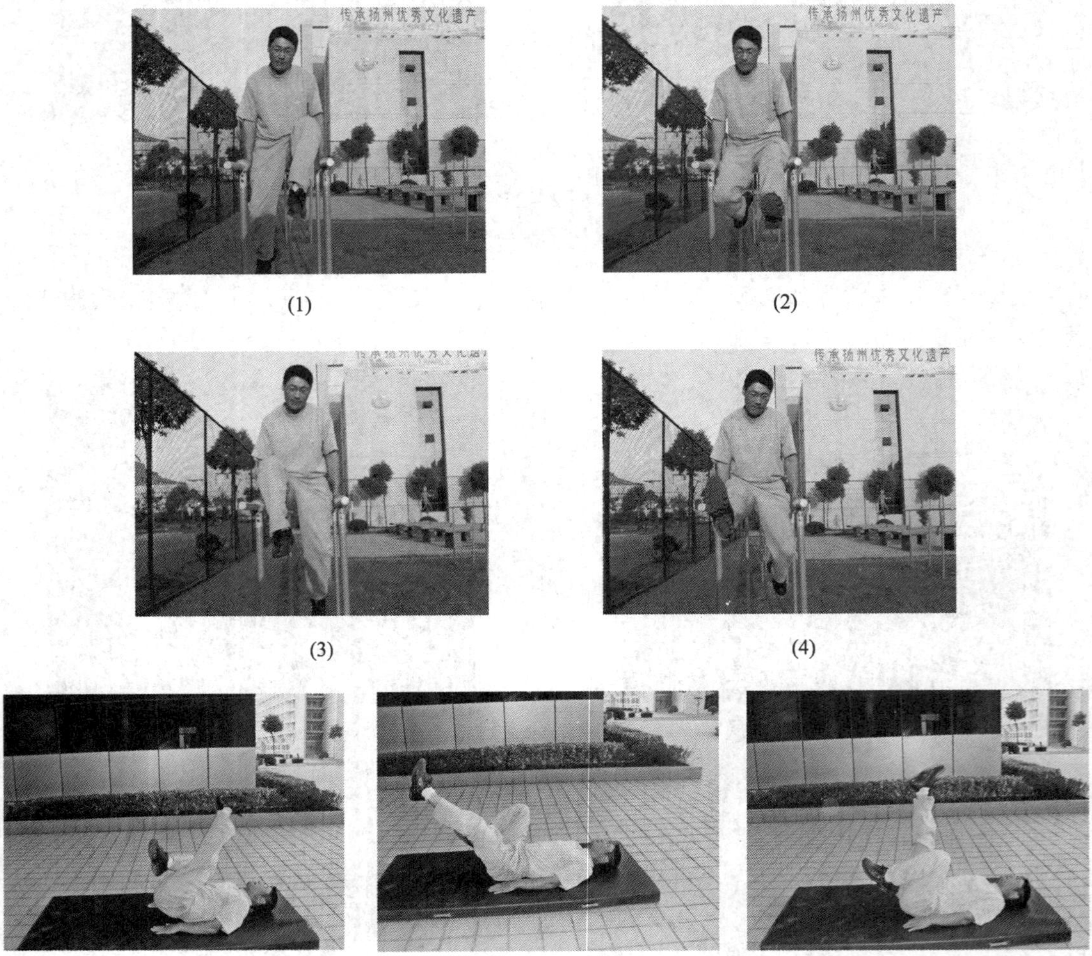

(1) (2)

(3) (4)

(5) (6) (7)

图2－28

六、腿 力 训 练

1. 蛙跳练习

连续两级或以上的级数跳跃，级数之间不要停顿，例如两级跳时，那么两级之间连续跳完成动作。每次蛙跳都要用全力，幅度要大，深蹲下去，因为深蹲效果好［如图2－29（1）、图2－29（2）］。

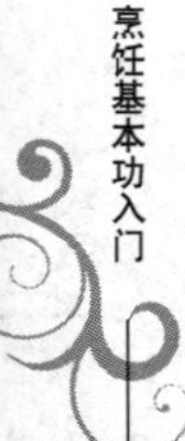

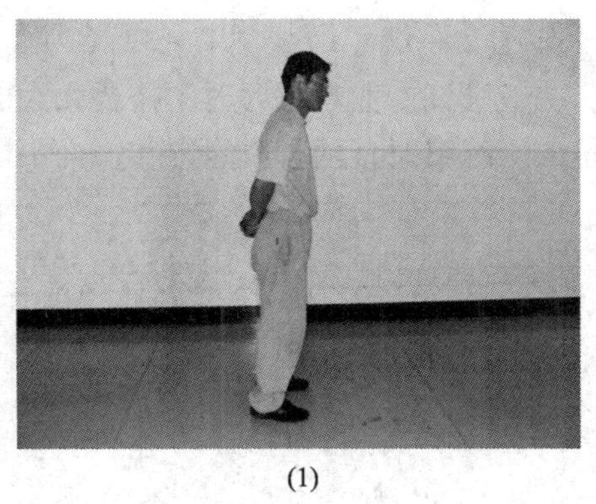
(1)

(2)

图 2 – 29

2. 提踵练习

克服自身体重阻力，或负重物踮脚尖起［如图 2 – 30（1）、图 2 – 30（2）］，可以有效地练到小腿肚肌肉，发展腓肠肌力量。

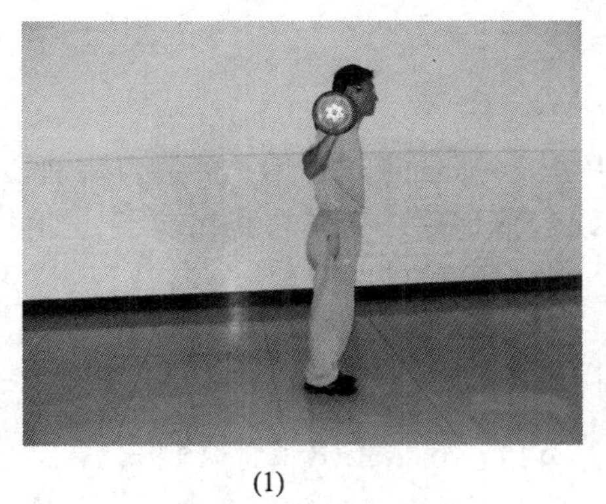
(1)

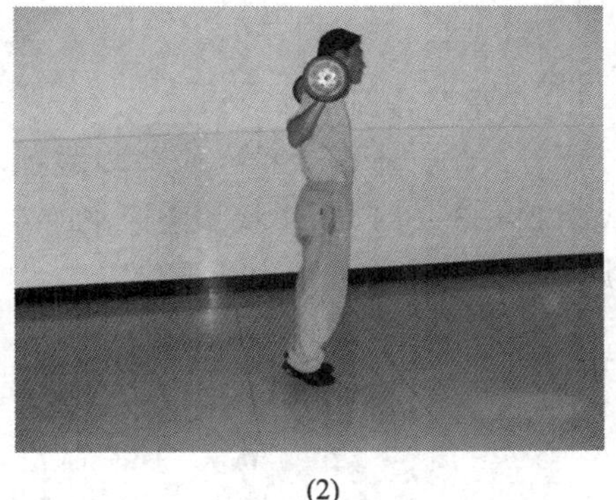
(2)

图 2 – 30

3. 原地竖直跳

克服自身重量［如图 2 – 31（1）、图 2 – 31（2）］，或负重，然后猛地跳起来，练习腿部的爆发力。

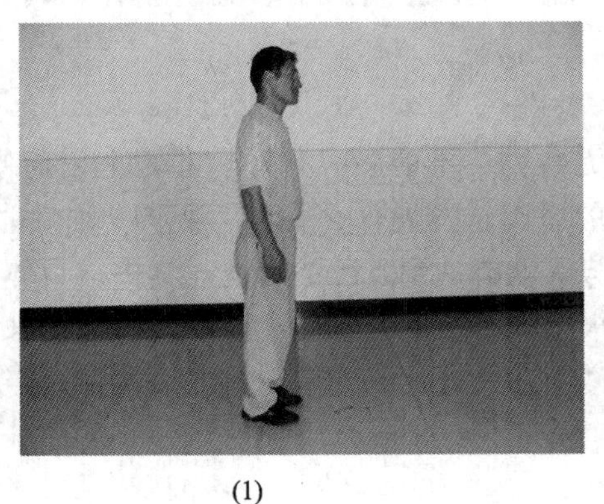
(1)

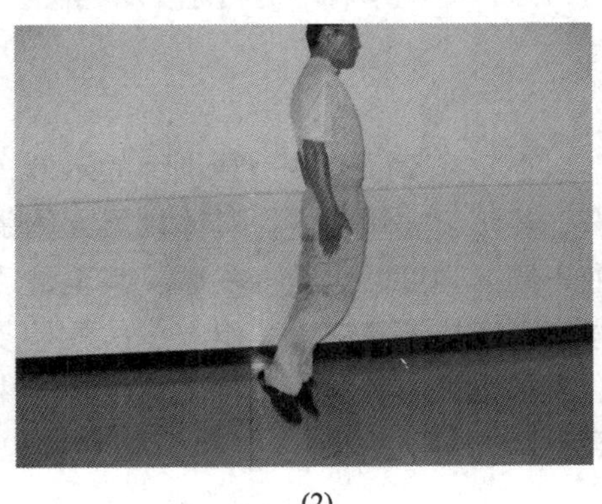
(2)

图 2 – 31

4. 负重深蹲起

背着重物，深蹲下去，然后起来，如此反复［如图2－32（1）、图2－32（2）］。负重时，如果重量太大时，一定要有人保护。不过，一般烹饪专业者练习时不需要太大的重量，相对于个人来说，因为大强度是发展最大力量的。练习时，两脚注意内扣，而不能外展，否则，不能有效地发展腿部力量。

(1)

(2)

图2－32

5. 负重跨步跳

背着重物，不要太重，做跨步跳练习。就是从图2－33（1）开始，然后，跳起落地后成图2－33（2）动作状。由原来的左腿在前，跳起落地后，变成右腿在前了，如此反复跳。

(1)

(2)

图2－33

以上只是举了一些力量训练的示例，方法有无数种，不能一一列举。原则上以简便、安全、经济、实用为主。具体发展人体哪一部位的肌肉，发展什么力量，用同一种手段，改变不同的强度、组数、次数，甚至是动作的姿势等就能达到自己的目的。其中，具体的如强度到底应该是多大，组数、次数是多少，要根据训练目的，参照上面的训练理论来制订。了解力量的种类，重视力量发展的注意点，遵循发展力量的原则，持之以恒，一定会收到预期的实践效果。

评价方法：测试、互评。

评价内容：了解力量基础常识，针对烹饪操作中的要求，有目标地对身体各部位进行锻

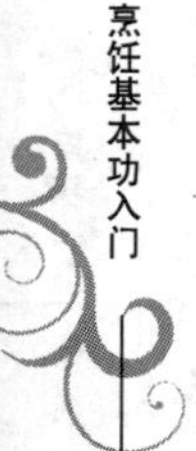

炼，能有效地完成烹饪操作过程中体力要求，提高个人综合素质。

思考与练习：

1. 如何锻炼你的耐力？
2. 夏天练习后，为什么要适当补充食水？
3. 力量训练的一般要求？
4. 发展肌肉最大力量的适宜刺激因素有哪些？
5. 如何锻炼臂力？

模块三　烹饪健美操

模块描述：此模块为烹饪专业学生身体素质提高篇。通过自身的体育锻炼，并联系到烹饪操作要求，模拟实训过程，自编一套锻炼体质的烹饪健美操。加强锻炼后，不仅能改变传统的厨师职业形象，还能增强烹饪操作过程的连贯性。

建议学时：12 学时

教学目标：

终极目标：学习烹饪健美操能有效地适应烹饪操作过程中的体力要求，加强烹饪操作过程的连贯性、观赏性，提高个人综合素质。

过程目标：练习烹饪健美操，使烹饪操作技法更加娴熟。

任务分解：

任务 1：创编烹饪健美操的重要性

任务 2：烹饪健美操

任务一　创编烹饪健美操的重要性

学习目的：从自身职业的特点出发，简单易学，经济投入少，可操作性强，对场地要求不高，运动负荷适中，灵活多变，增强学习动机，长期坚持。

教学方法：训练、指导和竞赛。

任务驱动：练习烹饪健美操不仅能够对身体各部位进行锻炼，达到健美的目的，而且能够有效地防止职业病的发生。

知识链接：

烹饪工作者如何保持健康的身体，发展良好的体形，达到健与美的完整统一呢？只有从自身职业的特点出发，本着简单易学、经济投入少、可操作性强、对场地要求不高、运动负荷适中、老少皆宜、灵活多变的宗旨，才能激发练习者的学习动机，也才会具有练习的长效价值。长期练习不仅能够达到健美的目的，而且能够有效地防止职业病的发生。基于这一思想，我们从大众健美操中受到启迪，吸收大众健美操的简单、易学和普适性特点，结合烹饪专业的工作特点，以及对身体素质的特殊需求，编写了这套烹饪健美操。

一、了解烹饪健美操概念

烹饪健美操是在音乐伴奏下，以烹饪专业动作特点为原型，以身体练习为基本手段，以有氧运动为基础，以健美身体为目的，达到增进健康、塑造形体和娱乐效果的一项体育运动。

二、了解烹饪健美操创编的目的

“健康第一”是最重要的指导思想。在这个思想指导下，我们的一切设计与动作都应该围绕着这一思想进行。烹饪健身性健美操的目的在于提高练习者的健康水平，发展练习者的运动基本素质，改善形体。我们在创编中主要是使练习者的躯干四肢以及主要关节都能得到充分的锻炼，有意识地遵循各关节的不同运动形式，以烹饪实际操作过程中出现的多种动作，作为烹饪健美操的基本动作类型，通过练习，促进肌力的增加，提高关节的灵活性；通过适当改变运动位置、方向、节奏、路线，来影响不同的肌群，把动作路线、节奏、方向与端端正正动作、复合性动作的变化来培养和改善练习者的协调性。虽然，从理论说，同一动作重复越多，对同一肌肉就会影响越大，但我们并不认为重复越多越好。因此，我们尽量运用重复、变化等，让整个烹饪健美操显得活泼、明快，让练习者想练、想学，以致达到自觉的目的，从而促进健康。

简而言之，烹饪健美操就是为了提高烹饪工作者的健康水平与人体各种功能能力，为烹饪专业的学生提供塑造体形，夯实健康身体的平台，也可以为已经就业的烹饪工作者提供健美和健体的平台。

三、了解烹饪健美操的特点

烹饪健美操是一项创造性的运动，它的编写本身就是一项开拓性的工作。烹饪健美操不仅具有大众健美操的共同特点，而且更具有烹饪专业自身的特征。

1. 模拟动作，具有易学性

烹饪健美操的动作，共分为10个小节，每个小节的动作都是有选择的。确切地说，每个小节的动作都来源于烹饪动作的原形，例如：里面有系裙、磨刀、削菜、剥葱、切菜、顺逆翻锅、出菜、面点、洗锅、解裙和整衣等动作。被吸纳的动作是经过简化分解、重组、夸张，使其符合大众健美操的特点，同时又不失去烹饪专业自身的特点。对于整套动作来说，又是按照烹饪程序的顺序来编写的，如系裙、磨刀作为第一、二小节动作，这两小节都是烹饪工作的准备工作；而解裙、整衣却是烹饪工作结束后要做的事情。应该说，烹饪健美操的动作都是烹饪系的学生或烹饪工作者日常熟知的动作，每日必做的动作，不需要刻意去记，只要稍微地用一下心，就能记住，年龄稍长的烹饪工作者也不必为记不住动作而感到发愁。这些动作形象直观，实际上，运动要求也只限于用力的顺序与方向的正确性，并不要求像烹饪实际操作中那样准确无误，因此，一般烹饪工作者都能够完成这些练习。此外，它也没有复杂的动作组合，而且运动中的变化特别是方向变化也较少，加之教材中采用图文并茂的分解方法，就更易于烹饪系学生或烹饪工作者学习和掌握了。

2. 场地简单，具有灵活性

这套烹饪健美操运动路线，既有前后的直线行进、左右的直线运动，又有左前和右前的行进路线。但是，从整体来说，基本都属于直来直去的运动路线，没有复杂的旋转、弧形线，而这种直来直去的运动路线所需的活动空间并不大，从起点上看，前后左右运动不过是1米多范围。对场地要求并不高，不需要铺设地板之类的运动场所才能运动，只要有空间就能活动起来，动作幅度还可以根据当时地点的空间限制进行调整，缩小动作的幅度，即便在比较粗糙的地面也会运动无碍，一般也不会出现扭伤类的安全事故。这套操适合于在实训中心的走廊、过道中运动，人数没有特定要求。烹饪健美操对场地要求简单，小地方、大地方、平整地面和粗糙点的地面都能运动起来，具有显著的运动灵活性特点。

3. 周身活动，具有全面性

烹饪健美操的练习部位包括：手臂、躯干、步法、腿法及综合练习。即使是一节简单的引导动作，也需要动用躯体的多部位联合参与。例如：准备活动中的系裙动作，通过原地踏步，两手前举后向下，经后做系带动作，要求上下肢协调用力。再譬如，剥葱动作中，不仅有上肢的绕环运动，大幅度地活动肩关节，而且有不断下蹲锻炼腿部肌肉力量的动作，同时，还不断地活动脊椎关节，提高腰间肌肉力量，能有效地防止脊椎病、腰间病、关节炎等，因此，练习烹饪健美操对人体的锻炼具有实效性、全面性。

4. 中等负荷，具有科学性

烹饪健美操属于有氧运动，而有氧运动可以使人体的各个循环系统都得到锻炼并增强其功能。同时，有氧锻炼还可以有效地消耗能量，减少体内多余的脂肪，达到减肥的目的。有氧烹饪健美操严格地按照健身操的结构进行，强度适中，运动量可以控制。就运动负荷而言，运动强度上，平均属于中等，从开始衔接的热身准备运动，逐步到跳跃的较高强度运动，然后安排中低强度动作，直到最后的解裙、整衣的放松运动，心率是由低到高，基本维持，逐步降低，使得人体心率曲线有高有低，起伏不断，刺激人体的心肌负荷能力，提高人体肌肉的适应能力和运动能力。运动量上，也属于中等，整体运动时间大约两分零十秒钟。在烹饪课前，进行练习可以刺激人体器官的兴奋性，以适应烹饪操作；在课中休息期间，如果进行练习，可以缓解学生学习的紧张压力，加强学生注意力的集中能力，提高学生的学习效率；在课后练习，可以消除学生学习的疲劳，使得人体功能尽量保持在较高的水平上，更多地投身于下一个时间段的学习中去。烹饪健美操站在运动负荷角度上，具有科学性。

四、了解烹饪健美操的作用

1. 促进身体健康

毛泽东同志曾经在《体育之研究》一文中深刻地指出：“体育一道，配德育与智育，而德智皆寄于体，无体是无德智也。”进而又深刻地指出“体育之效，至于强筋骨，因而增知识，因而调感情，因而强意志”。可见，身体是我们一切活动的物质基础，没有身体就无从谈起德智育教育，进行个人的良性发展，有了身体人才能更好地进行自己人生理想的追求，以及实现自己的理想。而烹饪健美操脱胎于大众健美操，大众健美操是流行于大众中的一项体育运动。烹饪健美操既有大众健美操的共同特点，又有自身的运动特征，属于体育运动形式之一，因此，烹饪健美操必然具备强筋骨的体育之效，成为增知识，调感情，强意志的物质基础的一种手段。

随着全面小康生活建设步伐的推进，人们的生活水平是越来越高，对身体的认识也是越来越重视。身体健康已经深入人心，健康美已经成为一种积极的健康观念和现代意识，研究表明健康是机体有效发挥其功能的状态。一个具有健康美的人，除了自我感觉良好，可轻松应付日常工作与生活外，还有充沛的精力参加各种社交、娱乐及闲暇活动，也能自发地处理突发的应激状态。一个具有健康美的人，应该具备的身体素质是良好的心肺耐力、肌肉力量和收缩速度，有着保持平衡、反应灵敏、具备柔韧性的素质。心肺耐力的发展使心脏与循环系统有效运作，将机体所需营养物质、氧气及生物活性物质运送到肌肉和各组织器官，并把代谢产物运走，在有机体的生命活动中发挥重要作用。肌肉力量的发展不仅塑造强健的体魄，也具有强大的活动能力。身体柔韧性和灵敏性的发展可增大肌肉与关节的活动能力，减缓肌肉与附着组织的退化和衰老过程，使身体动作机敏、灵活、富有朝气。

健美操作为一项有氧运动，人们对其健身功效已达成共识。有研究认为，经常参加健美锻炼的人，心脏总体指数显著大于没有参加锻炼者，且吸氧量明显增加。有氧运动最能发展人体的心肺功能，增强心肌，增加肺活量，减少心肺呼吸系统疾病。健美操不仅有有氧运动的功效，且兼备发展身体柔韧性和灵敏性的作用。因此，专家学者认为，健美操是目前发展身体全面素质的较为理想的运动。那么烹饪健美操同样有着这样的体育之效。

2. 促进心理健康

现代社会人类活动更多地由单纯的体力劳动变为脑力劳动。高密度的人群与现代工业化和大工业生产给人们精神上带来了越来越重的压力与负担。一方面是体力劳动的减少，另一方面是脑力劳动工作的加大，与精神压力的增加。现代的生活方式将人类从原来大家庭转变成为小家庭，钢筋水泥把人们禁锢在狭小的空间内，人际交往减少，这是造成心理障碍的又一重要因素。研究表明，长期的精神压力不仅会引起各种心理疾病，如抑郁症、神经官能症、精神分裂症等，还使更多人处于一种亚健康状态，伴有失眠、记忆力减退、反应迟缓和失眠多梦、心境不良、情绪消沉，或焦虑、烦躁、坐立不安；对日常活动丧失兴趣，丧失愉快感。严重的还会出现悲观厌世、绝望、幻觉妄想、食欲不振、愁眉苦脸，忧心忡忡；精力减退，常常感到持续性疲乏；严重者感到绝望无助，生不如死，度日如年，有自杀企图，甚至有自杀行为。而许多身体疾病和精神压力有关，如高血压、心脏病、功能性胃肠疾病、非器质性头痛等，这些疾病的危害不亚于艾滋病、癌症等。在这样的社会环境之下，烹饪工作者如何减缓生活和工作的压力，保持健康的身体，幸福快乐地工作呢？科学研究表明：体育运动可缓解精神压力，预防各种疾病的产生。科学适当的体育锻炼可以使人的机体疲劳得以缓解，优美动听的音乐可以舒缓身心。健美操能够使人的疲劳得以缓解，身心得以愉悦。健美操通过热情奔放的动作、强烈的节奏、丰富的展现力使人们在锻炼身体的时候，释放心中压抑与烦恼，而集体锻炼身体的形式为人际交往创造了条件。单一机械的重复性劳动可导致肌肉僵硬、神经紧张，而健美操多方面的综合练习，特别是伸展动作可使僵硬的肌肉神经得以放松。

烹饪健美操作为一项体育运动，以其动作简练、协调，全面锻炼身体素质，同时烹饪健美操伴有轻松自然的《森林狂想曲》，音乐中有青蛙、蟋蟀等多种自然动物和昆虫的声音，为烹饪工作者在紧张的工作之余，营造片刻回归自然的情境，能减轻工作生活的压力，使人具有更强的活力和最佳的心态。

另外，烹饪健美操的锻炼让练习者在社交中获得健康的心理。参加烹饪健美操锻炼身体主要的方式，一般是在老师指导下，或领操者带领下集体练习的，而参与烹饪健美操锻炼的人又是学习烹饪专业的学生或工作者。因此，这种形式扩大了学生和烹饪工作者的社会交往面，可接触和认识更多的人，眼界也更加开阔，从而为生活开辟了另一个天地。即使走上工作岗位的烹饪工作者进行练习，同样也能取得好的效果。在那集体锻炼环境中，你很快会被充满激情的气氛所感染，很快地释放压抑的情绪和心情，使自己的不良情绪得到缓解、改变，从而使身心得到充分放松。

3. 塑造优美的体形

烹饪健美操运动还可以塑造健美的体形。体形是我们身体的外貌，虽然体育锻炼要适当改善体形外貌，但相对来说，遗传因素起着决定性的作用。但是，烹饪健美操属于有氧健美操，强度不大，练习能消耗体内多余的脂肪，维持人体吸收与消耗的平衡，促进心肺耐力的发展。通过长期的健美操练习有益于肌肉、骨骼、关节的匀称与和谐发展；有益于身体柔韧性和灵敏性的发展，增大肌肉与关节的活动能力，减缓肌肉与附着组织的退化和衰老过程，使身体动作机敏、灵活、富有朝气；有利于改善不良的身体姿态，形成优美的体态，从而在日常生活中表现出一种良好的气质与修养，给人以朝气蓬勃、健康向上的感觉。

4. 医疗保健功能

烹饪健美操作为一项有氧运动，其强度低、密度大，运动量可大可小，容易控制，坚持练习烹饪健美操可以使心脏与循环系统有效运作，将机体所需营养物质、氧气及生物活性物质运送到肌肉和各组织器官，并把代谢产物运走，在有机体的生命活动中发挥重要作用。只要控制好运动量，烹饪健美操练习就能达到医疗保健的目的，也是一种医疗保健的理想手段。

这里需要说明的是，烹饪健美操只是有氧运动项目中的一种，有氧运动也不是烹饪健美操的唯一专利，人体活动能量供应不是单一的，而要服从能量供应连续一体的理论，在运动生理学上，称之为“能量连续统一体”。这里不过多阐述，有兴趣的同学或烹饪工作者可以进一步研究，以利于更好地掌握、运用烹饪健美操。

任务二　烹饪健美操

学习目的：以健美身体为目的，达到增进体质、塑造形体和娱乐效果的目的。

教学方法：训练、指导和竞赛。

任务驱动：烹饪健美操以烹饪专业动作特点为原形，以身体练习为基本手段，以有氧运动为基础，经常练习不仅能够对身体各部位进行锻炼，而且能达到健美的目的。

知识链接：

本套健美操是按照烹饪的三个过程进行编写，即开始、过程和结束。

第一个组合：系围裙。

共2个8拍。

第一个八拍（图3－1）：

1－2，两脚原地踏步（左脚先开始），同时1拍两臂胸前屈（握拳，拳心向外），2拍还原至体前（握拳，拳心向内）。

3－4，腿部动作同上，同时两臂侧下举（握拳，拳心向后）。

5－6，腿部动作同上，同时两臂腰后屈（握拳，拳心向外）。

7，腿部动作同上，同时两臂侧下举（握拳，拳心向后）。

8，腿部动作同上，同时两臂还原至体侧（握拳，拳心向内）。

第二个八拍同第一个八拍。

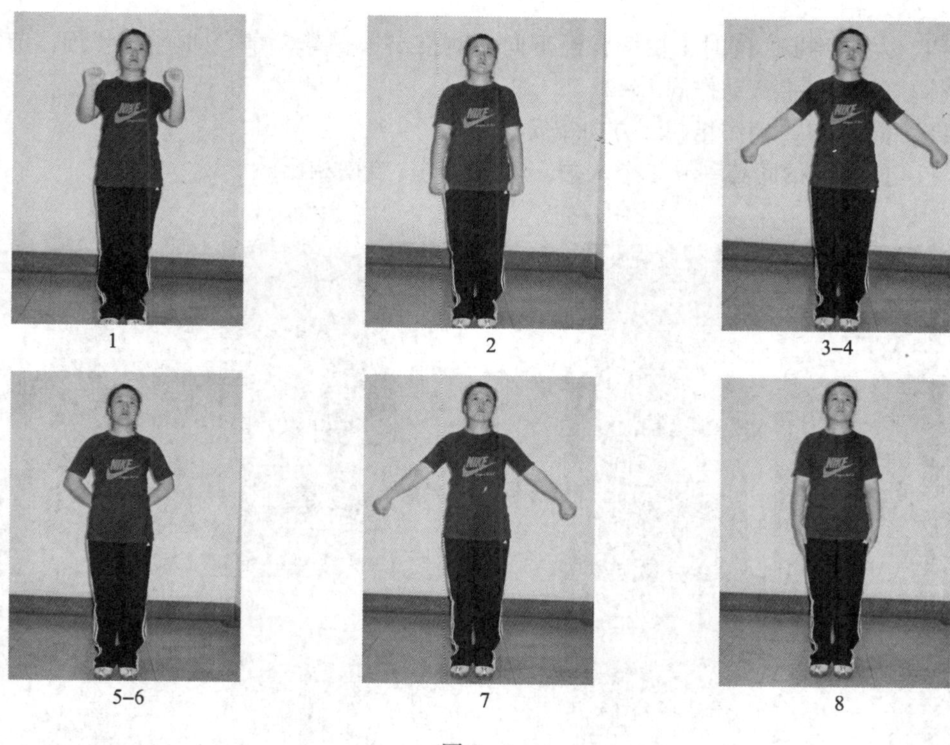

图 3－1

第二个组合：磨刀。

共 4 个 8 拍。

第一个八拍（图 3－2）：

1，左脚向前一步，同时两臂前平举（握拳，拳心向下）。

2，右脚并至左脚，同时两臂收至两髋（握拳，拳心向上）。

3－4，同 1－2。

5，右脚向后一步，同时两臂前平举（握拳，拳心向下）。

6，左脚并至右脚，同时两臂收至两髋（握拳，拳心向上）。

7－8，同 5－6。

1,3

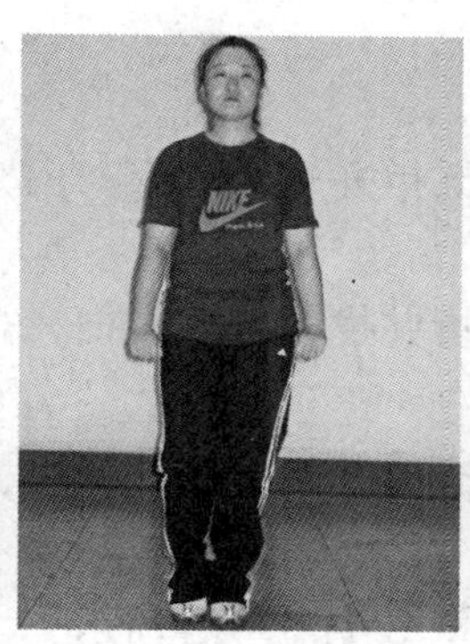
2,4

5,7

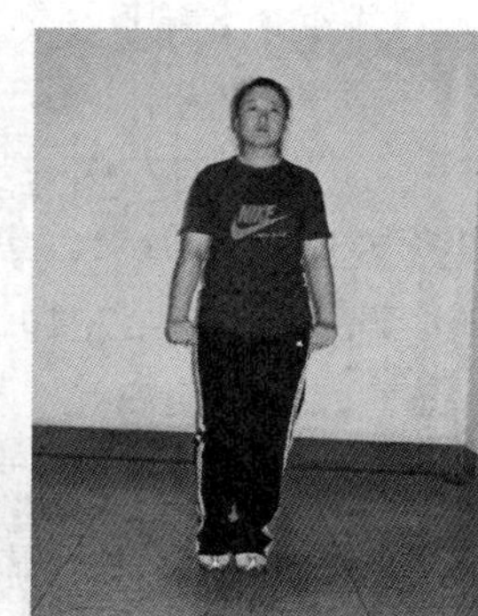
6,8

图 3－2

第二个八拍（图 3－3）：

1－4，左侧并步，同时 1 拍两臂经下向左侧推出（握拳，拳心向下），2 拍，两臂直臂收至体前，3－4 手臂动作同 1－2。

5－8，同 1－4，动作相同，方向相反。

第三～四个八拍同第一～二个八拍，动作相同，方向相反。

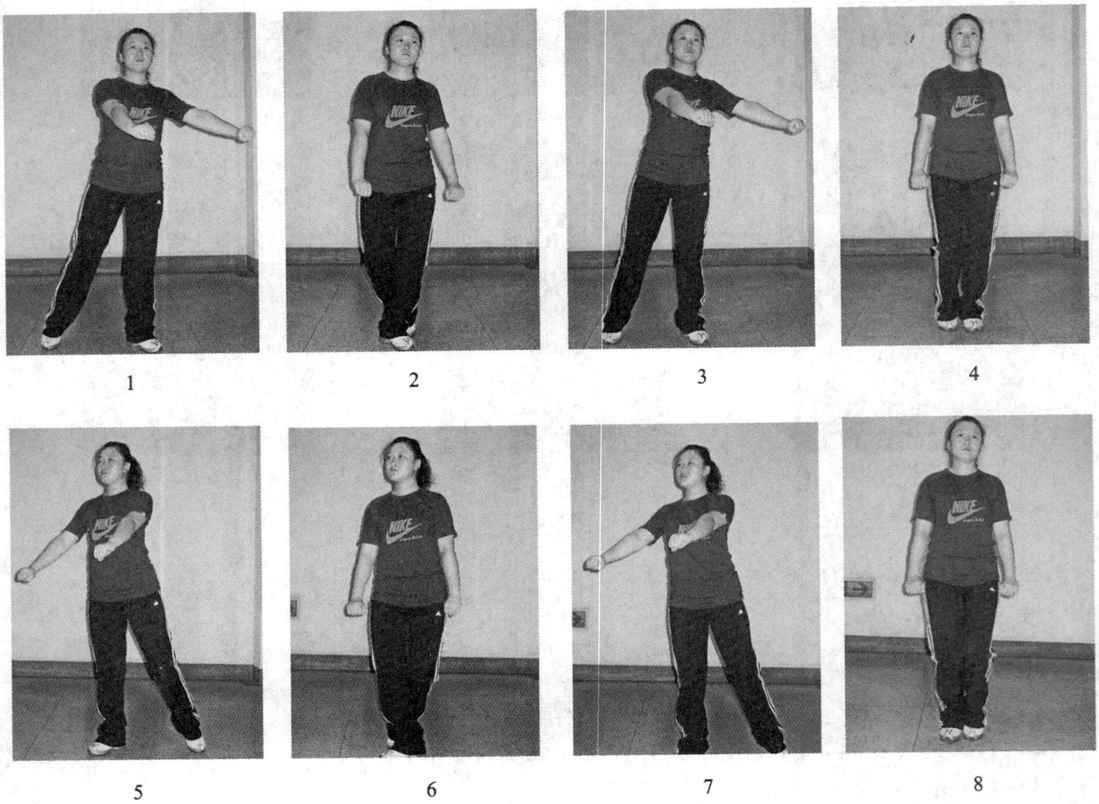

1　2　3　4

5　6　7　8

图 3－3

第三个组合：剥葱。

共 4 个 8 拍。

第一个八拍（图 3－4）：

1，左脚向左侧一步，同时左臂侧上举（五指并拢，掌心向内），右臂经侧上举向内绕至左髋前（握拳，拳心向内）。

2，右脚并至左脚，同时左臂侧上举（五指并拢，掌心向内），右臂向外绕至侧上举（握拳，拳心向内）。

3，右脚向右侧一步，同时右臂侧上举（五指并拢，掌心向内），左臂经侧上举向内绕至右髋前（握拳，拳心向内）。

4，左脚并至右脚，同时右臂侧上举（五指并拢，掌心向内），左臂向外绕至侧上举（握拳，拳心向内）。

5－8 同 1－4，动作相同。

1,5

2,6

3,7

4,8

图 3－4

第二个八拍（图 3－5）：

1，左脚向左侧一步，同时两臂胸前平屈（握拳，拳心向下）。

2，右脚并至左脚，同时两臂体前下举（握拳，拳心向下）。

3，左脚向左侧一步，同时两臂侧平举（握拳，拳心向下）。

4，右脚并至左脚，同时两臂还原贴于体侧（握拳，拳心向内）。

5，右脚向右侧一步，同时两臂胸前平屈（握拳，拳心向下）。

6，左脚并至右脚，同时两臂体前下举（握拳，拳心向下）。

7，右脚向右侧一步，同时两臂侧平举（握拳，拳心向下）。

8，左脚并至右脚，同时两臂还原贴于体侧（握拳，拳心向内）。

第三～四个八拍同第一～二个八拍，动作相同。

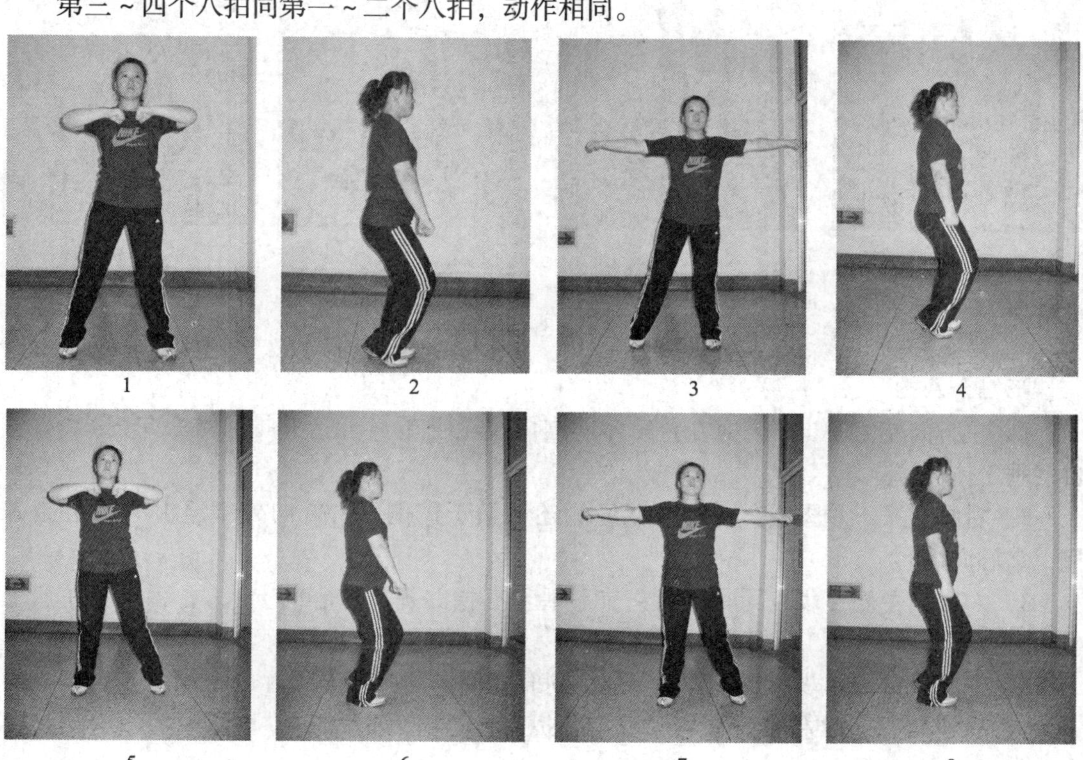

1 2 3 4

5 6 7 8

图 3－5

第四个组合：削菜。

共4个8拍。

第一个八拍（图3－6）：

1－4，左脚向侧迈出成弓步，同时左转45°，左脚弹动4次，同时左臂自然垂于体侧，右臂小臂从右向左屈伸4次（五指并拢，掌心向内）。

5－8，同1－4，动作相同，方向相反。

1

2

3

4

5

6

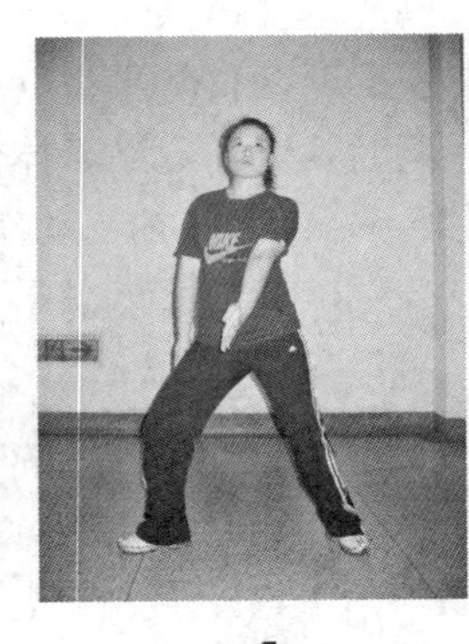

7

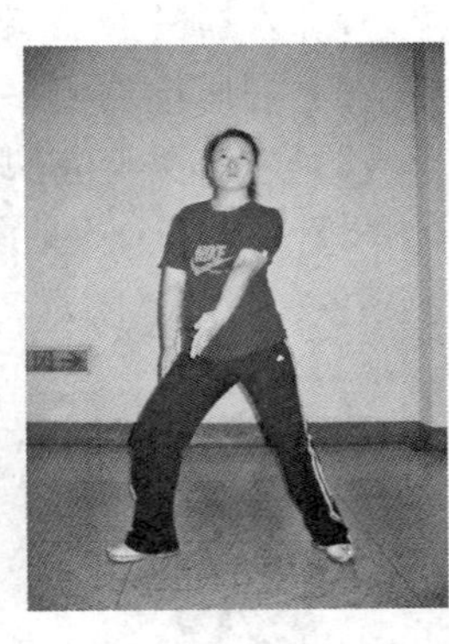

8

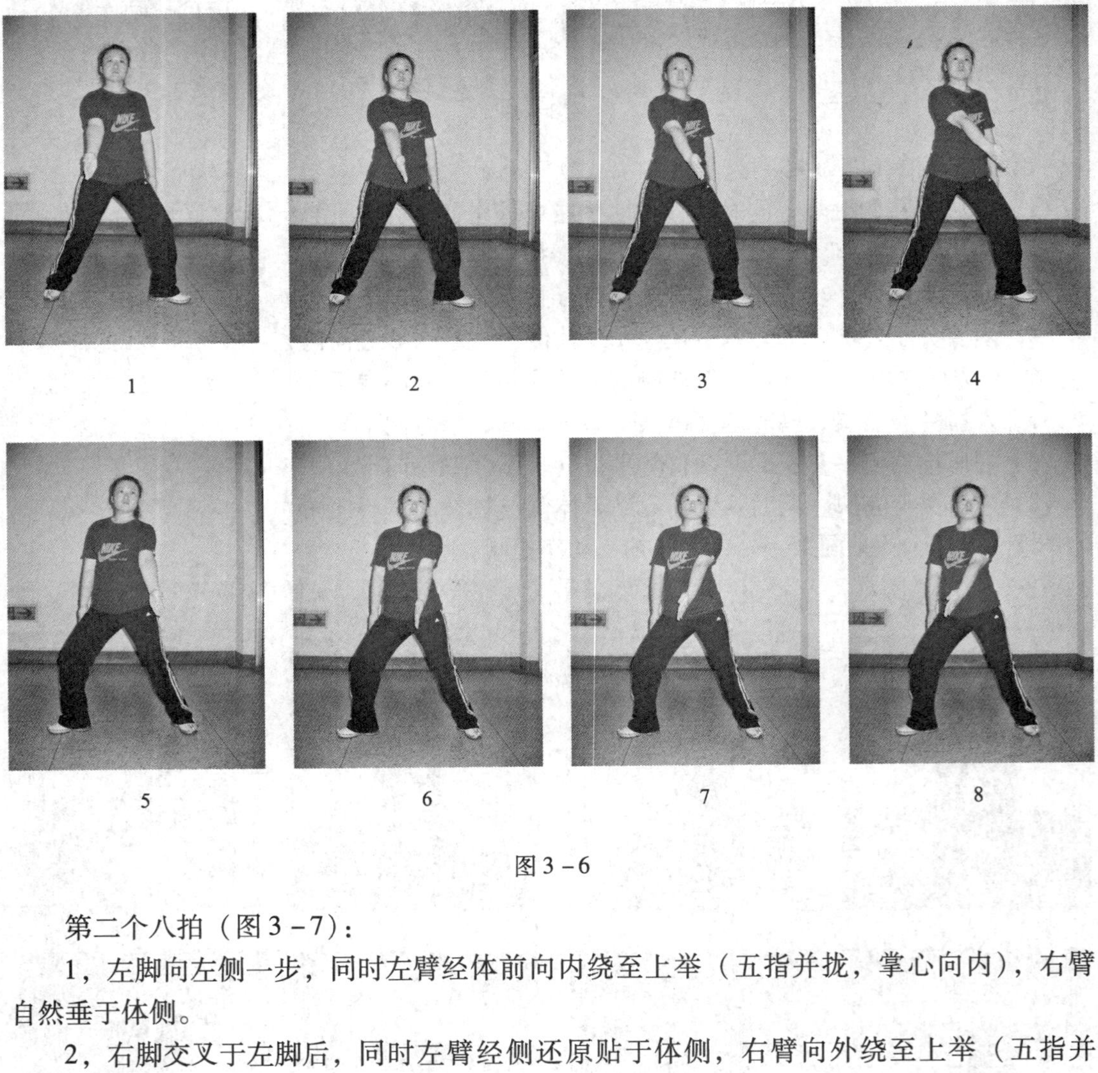

图3－6

第二个八拍（图3－7）：

1，左脚向左侧一步，同时左臂经体前向内绕至上举（五指并拢，掌心向内），右臂自然垂于体侧。

2，右脚交叉于左脚后，同时左臂经侧还原贴于体侧，右臂向外绕至上举（五指并拢，掌心向内）。

3，左脚向左侧一步，同时左臂左前下举（五指并拢，掌心向上），右手放于左肩上（五指并拢，掌心向下）。

4，左腿成左前弓步，右脚脚尖点地，同时左臂向后收回至腰际（五指并拢，掌心向上），右臂小臂打开成左侧前下举（五指并拢，掌心向下）。5－8，同1－4，动作相同，方向相反。

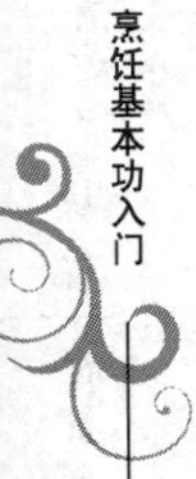

1　2　3　4

5　6　7　8

图3－7

第三个八拍（图3－8）：

1－4，左腿吸腿跳，同时1拍左臂自然垂于体侧，右臂胸前平屈（五指并拢，掌心向下），2拍，右臂打开至侧平举（五指并拢，掌心向下），3－4手臂动作同1－2。

5－8，同1－4，动作相同，换右腿做。

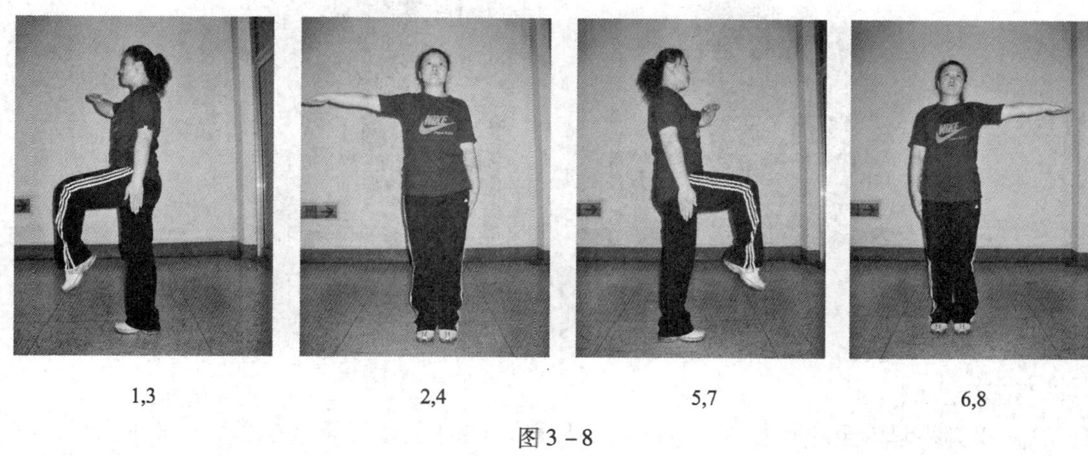

1,3　2,4　5,7　6,8

图3－8

第四个八拍（图3－9）：

1－4，左腿吸腿跳，同时1拍左臂自然垂于体侧，右臂胸前平屈（五指并拢，掌心向下），2拍，右臂打开至侧下举（五指并拢，掌心向下），3－4手臂动作同1－2。

5－8，同1－4，动作相同，换右腿做。

1,3

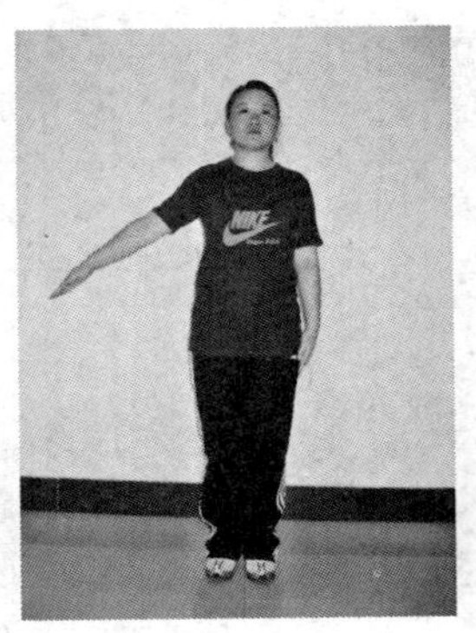
2,4

5,7

6,8

图3－9

第五个组合：和面。

共4个8拍。

第一个八拍（图3－10）：

1，双脚蹬跳成左腿直立，右腿屈膝（重心在左腿上），同时左臂体前下举，右臂胸前下屈（握拳，拳心向内）。

2，双脚蹬跳成右腿直立，左腿屈膝（重心在右腿上），同时右臂体前下举，左臂胸前下屈（握拳，拳心向内）。

3－4同1－2，动作相同。

5－8同1－4，动作相同。

第二个八拍同第一个八拍，动作相同。

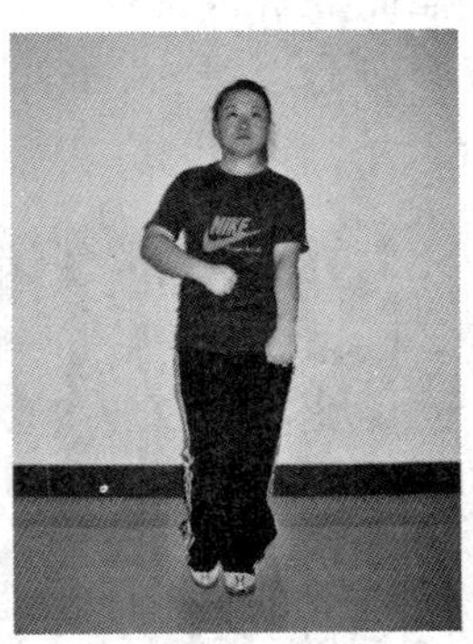
1,3,5,7

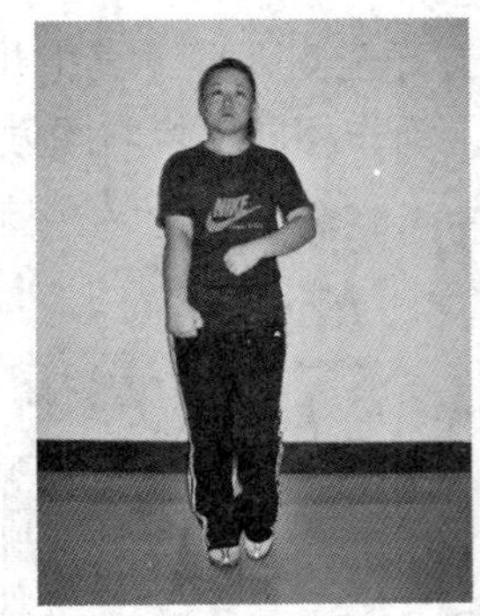
2,4,6,8

图3－10

第三个八拍（图3－11）：

1，双脚跳起落至左脚着地，右腿屈膝后踢，同时左臂前举（握拳，拳心向下），右臂胸前平屈（握拳，拳心向下）。

2，右脚着地，左腿屈膝后踢，同时左臂胸前平屈（握拳，拳心向下），右臂前举（握拳，拳心向下）。

3－4同1－2，动作相同。

5－8 同 1－4，动作相同。

第四个八拍同第三个八拍，动作相同。

1,3,5,7

2,4,6,8

图 3－11

第六个组合：翻锅。

共 4 个 8 拍。

第一个八拍（图 3－12）：

1，双脚跳起落至开立半蹲，同时两臂经胸前平屈摆至体前下举（握拳，拳心向下）。

2，双脚蹬跳还原成并立，同时两臂经前举摆至胸前屈（握拳，拳心相对）。

3，双脚跳起落至开立半蹲，同时两臂经前举摆至体前下举（握拳，拳心向下）。

4，双脚蹬跳还原成并立，同时两臂向后摆至腰际（握拳，拳心相对）。

5－8，同 1－4，动作相同。

1,5

2.6

3,7

4,8

图 3－12

第二个八拍（图 3－13）：

1，左脚向左前迈出一步成弓步，同时向左转体 45°，两臂由后向前摆动（握拳，拳心相对）。

2，右脚并至左脚成直立，同时向右转体 45°，两臂向前摆至胸前屈（握拳，拳心相对）。

3，右脚向右前迈出一步成弓步，同时向右转体 45°，两臂向后摆动（握拳，拳心相

对）。

4，左脚并至右脚成直立，同时向左转体 45°，两臂摆至腰际（握拳，拳心相对）。

5，左脚向左后迈出一步成弓步，同时向左转体 45°，两臂打开至肩上侧屈（握拳，拳心向前）。

6，右脚并至左脚成直立，同时向右转体 45°，两手于胸前击掌 1 次（五指并拢，掌心相对）。

7，右脚向右后迈出一步成弓步，同时向右转体 45°，两臂打开至肩上侧屈（握拳，拳心向前）。

8，左脚并至右脚成直立，同时向左转体 45°，同时两手于胸前击掌 1 次（五指并拢，掌心相对）。

第三～四个八拍同第一～二个八拍，动作相同。

图 3－13

第七个组合：盛菜。

共 4 个 8 拍。

第一个八拍（图 3－14）：

1，双脚跳起落至左脚着地，右腿屈膝后踢，同时两臂前举（握拳，拳心向下）。

2，右脚着地，左腿屈膝后踢，同时两臂直臂向后摆动至腰际（握拳，拳心向上）。

3－4 同 1－2，动作相同。

5－8 同 1－4，动作相同。

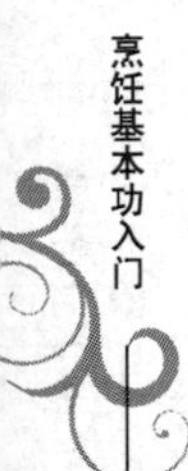

1,3,5,7　　　　2,4,6,8

图 3 – 14

第二个八拍（图 3 – 15）：

1，双脚跳起落至左脚着地，右腿屈膝后踢，同时两臂胸前平屈绕环 1 次（握拳，拳心向后）。

2，右脚着地，左腿屈膝后踢，同时两臂胸前平屈绕环 1 次（握拳，拳心向后）。

3，左脚着地，右腿屈膝后踢，同时两臂于胸前击掌 1 次（五指并拢，掌心相对）。

4，右脚着地，左腿屈膝后踢，同时两臂于胸前击掌 1 次（五指并拢，掌心相对）。

5 – 8 同 1 – 4，动作相同。

第三 ~ 四个八拍同第一 ~ 二个八拍，动作相同。

1,5　　2,6　　3,7　　4,8

图 3 – 15

第八个组合：整理。

共 4 个 8 拍。

第一个八拍（图 3 – 16）：

1，双脚跳起落至左腿屈膝，右腿侧伸（勾脚尖），同时左臂由内向外画圆，圆平行于地面（握拳，拳心向内），右臂紧贴于体侧（五指并拢，掌心向内）。

2，双脚跳回成直立，两臂还原于体侧。

3，双脚跳起落至右腿屈膝，左腿侧伸（勾脚尖），同时右臂由内向外画圆，圆平行于地面（握拳，拳心向内），左臂紧贴于体侧（五指并拢，掌心向内）。

4，双脚跳回成直立，两臂还原于体侧。

5 – 8 同1 – 4，动作相同。

第二个八拍同第一个八拍，动作相同。

1,5

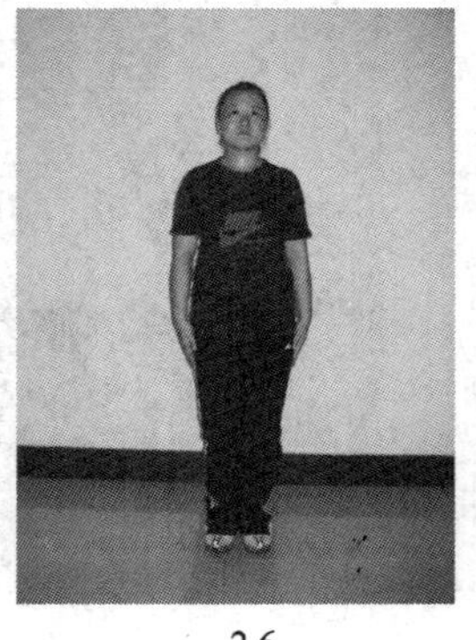
2,6

3,7

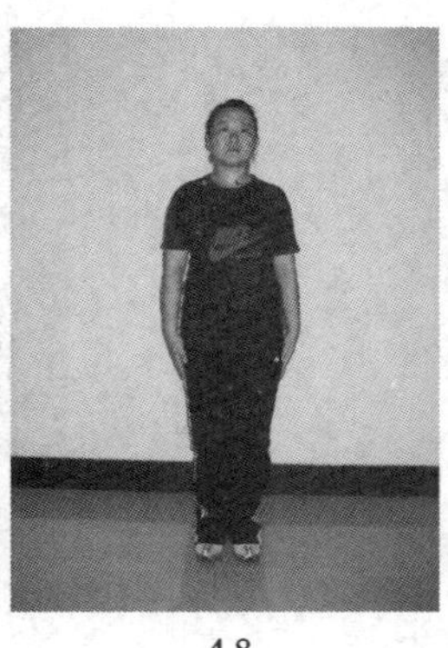
4,8

图3 – 16

第三个八拍（图3 – 17）：

1，双脚蹬跳成左前弓步，同时左臂侧前下举，右臂前下举（握拳，拳心相对）。

2，双脚跳回成直立，两臂还原于体侧。

3，双脚蹬跳成右前弓步，同时左臂前下举，右臂侧前下举（握拳，拳心相对）。

4，双脚跳回成直立，两臂还原于体侧。

5 – 8 同1 – 4，动作相同。

第四个八拍同第三个八拍，动作相同。

1,5

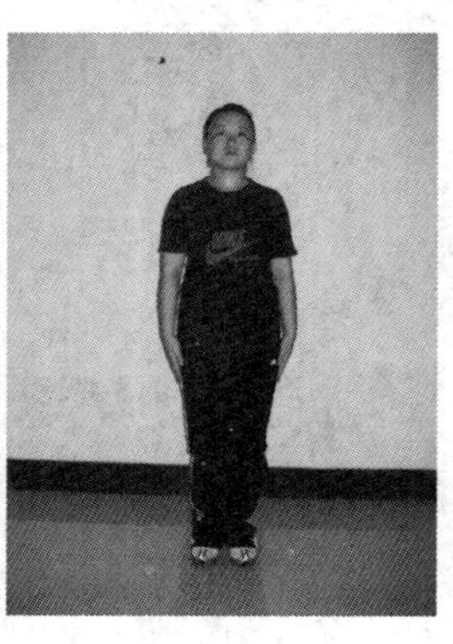
2,6

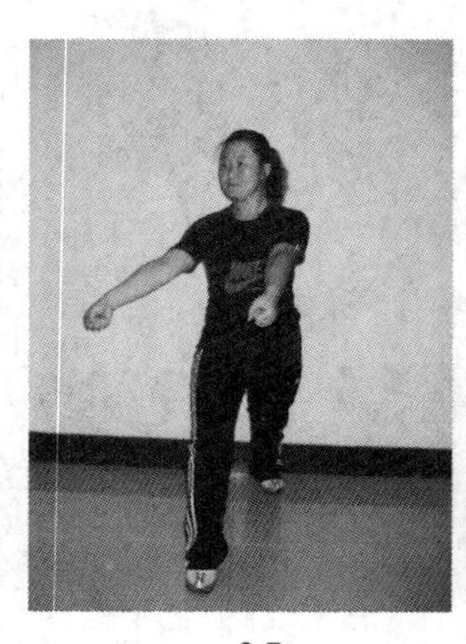
3,7

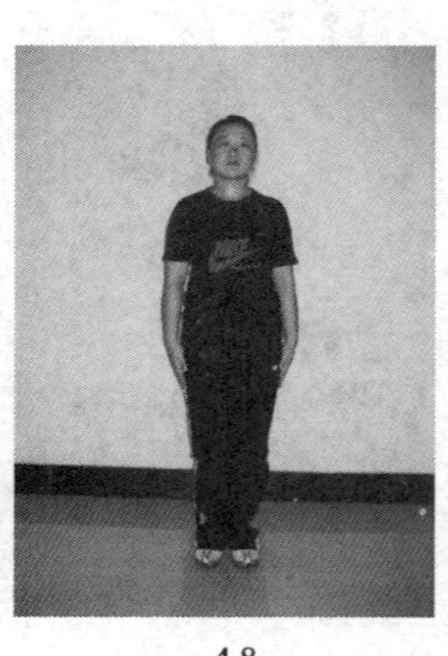
4,8

图3 – 17

第五个八拍（图3 – 18）：

1，左脚侧出一步，同时左臂侧平举（立掌，掌心向外），右臂向左、上弧形绕。

2，右脚向左脚后交叉一步，同时左臂动作不变，右臂继续向右弧形绕。

3，左脚向左一步，同时左臂动作不变，右臂继续向下弧形绕。

4，右脚并于左脚，同时两手合抱于左肩前。

5，右脚向右迈出成半蹲，同时身体重心在中间，两臂摆至体前下举。

6，两腿伸直，左脚尖点地，同时身体重心右移，两臂摆至右肩前。

7，两腿半蹲，同时身体重心移至中间，两臂摆至体前下举。

8，两腿伸直，同时身体重心左移，两臂摆至左肩前。

第六个八拍同第五个八拍，动作相同。

图 3－18

第七个八拍（图 3－19）：

1，左腿向前迈出，脚尖点地一次，同时两臂胸前屈向 8 点方向敲打 1 次（握拳，拳心相对）。

2，左脚并于右脚，同时两臂胸前屈向 8 点方向敲打 1 次还原于体侧（握拳，拳心相对）。

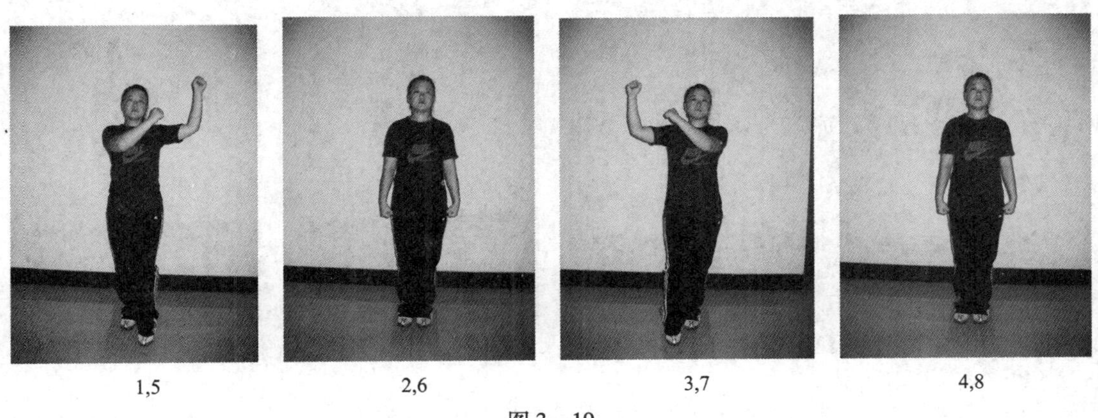

图 3－19

3，右腿向前迈出，脚尖点地一次，同时两臂胸前屈向 2 点方向敲打 1 次（握拳，拳心相对）。

4，右脚并于左脚，同时两臂胸前屈向 2 点方向敲打 1 次还原于体侧（握拳，拳心相对）。

5－8 同 1－4，动作相同。

第八个八拍同第七个八拍，动作相同。

第九个组合：解围裙。

共 2 个 8 拍。

第一个八拍（图 3－20）：

1，左脚原地踏步，同时两臂腰后屈（握拳，拳心向后）。

2，右脚原地踏步，同时两臂腰后屈（握拳，拳心向后）。

3－4，腿部动作不变，同时两臂侧下举（握拳，拳心向后）。

5，左脚向前迈出一步，同时两臂前平举（握拳，拳心向下）。

6，右脚并于左脚，手臂动作不变。

7，左脚向后迈出一步，同时两臂向下摆动（握拳，拳心向前）。

8，右脚并于左脚，同时两臂继续摆动还原至体侧（五指并拢，掌心向内）。

第二个八拍同第一个八拍，动作相同。

1

2

3

4

5

6

7
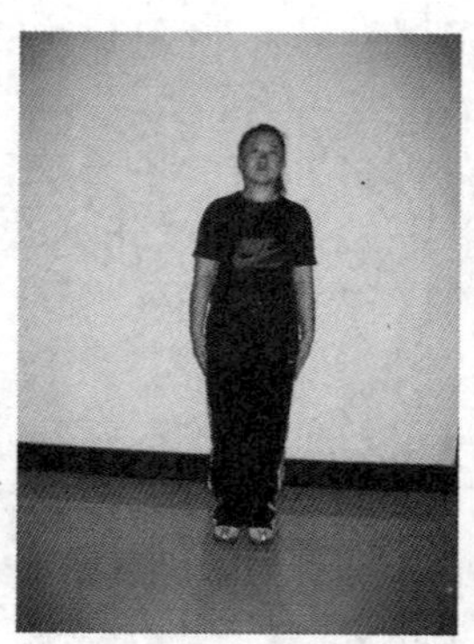
8

图 3－20

评价方法：展示，比赛。

评价内容：学习烹饪健美操，能有效地完成烹饪操作过程中体力要求，加强烹饪操作过程的连贯性、观赏性，提高个人综合素质。练习烹饪健美操后，学生的烹饪操作技法更加娴熟。

思考与练习：

1. “健康第一”如何理解？
2. 创编“烹饪健美操”的目的是什么？
3. 烹饪健美操的特点是什么？
4. 烹饪健美操的作用是什么？
5. 如何学好烹饪健美操？

模块四　刀 工 基 础

模块描述：在此模块中烹饪专业学生进行刀工的学习。通过刀工练习，学生能对刀具的使用和要求有全面的了解，掌握常用刀具的种类和用途，以及对刀具的选择、鉴别、磨制和保养。

建议学时：28 学时

教学目标：

终极目标：运用各种不同的刀法将原料加工成特定的形状，而经过刀工处理的烹饪原料，在制成品后具有艺术表现力。

过程目标：对刀具的使用和要求有全面的了解，掌握常用刀具的种类和用途，以及对刀具的选择、鉴别、磨制和保养。

任务分解：

任务 1：了解刀工

任务 2：熟悉刀工设备

任务 3：刀法展示

任务一　了 解 刀 工

学习目的：了解刀工在中国烹饪技艺中的历史地位，掌握刀具的使用和具体要求。

教学方法：讲授、演示、实训和理实一体。

任务驱动：从古人对刀工的认可度进行分析，全面理解刀工在我国烹饪操作中的具体要求。

知识链接：

一、刀工的渊源

中国烹饪以择料精细、注重刀工、讲究火候而蜚声中外，刀工技术在中国烹饪有着非凡意义。早在两千多年前儒家学派的创始人，春秋末期著名政治家、大思想家、大教育家孔子就为中国烹饪的刀工提出“食不厌精、脍不厌细”、“割不正不食”的要求。几千年来前人创造和积累着实践经验，并加以不断创新，终于以它众多的技法形成现代的刀法体系。

我国烹饪刀工技艺在经历多少代厨师锤炼形成了独特的风格。

刀工的第一个特点就是运用各种不同的刀法将原料加工成特定的形状，可以创造千姿百态、生动形象的菜品。

第二个特点是使原料经过刀工处理后由大变小，便于入味，可以使菜肴取得入味三分的效果。

第三个特点就是经过刀工的烹饪原料，在制成品后具有艺术表现力。刀工本身就是一门艺术，厨师运用各种刀法，将普通的原料综合制成一道道色香味形俱佳的美味佳馔，呈现在食客面前的，实际上是一件件珍贵的菜肴艺术品。

第四个特点是刀法具有系统性。随着烹饪技术的发展，刀工技术也随之发生变化，但是目前的刀法已经由比较简单的技法逐渐发展成切、排、批、抖、剞、旋等一系列刀法组成的刀法体系，这一体系不是固定不变的，它还在随着时代的前进而不断丰富和发展。作为初学者，必须继承前人精湛的刀工技艺并予以不断的发展提高。

二、刀工在烹饪中的作用

刀工在烹饪过程中是一道不可缺少的重要工序。刀工是根据烹饪原料质地和特性，运用各种行刀技法，把烹饪原料加工成符合菜肴成型要求，适应烹调方法和食用需要，具有一定形状的操作过程。刀工不仅是改变原料的形状，而且对菜肴的形成有着多方面的作用。

1. 便于成熟

烹饪原料品种繁多，形态、质地各异，烹调方法多样，操作特点各不相同。刀工因料而异，因烹调方法而决定加工原料形状。大形的原料只有通过刀工处理，成为整齐、划一、薄小的形状，才便于成熟，并能保证成熟度的一致，较好地突出菜肴鲜嫩或酥烂的风味特色。

2. 便于入味

许多烹调原料，如不经过刀工的细加工，烹调时调味品的滋味不容易透入原料内部。只有通过刀工处理，将原料由大改小，或在表面剞上一定深度的刀纹，调味品才能渗入原料内部，使成品口味均匀、一致。

3. 便于食用

中餐的就餐工具主要是筷子和汤匙，形状太大的原料食用起来不方便。如整头的猪、牛、羊，整只的鸡、鸭、鹅等，不经刀工而直接烹调，食用时就很不方便，而经过去皮、剔骨、分档，切、片、剁、剞等刀工处理后再烹调，或烹调后再经刀工处理，食用时就方便得多了。

4. 利于吸收

有利于人体的消化吸收。通过刀工的处理，把原料化整为零，切割成大小适中的形状有利人的咀嚼，在方便人们食用的同时，也有助于人体的消化吸收。

5. 美化形态

所谓“刀下生花”，就是赞美刀工美化原料形态的技艺。经刀工把各种不同形状的原料加工成规格一致、整齐划一、长短相等、粗细厚薄均匀的不同形状，在一些象形菜品中就是运用剞刀法，在原料的表面剞切成各式刀纹，经刀工处理的原料加热后卷曲成各种美妙的形状。如金鱼形、松鼠形、荔枝形等。看上去清爽、利落、外形美观、诱人食欲。

6. 丰富品种

同一种原料，要做出不同的品种，可以通过刀工处理将不同质地、不同颜色原料加工成各种不同的形状，经整合、配伍制成不同的菜品；同一原料在不同的刀工处理后可形成不同的菜品，如一条草鱼可加工成丝、片、丁、米、蓉或剞刀处理再经合理的烹调可形成无数个菜品。

7．提高质感

不同特性的原料在刀工技术（如切、剞、拍、捶、剁等刀法）处理后，可使肌肉纤维组织断裂或解体，扩大肉的表面积，从而使更多的蛋白质亲水基团显露出来，增大肉的持水性，再通过烹调即可取得肉质嫩化的效果。如炸猪排、爆炒鱿鱼卷等。

8．传递信息

增加切配与烹调之间的信息传递。不同的菜肴有不同的烹调方法，相同的原料配伍可烹制不同味型的菜品，要使烹调人员了解各个菜的烹调方法，能准确无误地烹制好菜肴，就得切配与烹调之间传递信息，将菜品成菜要求，通过主、配原料刀工处理略有变化，传递给下一道工序。

三、操 刀 要 求

1．站姿的要求

操作时两脚自然分立与肩同宽站稳，上身略向前倾，前胸稍挺，不要弯腰曲背，要精神集中，目光注视砧板和原料的被切部位，身体与砧板保持一拳约 10 厘米的距离，砧板放置的高度以砧板水平面在人体的肚脐至脐下 8 厘米适宜，方便操作。

2．执刀的要求

两手臂自然抬起在胸前成十字交叉状，两腋下以夹稳一枚鸡蛋为度，右手持刀，以拇指与食指捏住刀箍，全手握住刀柄，掌心对着刀把的中部。不宜过前，否则用刀不灵活；也不宜过后，否则握刀不稳。刀背与小臂成一直线与人体正面成 45°夹角，左手小臂与刀身垂直，左手中指的第一个关节弯曲并顶住刀身，以控制刀具，其他手指以备稳控被切原料。

3．运刀的方法

在刀工操作过程中，动作必须自然、优美、规范。用力的基本方法一般是握刀时手腕要灵活而有力。一般用腕力和小臂的力量，左手控制原料，随刀的起落而均匀地向后移动。刀的起落高度一般为刀刃不超过左手中指第一个关节弯曲后的第一个骨节。总之左手持物要稳，右手落刀要准，两手的配合要紧密而有节奏。

在刀工操作中，各种刀法必须运用恰当，同时还要掌握好各种刀法的操作要领。由于原料的性质各有不同，所以在刀工处理过程中所采用的刀法也应有所不同。一般情况下，脆性原料采用直刀法中直切加工，韧性原料采用推切或推拉切加工，硬的或带骨的原料采用剁的刀法加工。

刀工是比较细致而且劳动强度较大的手工操作，操作者除了有正确的刀工操作姿势，平时应注意锻炼身体，保证健康的体格，有较耐久的臂力和腕力。刀工的基本操作姿势，主要从既能方便操作、有利于提高工作效率，又能减少疲劳、利于身体健康等方面考虑。

四、刀工在烹饪中要求

1．操作规范

刀工不仅是劳动强度较大的手工操作，更是一项技术性高的工作。操作者除了健康的体格，有较耐久的臂力和腕力外，还要掌握正确的操作规范。刀工的规范操作姿势，有利于提高工作效率，有利于身体健康，同时也体现了操作者精神风貌。在刀工操作过程中，我们的站姿、操刀、运刀动作必须自然、优美、规范。

2. 运刀恰当

在刀工操作中，必须掌握烹饪原料的特性，同时还要掌握好各种刀法的操作要领，各种刀法在运用时才能达到恰如其分。烹饪原料品种繁多，质地不尽相同，不同的菜品对原料的质地要求、形状的要求也不尽相同，只有熟练地掌握刀工技能，才能做到整齐划一。

3. 合理用料

原料的综合利用是餐饮经营提高利润的一条基本原则。视烹饪原料各个部位质地合理分割，计划用料，落刀时心中有数，以达到物尽其用，力求利润最大化。

4. 配合烹调

刀工一般情况下是与配菜同时进行的，与菜肴的质量密切相关。原料成形是否符合要求直接影响着菜肴的质量。烹饪原料的形状务必适应烹调技法和菜品的质量要求。如旺火速成的烹调方法，所采用的火力强，加热时间短，成菜要求脆嫩或滑嫩，就要注意将原料加工得薄小一些；反之，如果是长时间加热的烹调方法，采用慢火，加热时间较长，成菜要求酥烂、入味，原料形状就要厚大一些。如果原料的形状过于厚大，旺火速成外熟里生，既影响质量和美观，也影响人们的食用，所以刀工要密切配合烹调，适应烹调的需要。

5. 营养卫生

符合卫生规范，力求保存营养是现代餐饮业基本原则。在刀工操作过程中，从原料的选择，到工具、用具的使用，必须做到清洁卫生，生熟原料要分砧板、分刀工进行，做到不污染，不串味，确保所加工的原料清洁卫生。根据营养学的要求，做到适时刀工、适量刀工以确保少流渗，少氧化。

任务二 熟悉刀工设备

学习目的：“三分手艺七分刀”，好的刀工，必须有上好利器。用于刀工中的刀具，必须保持锋利不钝、光亮不锈、不变形。

教学方法：讲授、演示、实训和理实一体。

任务驱动：熟悉常用刀具种类、形状及功能。刀具的选择和鉴别，磨制和保养。

知识链接：

一、常用刀具的种类和用途

刀具的种类很多，形状、功能各异。

按使用地域分，在江浙一带使用较多的为圆头刀；在川广等地使用较为广泛的是方头刀；而京津地区马头刀最为常见，马头刀又称北京刀。

按刀的尺寸和重量可分为一号刀、二号刀、三号刀。

按刀具加工工艺和用材可分为铁质包钢锻造刀，不锈钢刀。由于不锈钢刀轻便灵活、钢质较纯，清洁卫生，外形美观，备受专业人员的欢迎。

按刀具的功用可分为片刀、切刀、砍刀（斩骨刀或劈刀）、前切后斩刀、烤鸭片皮刀、羊肉片刀（涮羊肉刀）、整鱼出骨刀、馅刀、剪刀、镊子刀、刮刀以及食品雕刻专用刀具。

1. 片刀

片刀的特点是重量较轻，刀身较窄而薄，钢质纯，刀刃锋利，使用灵活方便，加工硬性原料时易迸裂产生豁口。片刀适宜加工无骨无冻的动、植物性原料，主要用于加工片、条、丝、丁、米（粒）等形状，如片方干片、片肉片、片姜片等。

2. 切刀

切刀的形状与片刀相似，刀身与片刀相比略宽、略重、略厚，长短适中，应用范围广，既能用于切片、丝、条、丁、块，又能用于加工略带小骨或质地稍硬的原料，此刀应用较为普遍。

3. 砍刀（斩骨刀或劈刀）

砍刀刀身较厚，刀头、刀背重量较重，呈拱形。根据各地方的特点，刀身有长一点的，也有短一点的，主要用于加工带骨、带冰或质地坚硬的原料，如猪头、排骨、猪脚爪等。

4. 前切后砍刀（又称文武刀）

前切后砍刀刀身大小与切刀相似，但刀的根部较切刀略厚，钢质如同砍刀，前半部分薄而锋利，近似切刀，重量一般在750克左右。特点是既能切又能砍，又称为“文武刀”。在淮扬地区较为常见。

5. 烤鸭刀（又称小片刀）

烤鸭刀刀身比片刀略窄而短，重量轻，刀刃锋利。专用于片熟烤鸭用（见图4－1）。

6. 整鱼出骨刀

比烤鸭刀更窄且长，前端为月牙形有刃，刀刃锋利一般。专门用于整鱼出骨（见图4－2）。

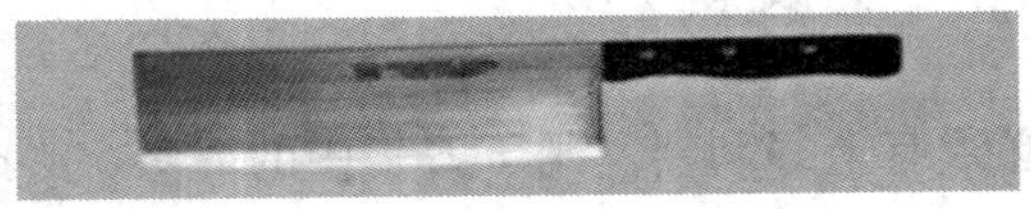

图4－1

图4－2

7. 羊肉片刀

羊肉片刀重量较轻，刀身较薄，刀口锋利。特点是刀刃中部是内弓型。是片切涮羊肉片的专用工具。现已被机械化代替。

8. 馅刀

馅刀刀身较长，刀背较厚，刀刃锋利。专门用于加工馅料，如青菜馅等。

9. 其他类刀

一般指刀身窄小，刀刃锋利，轻而灵活，外形各异且用途多样的刀。常用的其他类刀有以下几种：

（1）剪刀　剪刀的形状与家用剪刀相似，实际上是刀工处理的辅助工具。多用于初加工，整理鱼、虾以及各类蔬菜等。

（2）镊子刀　镊子刀的前半部是刀，后半部分是镊子，它是刀工初加工的附属工具。

（3）刮刀　刮刀体形较小，刀刃不锋利，多用于刮去砧板上的污物和家畜皮表面上的毛等污物。有时也用于去鱼鳞。

（4）刻刀　刻刀是用于食品雕刻的专用工具，种类很多，多因使用者习惯自行设计制作。

10. 西式刀具和日式刀具

随着对外改革开放，西餐和日式料理在我国也有较好的市场，他们的刀具也各有特色。

西式厨房刀具品种较多。常见的有：西式厨刀，比萨刀，面包刀，屠夫刀，磨刀棍，切片刀，钓鱼刀，鱼片刀等系列。

日式刀具，在日本，菜刀又被称之为包丁。有薄刃包丁，刺身包丁（生鱼片刀），出刃包丁之分。

二、刀具的选择和鉴别

我国地域辽阔，民族众多，其饮食风俗各具特色，各地使用的刀具形状也是花样繁多，随着烹饪文化交流的增加和人们对烹饪原料性能的认识，逐步形成了广为使用的一些中式烹饪用刀具。只有了解和掌握好各种类型刀具的不同性质和用途，才能根据烹饪原料的不同性质选用相应的刀具，将不同性质的烹饪原料加工成整齐、美观、均匀一致，适应于烹调要求的形状。

1. 根据地方习惯选择刀具

由于饮食文化的地域性，在刀具使用上也各有地方特色，在广东等地选择较多的是方头刀；而京津地区的马头刀（北京刀）使用较为常见；淮扬地区的厨师喜欢使用文武刀。

2. 根据个人偏好选择刀具

由于个人的体质存在差异，对刀具的大小、轻重选择也各不相同。尺寸小且重量轻的刀具，使用时方便灵活；而尺寸大、重量偏重的刀具，使用时稳健有力，刀起刀落干净利索。

3. 根据原料性能选择刀具

由于烹饪原料的性质多种多样，脆性的、韧性的、有骨的，在刀具的选择上也各有不同。

三、刀具的磨制和保养

孔子曰“工欲善其事，必先利其器”，要想有好的刀工，就必须有上好利器。用于刀工中的刀具，要保持锋利不钝、光亮不锈、不变形，必须通过磨刀这一过程来实现。俗话说“三分手艺七分刀”，厨刀是厨师的脸面，磨刀是我们必备的基本功。

1. 磨刀的工具

磨刀的工具是磨刀石。常用的有粗磨刀石、细磨刀石、油石和刀砖四种。粗磨刀石的主要成分是天然糙石，质地粗糙，多用于新开刃或有缺口的刀；细磨刀石的主要成分是青沙，质地坚实、细腻，容易将刀磨锋利，刀面磨光亮，不易损伤刀口，应用较多；油石是人工合成的磨刀石，窄而长，质地结实，携带方便；刀砖是砖窑烧制而成的，质地极为细腻，是刀刃上锋佳品。磨刀时，一般先在粗磨刀石上将刀磨出锋口，再在细磨刀石上将刀磨快，最后在刀砖上上锋，这样的磨刀方法，既能缩短磨刀时间，又能提高刀刃的锋利程度和延长刀的使用寿命。

2. 磨刀的方法

(1) 磨刀前的准备工作　磨刀前先要将刀面上的油污清除干净，再把磨刀石放置在高度约90厘米的平台上（固定为佳），以前面略低、后面略高为宜。备一盆清水。

(2) 磨刀时站立姿势　磨刀时，两脚自然分开，或一前一后站稳，胸部略微前倾，一手持好刀柄，一手按住刀面的前段，刀口向外，平放在磨刀石面上。

(3) 磨刀时的手法　磨刀石（砖）浸湿，然后在刀面上淋水，将刀面紧贴磨刀石面，后部略翘起，前推后拉（一般沿刀石的对角线运行），用力要均匀，视石面起沙浆时再淋水。刀的两面及前后中部都要轮流均匀磨到，两面磨的次数基本相等，只有这样才能保持刀刃平直、锋利、不变形。磨刀石应保持中部高，两端低。

(4) 刀锋的检查　磨完后洗净擦干，然后将刀刃朝上，迎着光线观察，如果刀刃上看不见白色的光斑，表示刀已磨好；也可用大拇指在刀面上推拉一下，如有涩的感觉，即表明刀口锋利，反之，还要继续磨。

3. 刀具的一般保养方法

在刀的使用过程中，必须养成良好的使用保养习惯：

(1) 要经常磨刀，保持刀的锋利和光亮。

(2) 要根据刀的形状和功能特点，正确掌握磨刀方法，保持刀刃不变形。

(3) 刀用完后必须要用清洁的抹布擦拭干净，不留水分和黏物。防止水与刀发生氧化作用而生锈，特别是在切带有咸味、腥味、黏物的原料，如切咸菜、藕、鱼、茭白、山药之后，因为粘附在刀面上的鞣酸物质容易使刀身氧化、变色发黑、锈蚀，所以更要将刀面彻底擦洗干净。在正常使用时，刀使用后放在刀架上，刀刃不可碰在硬的东西上，避免伤人或碰伤刀口。长时间不用的刀，应擦干后在其表面涂一层油，装入刀套，放置于干燥处，以防止生锈、刀刃损伤或伤人。

四、菜墩的选择和保养

1. 菜墩的选择

菜墩属于切割枕器。菜墩又称砧板、砧墩、剁墩，是对原料进行刀工操作时的衬垫工具。菜墩的种类繁多，按菜墩的材料分为天然木质结构、塑料制品结构、天然木质和塑料复合型结构三类。并有大、中、小多种规格。

菜墩一般都用选择木质材料，要求树木无异味，质地坚实，木纹紧密，密度适中，树皮完整，无结疤，树心不空、不烂，菜墩截面的颜色应微呈青色，均匀，没有花斑。可选用银杏树（白果树）、橄榄树、红柳树、青冈树、樱桃树、皂角树、榆树、柞树、橡树、枫树、栗树、楠树、铁树、榉树、枣树等木材，以横截断或纵截面制成。常见的有银杏木、橄榄木、柳木、榆木等。优质的菜墩应具备以下特点：抗菌效果好，透气性好，弹性好。菜墩的尺寸以高20～25厘米，直径35～45厘米为宜。银杏树是常用的菜墩品种之一。

2．菜墩的使用

使用墩子时，应在墩的整个平面均匀使用，保持菜墩磨损均衡，防止墩子凹凸不平，影响刀法的施展，因为墩面凹凸不平，切割时原料不易被切断；墩面也不可留有油污，如留有油污，在加工原料时容易滑动，既不好掌握刀距，又易伤害自身，同时，也影响卫生。

3．菜墩的保养

新购买的菜墩最好放入盐水中浸泡数小时或放入锅内加热煮透，使木质收缩，组织细密，以免菜墩干裂变形，达到结实耐用的目的。树皮损坏时要用金属加固，防止干裂。菜墩使用之后，要用清水或碱水洗刷，刮净油污，立于阴凉通风处，用洁布或砧罩罩好，防止菜墩发霉、变质。每隔一段时间后，还要用水浸泡数小时，使菜墩保持一定的湿度，以防干裂，切忌在太阳下暴晒，造成开裂。还需要定期高温消毒。

五、案板的选择与使用

案板即厨房用来加工用的工作台。常见案板有双层工作台、木质工作台、双层工作台连上层架、楼面工作台、保鲜工作台、家用的折叠组合案板。

厨房案板的常用清洁办法有四种：

（1）洗烫法　案板用完之后，先用刀或硬刷把板面上的残渣刮干净，再用自来水冲洗两遍，细菌可减少一半；然后用开水缓慢烫两遍，竖起晾干。

（2）阳光消毒法　按第一种办法将案板洗净后，放在阳光下晒 2 小时，让阳光中的紫外线对案板进行消毒杀菌。

（3）撒盐消毒法　案板先行刷洗，去除上面的残渣，然后在上面撒上一些盐过夜，也可起到消毒作用。

（4）化学消毒法　把已洗干净的案板放在家用消毒液中，浸泡 15 分钟，再用清水冲洗干净。

另外，厨房里最好准备两块案板，分别用做处理生、熟食物之用。如无条件时，应先切熟食，后切生鱼、生肉与蔬菜，切不可用刚切过生鱼肉的案板，随便用抹布擦一下，就用来切熟食与凉拌食物。

六、其他刀工设备

刀工设备是对烹饪原料进行刀工处理的专用工具。我国传统意义上的刀工设备是指加工烹饪原料过程中所使用的刀具和衬垫工具（菜墩）等设备。随着现代化建设的进程，各种机械化的刀工设备不断问世，随着市场经济的不断完善和科学技术的不断进步，逐步实现了机械化和智能化。对烹饪原料进行加工的工具也有了改进和提高，刀工设备发展至今已有了切片切丝机、刨片机、多用切菜机、斩拌机等设备，大大减轻了劳动强度，提高了工作效率，对质量的提高有更好的保证。但是，由于受传统饮食文化的影响和传统烹饪工艺的限制，以及各种烹饪原料的性能迥异，现有的机械化设备还不能满足种类繁多的烹饪原料加工的需要，因此现代厨房刀工设备与传统厨房刀工设备并存还会有一段相当长的时间，有些传统刀具和加工方法，还需要在生产中使用，作为入门者了解和掌握机械化刀工设备和加工方法等方面的知识是学好烹饪的基础。

任务三 刀法展示

学习目的：不同的原料具有不同的特性，在进行刀工处理时，应根据原料的不同性能选用不同的刀具和采取不同的方法。

教学方法：讲授、演示、实训和理实一体。

任务驱动：在掌握正确操刀的基础上进行空刀练习，对原料基本成型及运用原料经过不同的刀法处理后，既美化原料，又能使菜肴造型美观。

知识链接：

一、刀法简述

不同的原料具有不同的特性，在进行刀工处理时，应根据原料的不同性能选用不同的刀具和采取不同的刀法。例如：韧性肉类原料，必须用拉切的刀法。猪肉较嫩，肉中结缔组织少，可斜着肌肉纤维纹路切，如果横刀，就容易断；如果肉较老，只有斜切，才能达到既不断又不老的目的。牛肉较老，结缔组织多，必须横着肌肉纤维的纹路，把纤维、筋切断，炒熟后就不会老。鸡脯肉和鱼肉最嫩，要顺着肌肉纤维纹路来切，可以使切出的丝和片不断、不碎。又如脆性的原料，冬瓜、笋等，可用直上直下的直刀法切。如果是豆腐等易碎或薄小的原料则不宜直切，应该采用推切法。根据原料的特性进行适当的刀工处理，才能保证菜肴的质量。

刀法的种类很多，各地的名称也都不同，但根据刀刃与墩面接触的角度，运刀方向和刀具力度等运动规律，大致可分为直刀法、平刀法、斜刀法、剞刀法等四大类。每大类根据刀的运行方向和不同步骤，又分出许多小类。初学者首先必须了解各种常用刀法的行刀技法，必须从空刀运刀练起。

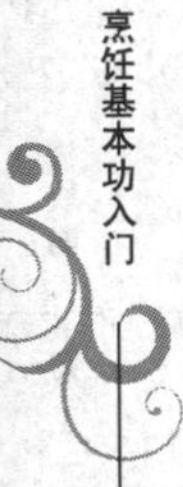

（一）直刀法

直刀法是刀工中最常用的刀法，也是较为复杂的刀法之一。直刀法就是指刀具与墩面或原料基本保持垂直运动的刀法。这种刀法按照用力大小的程度和刀刃离墩面的距离长短，可分为切、剁（又称斩）、砍（又称劈）等。

1. 切

（1）直刀切（又称跳切） 在直刀切过程中如运刀的频率加快，就如同刀在墩面"跳动"，跳切因此而得名。这种刀法在操作时要求刀具与墩面或原料垂直、刀具做垂直上下运动，着力点布满刀刃，从而将原料切断。

① 适用范围：适用加工脆性原料，如白菜、油菜、荸荠（南荠）、鲜藕、莴笋、冬笋及各种萝卜等。

② 操作方法：左手扶稳原料，一般是左手自然弓指并用中指指背抵住刀身，与其余手指配合，根据所需原料的规格（长短、厚薄），呈蟹爬姿势不断退后移动；右手持稳刀，运用腕力，用刀刃的中前部位对准原料被切位置，刀身紧贴着左手中指第一节指关节背部，并随着左手移动，以原料规格的标准取间隔距离，一刀一刀跳动直切下去。刀垂直上下，刀起刀落将原料切断。如此反复直切，直至切完原料为止。

③ 技术要领：左手运用指法向左后方向移动，要求刀距相等，两手协调配合、灵活自如。刀具在运动时，刀身不可里外倾斜，作用点在刀刃的中前部位。所切的原料不能堆叠太高或切得过长。如原料体积过大，应放慢运刀速度。按稳所切原料，持刀稳、手腕灵活、运用腕力，稍带动小臂。两手必须密切配合，从右到左，在每刀距离相等的情况下，有节奏地匀速运动，不能忽宽忽窄或按住原料不移动。刀口不能偏内斜外，提刀时刀口不得高于左手中指第一关节，否则容易造成断料不整齐，或放空刀或切伤手指。

（2）推刀切　这种刀法操作时要求刀具与墩面垂直，刀的着力点在中后端，刀具自上而下从右后方向左前方推刀下法，一推到底，将原料断开。

① 适用范围：推刀切适合加工各种韧性原料，如无骨的猪、牛、羊各部位的肉。对硬实性原料，如火腿、海蜇、海带等，也都适合用这种刀法加工。

② 操作方法：左手扶稳原料，右手持刀，用刀刃的前部位对准原料被切位置。刀具自上至下，自右后方朝左前方推切下去，将原料切断。如此反复直切，直至切完原料为止。

③ 技术要领：左手运用指法向左后方向移动，每次移动都要求刀距相等。刀具在运行切割原料时，要通过右手腕的起伏摆动，使刀具产生一个小弧度，从而加大刀具在原料上的运行距离。使用刀具要有力，避免连刀的现象，要一刀将原料推切断开。

（3）拉刀切　拉刀切是与推刀切相对的一种刀法。操作时，要求刀具与墩面垂直，用刀刃的中后部位对准原料被切位置，刀具由上至下，从左前方向右后方运动，一拉到底，将原料切断。这种刀法主要是用于把原料加工成片、丝等形状。

① 适用范围：拉刀切适合加工原料韧性较弱，质地细嫩并易碎者，如里脊肉、鸡脯肉等。

② 操作方法：左手扶稳原料，右手持刀，刀的着力点在前端，用刀刃的中后部位对准原料被切的位置。刀具由上至下、自左前方向后方运动，用力将原料拉切断开。如此反复直切，直至切完原料为止。

③ 技术要领：左手运用指法向左后方向移动，要求刀距相等。刀具在运动时，应通过腕的摆动，使刀具在原料上产生一个弧度，从而加大刀具的运动距离，使用刀具要有力，避免连刀的现象，一拉到底，将原料拉切断开。如此反复直切，直至切完原料为止。

（4）推拉刀切　推拉刀切是一种推刀切与拉刀切连贯起来的刀法。操作时，刀具先向左前方行刀推切，接着再行刀向右后方拉切。一前推一后拉迅速将原料断开。这种刀法效率较高，主要适用于把原料加工成丝、片的形状。

① 适用范围：推拉切适合加工有韧性且细嫩的原料，如里脊肉、通脊肉、鸡脯肉等。

② 操作方法：左手扶稳原料，右手持刀，先用推刀的刀法将原料切断（方法同推刀切），然后，再运用拉切的刀法将后面的原料切断（方法同拉刀切）。如此将推刀切和拉刀切连接起来，反复推拉切，直至切完原料为止。

③ 技术要领：首先要求掌握推刀切和拉刀切各自的刀法，再将两种刀法连贯起来。操作时，只有在原料完全推切断开以后再做拉刀切，使用要有力，运用要连贯。

（5）锯刀切　锯刀切是直刀法的一种，它与推拉刀切的运刀方法相似，但行刀的速度较慢。

① 适用范围：锯刀切适合加工质地松软或易碎的原料，如面包、精火腿等。

② 操作方法：右手持刀，用刀刃的前部位接触原料被切的位置，要求刀具与墩面垂直，刀具在运动时，先向左前方运动，刀刃移至原料的中部位之后，再将刀具向右后拉回。形同拉锯，如此反复多次将原料切断。锯刀切主要是把原料加工成片的形状。

③ 技术要领：刀具与墩面保持垂直，刀具在前后运动时的用力要小，速度要缓慢，动作要轻，还要注意刀具在运动时的下压力要小，避免原料因受压力过大而变形。

（6）滚料切（行业称滚刀切） 这种刀法在操作时要求刀具与墩面垂直，左手边扶料，边向后滚动原料；右手持刀，原料每滚动一次，采用直刀切或推刀切一次，将原料切断。

① 适用范围：直刀滚料切主要是把原料加工成块的形状。适合加工一些圆形或近似圆形的脆性原料，如各种萝卜、冬笋、莴笋、黄瓜、茭白等。

② 操作方法：直刀滚料切是通过直刀切来加工原料的。左手扶稳原料，使其与刀具保持一定的角度，右手持刀，用刀刃前中部对准原料被切位置，运用直刀切的刀法，将原料切断开。每切完一刀后，即把原料朝一个方向滚动一次，再做直刀切，如此反复进行。

③ 技术要领：每完成一刀后，随即把原料朝一个方向滚动一次，每次滚动的角度都要求一致，才能使成形原料规格相同。

（7）铡刀切 铡刀切，是直刀法的一种行刀技法。

铡刀切用力点近似于铡刀，要求一手握刀柄，一手握刀背前部，两手上下交替用力压切。

① 适用范围：铡刀切适合加工带软骨或比较细小的硬骨原料，如蟹、烧鸡等。圆形、体小、易滑的原料，如花椒、花生米，煮熟的蛋类等原料也适合用这种方法加工。

② 操作方法：操做方法有三种：

第一种，右手握住刀柄，提起，使刀柄高于刀的前端，左手按住刀背前端使之着墩，并使刃口的前部按在原料上，然后对准要切的部位用力下压切下去。

第二种，右手握住刀柄，将刃口放在原料要切的部位上，左手握住刀背的前端，左右两手同时用力压下去。

第三种，右手握紧刀柄，将刀刃放在原料要切的部位上，左手用力猛击刀背，使刀猛铡下去。

③ 技术要领：操作时左右手反复上下抬起，交替由上至下铡切，动作要连贯。

2. 剁

剁根据用刀多少可分为单刀剁和双刀剁两种，根据用刀的方法又分为直剁、刀背锤、刀尖跟排等，操作方法大致相同。操作时要求刀具与墩面垂直，刀具上下运动，抬刀较高，用力较大。这种刀法主要用于将原料加工成末、蓉、泥等形状。

（1）直剁

① 适用范围：这种刀法适合加工脆性原料，如白菜、葱、姜、蒜等。对韧性原料，如猪、羊肉、虾肉等也适合用剁法加工。

② 操作方法：将原料放在墩面中间，左手扶墩边，右手持刀（或双手持刀），用刀刃的中前部位对准原料，用力剁碎。当原料剁到一定程度时，将原料铲起归堆，再反复剁碎原料直至达到加工要求为止。

③ 技术要领：操作时，用手腕带动小臂上下摆动，用力大于直刀切且适度，用刀要

稳、准，富有节奏，同时注意抬刀不可过高，以免将原料甩出造成浪费。同时要勤翻原料，使其均匀细腻。

（2）刀背捶　刀背捶可分为单刀捶和双刀背捶两种，操作方法大致相同。操作时要求左手扶墩，右手持刀（或双手持刀），刀刃朝上，刀背与墩面平行，垂直上下捶击原料。这种刀法主要用于加工肉蓉和捶击动物性烹饪原料，使肉质疏松，或将厚肉片捶击成薄肉片。

① 适用范围：刀背捶击适合加工经过细选的韧性原料，如鸡脯肉、里脊肉、净虾肉、肥膘肉、净鱼肉。

② 操作方法：左手扶墩，右手持刀（或双手持刀），刀刃朝上，刀背朝下，将刀抬起，捶击厚料。当原料被捶击到一定程度，将原料铲起归堆，再反复捶击原料，直至符合加工要求为止。

③ 技术要领：操作时，刀背要与菜墩面平行，加大刀背与菜墩面的接触面积，使之受力均匀，提高效率。用力要均匀，抬刀不要过高，避免将原料甩出，且勤翻动原料，从而使加工的原料均匀细腻。

（3）刀尖（跟）排　使用这种刀法操作时要求刀具做垂直上下运动，用刀尖或刀跟在片形的原料上扎排上几排分布均匀的刀缝，用以剁断原料内的筋络，防止原料因受热而卷曲变形，同时也便于调料入味和扩大受热面积，易于成熟。

① 适用范围：刀尖排适合加工已呈厚片形的韧性原料，如大虾、通脊肉、鸡脯肉等。

② 操作方法：左手扶稳原料。右手持刀，将刀柄提起，刀具垂直对准原料。刀尖在原料上反复起落扎排刀缝。如此反复进行，直到符合加工要求为止。

③ 技术要领：刀具要保持垂直起落，刀缝间隙要均匀，用力不要过大，轻轻将原料扎透即可。

3．砍

是指从原料上方垂直向下猛力运刀断开原料的直刀法。根据运刀力量的大小（举刀高度）分为斩和劈四种：拍刀砍、直刀砍、跟刀砍、直刀劈。

（1）拍刀砍

① 适用范围：拍刀砍适用加工形圆、易滑、质硬且易碎、带骨的韧性原料，如鸭蛋、鸭头、鸡头、酱鸡、酱鸭等。

② 操作方法：使用这种刀法操作时要求右手持刀，并将刀刃架在原料被砍的位置上，左手半握拳或伸平，用掌心或掌根向刀背拍击，将原料砍断。这种刀法主要是把原料加工成整齐、均匀、大小一致的块、条、段等形状。

③ 技术要领：原料要放平稳，用掌心或掌跟拍击刀背时要有力，原料一刀未断开，刀刃不可离开原料，可连续拍击刀背，直至将原料完全断开为止。

（2）直刀砍

① 适用范围：较大型的带骨的原料。

② 操作方法：左手扶稳原料，右手持刀，将刀举起，用刀刃的中前部，对准原料被砍的位置，一刀将原料砍断。这种刀法主要用于将原料加工成块、条、段等形状，也可用于分割大型带骨的原料。如排骨、鸭块等。

③ 技术要领：右手握牢刀柄，防止脱手，将原料放平稳，左手扶料要离落刀点远一

点，以防伤手。落刀要有力且适度、准确，将原料一刀砍断。

使用这种刀法操作时左手扶稳原料，右手将刀举起，做垂直上下运动，对准原料被砍的部位，用力挥刀直砍下去，使原料断开。

（3）跟刀砍　使用这种刀法操作时要求左手拿稳原料，刀刃垂直嵌牢在原料被砍的位置内，刀具运动时与原料一起上下起落，使原料断开。这种刀法主要用于加工大型成块的原料。

① 适用范围：跟刀砍适合加工猪脚爪、大鱼头及小型的冻肉等。

② 操作方法：左手拿稳原料，右手持刀，用刀刃的中前部对准原料被砍的位置快速砍入，紧嵌在原料内部。左手持原料并与刀同时举起，用力向下砍断原料，刀与原料同时落下。

③ 技术要领：左手持料要牢，选好原料被砍的位置，而且刀刃要紧嵌在原料内部（防止脱落引起事故）。原料与刀同时举起同时落下，向下用力砍断原料。一刀未断开时，可连续再砍，直至将原料完全断开为止。

（4）直刀劈　直刀劈是所有刀法中用力最大的一种刀法。

① 适用范围：一般适用于体积较大、带骨或质地坚硬的原料，如劈整只的猪头、火腿等。

② 操作方法：左手扶稳原料，右手的大拇指与食指必须紧紧地握稳刀柄，用手腕之力持刀，高举到与头部平齐，将刀刃对准原料要劈的部位用力向下直劈的刀法。

③ 技术要领：下刀要准，速度要快，力量要大，力求一刀劈断，如需复刀可采用跟刀砍的刀法。左手扶稳原料，应离开落刀点有一定距离，以防伤手。

（二）平刀法

平刀法又叫批刀法，是指刀身与墩面平行，刀刃在切割烹饪原料时作水平运动的刀法。这种刀法可分为平刀直片、平刀推片、平刀拉片、平刀抖片、平刀滚料片等。

1. 平刀直片

使用这种刀法操作时要求刀膛与墩面平行，刀做水平直线运动，将原料一层层地片开。应用这种刀法主要是将原料加工成片的形状。在此基础上，再运用其他刀法将其加工成丁、粒、丝、条、段等形状。

平刀直片又可分为两种操作方法。

（1）第一种方法

① 适用范围：此法适用加工固体性较软的原料，如豆腐、鸡血、鸭血、猪血等。

② 操作方法：将原料放在墩面里侧（靠腹侧一面），左手伸直顶住原料，右手持刀端平，用刀刃的中前部从右向左片进原料。

③ 技术要领：刀身要端平，不可忽高忽低，保持水平直线片进原料。刀具在运动时，下压力要小，以免将原料挤压变形。

（2）第二种方法

① 适用范围：此法适合加工脆性原料，如生姜、土豆、黄瓜、胡萝卜、莴笋、冬笋等。

② 操作方法：将原料放在墩面里侧，左手伸直，扶按原料，手掌或大拇指外侧支撑墩面，左手的食指和中指的指尖紧贴在被切原料的入刀处；右手持刀，刀身端平，对准原

料上端被片的位置，刀从右向左做水平直线运动，将原料片断。然后左手中指、食指、无名指微弓，并带动已片下的原料向左侧移动，与下面原料错开5～10毫米。按此方法，使片下的原料片片重叠，呈梯田形状。

③ 技术要领：在批切时，左手的食指和中指的指尖紧贴在被切原料的入刀处，以控制片形的厚薄；刀身端平，刀在运动时，刀膛要紧紧贴住原料，从右向左运动，使片下的原料形状均匀一致。

2. 平刀推片

平刀推片要求刀身与墩面保持平行，刀从右后方向左前方运动，将原料一层层片开。平刀推片主要用于把原料加工成片的形状。在此基础上，再运用其他刀法可将其加工成丝、条、丁、粒等形状。一般适用于上片的方法。

① 适用范围：此法适宜加工韧性较弱的原料，如通脊肉，鸡脯肉等。

② 操作方法：将原料放在墩面近身侧，距离墩面边缘约3厘米。左手扶按原料，手掌作支撑。左手持刀，用刀刃的中前部对准原料上端被片位置。刀从右手后方向左前方片进原料。原料片开以后，用手按住原料，将刀移至原料的右端。将刀抽出，脱离原料，用中指、食指、无名指捏住原料翻转。紧接着翻起来手掌，随即将手翻回，将片下的原料贴在墩面上，如此反复推片。

③ 技术要领：在行刀过程中端平刀身，用刀膛紧贴原料，动作要连贯紧凑。一刀未将原料片开，可连续推片，直至将原料片开为止。

3. 平刀拉片（批）

平刀拉片要求刀身与墩面保持平行，刀从右前方向左后方运动，将原料一层层片开。平刀拉片主要用于把原料加工成片的形状。在此基础上，再运用其他刀法可将其加工成丝、条、丁、粒等形状。一般适用于下片的方法。

① 适用范围：此刀法适宜加工韧性较强的原料，如五花肉，坐臀肉，颈肉，肥肉等。

② 操作方法：将原料放在墩面近身侧，距离墩面边缘约3厘米。左手手掌按稳原料。右手持刀，在贴近墩面原料的部位起刀，根据目测厚度或根据经验将刀刃的中后部位对准原料被片（批）的部位，并将刀具的后部进入原料，刀刃从右手前方进原料向左后方运动，成弧线运动。

③ 技术要领：操作时一定要将原料按稳，紧贴在刀板上，防止原料滑动。刀在运行时要充分有力，原料应一刀片（批）开，可连续拉片（批），直至原料完全片（批）开为止。

4. 平刀抖片（又抖刀片）

平刀抖片属平刀法，但原料成形的片状呈波浪形或锯齿形。

① 适用范围：平刀抖片适用于质地软嫩、无骨或脆性原料。如蛋黄、白糕、松花蛋、豆腐干、黄瓜等。

② 操作方法：将原料放置在墩面的右侧，用左手扶稳原料，右手持刀端平并且使刀膛与墩面也平行，当刀刃进入原料后，用刀背成上下波动，逐渐片（批）进原料，直至将原料片（批）开为止。

③ 技术要领：当刀刃进入原料后，刀背上下波动不可忽高忽低，行进的速度要均匀，刀纹的深度和刀距要相等。

5. 平刀滚料片

平刀滚料片是运用平刀推、拉片的刀法，边片边展滚原料的刀法。是将圆形或圆柱形的原料加工成较大的片，刀刃在水平切割的同时原料以匀速向前或后滚动，将原料批切成片的一种刀法。

① 适用范围：适宜加工球形、圆柱形、锥形或多边形的韧性且质地较软的原料或脆性原料，如鸡心、鸭心、肉段、肉块、腌胡萝卜、黄瓜等。

② 操作方法：将原料放置在墩面里侧，左手扶稳原料，右手持刀与墩面或原料平行，用刀刃的中前部位对准原料右侧底部被片（批）的位置，并将刀锋进入原料，刀刃匀速进入原料，原料以同样的速度向左后方滚动，直至原料批切成片。

入刀的部位也可从原料右侧的上方进入，原料向右前方滚动，其他手法与平刀推拉片相似。

③ 技术要领：在操作此刀法时，刀身要端平，两手配合要协调，刀刃挺进的速度与原料滚动的速度应一致，反之则易造成批断或伤及手指。

（三）斜刀法

斜刀法是刀与墩面或刀与原料形成的夹角介于0°和90°之间，或90°和180°之间。这种刀法按照刀具与墩面或原料所呈的角度和方向可以分为：正刀斜片和反刀斜片两种。

1. 正刀斜片

正刀斜片是指左手扶稳原料，右手持刀，刀背向右、刀口向左，刀身的右外侧与墩面或原料呈0°~90°，使刀在原料中作倾斜运动的行刀技法称为正斜刀法。

① 适用范围：适用于质软、性韧的各种韧性且体薄的原料，原料切成斜形、略厚的片或块。适宜加工原料如鱼肉、猪腰、鸡肉、大虾肉、猪牛羊肉等，白菜帮、青蒜等也可加工。

② 操作方法：将原料放置在墩面左侧，左手四指伸直扶按原料，右手持刀，按照目测的厚度，刀刃从右前方向左后方，沿着一定的斜度运动，与平刀拉片相似。

③ 技术要领：刀在运动过程中，运用腕力，进刀轻推，出刀果断。刀身要紧贴原料，避免原料粘走或滑动，左手按于原料被片下的部位，对片的厚薄、大小及斜度的掌握，主要依靠眼光注视两手的动作和落刀的部位，右手稳稳地控制刀的斜度和方向，随时纠正运刀中误差。左、右手运动有节奏地配合，一刀一刀片下去。

2. 反刀斜片

反刀斜片又称右斜刀法、外斜刀法。反刀斜片是指左手扶稳原料，右手持刀，刀背向左后方，刀刃朝右前，刀身左侧与墩面或原料呈0°~90°，使刀刃在原料中做倾斜运动的行刀技法。

① 适用范围：这种刀法主要是将原料加工成片、段等形状。适用于脆性、体薄、易滑动的动、植物原料，如鱿鱼、熟肚子、青瓜、白菜帮等。

② 操作方法：左手呈蟹爬形按稳原料，以中指第一关节微屈抵住刀身，右手持刀，使刀身紧贴左手指背，刀口向右前方，刀背朝左后方，刀刃向右前方推切至原料断开。左手同时移动一次，并保持刀距一致，刀身倾斜角度，应根据原料成形的规格作灵活调整。

③ 技术要领：左手则有规律地配合向后移动，每一移动应掌握同等的距离，使切下的原料在形状、厚薄上均匀一致。运刀角度的大小，应根据所片原料的厚度和对原料成形

的要求而定。

（四）剞刀法

剞刀法称混合刀法、花刀法，有雕之意，所以又称剞花刀。指在经加工后的坯料上，以斜刀法、直刀法为基础，刀刃在原料表面或内部做垂直、倾斜等不同方向的运行，并在原料表面形成横竖交叉，深而不断、不穿的规则刀纹或形成特定平面图案，使原料在受热时发生卷曲、变形而形成不同花形的一种行刀技法。这种刀法比较复杂，主要把原料加工成各种造型美观、形象逼真（如：麦穗、菊花、玉兰花、荔枝、核桃、鱼鳃、蓑衣、木梳背、松鼠形等）的形状，用这种刀法制作出的菜品不仅是美味佳肴，更能给人以艺术享受并为整桌酒席增添气氛。

剞刀法主要用于原料刀工美化，是技术性更强、要求更高的综合性刀法。在具体操作中，由于运刀方向和角度的不同，剞刀法可分为：直刀剞、直刀推（拉）剞、斜刀剞等。

1. 直刀剞

直刀剞是以直刀切为基础，在直刀切时刀运行到一定深度时，刀停止运行，不完全将原料切开，在原料上切成直线刀纹。

① 适用范围：适宜加工脆性、质地较嫩的原料。如黄瓜、冬笋、胡萝卜、莴笋等。

② 操作方法：左手按扶原料，中指第一关节弯屈处顶住刀身，右手持刀，用刀刃中前部位对准原料被切的部位，刀在原料中做自上而下的垂直运行，当刀刃运行到一定深度（如原料厚度的4/5或3/4深度）时停止运行。运刀的方法与直刀切相同。

③ 技术要领：左手扶料要稳，右手握刀，做垂直运动，速度要均匀，以保持刀距均匀；右手持刀要稳，控制好腕力，下刀准，每刀用力均衡，掌握好进刀深度，做到深浅一致。

2. 直刀推（拉）剞

直刀推（拉）剞是以直刀推（拉）切为基础，在直刀推（拉）切时刀运行到一定深度时刀停止运行，不完全将原料切开，在原料上切成直线刀纹。

① 适用范围：这种刀法适宜加工各种韧性原料，如腰子、猪肚尖、净鱼肉、鱿鱼、墨鱼等，也可用于一些纤维较多的脆性原料，如生姜等。

② 操作方法：左手按扶原料，中指第一关节弯屈处顶住刀身，右手持刀，用刀刃前部位对准原料被切的部位，刀刃进入原料后保持刀垂直，做右后方向左前方运动（拉切的运动方向与之相反），当刀刃运行到一定深度（如原料厚度的4/5或原料不破、不断为佳）时停止运行。运刀的方法与直刀推（拉）切相同。

③ 技术要领：左手扶料要稳，从右前方向左后方移动时，速度要均匀，以保持刀距均匀；右手持刀要稳，控制好腕力，下刀准，每刀用力均衡，掌握好进刀深度，做到深浅一致。

3. 斜刀剞

斜刀剞是在斜刀法的基础上，在刀切割时刀运行到一定深度时刀停止运行，不完全将原料切开，在原料上切成直线刀纹。

① 适用范围：这种刀法适宜加工各种韧性原料，如墨鱼、鱿鱼、腰子、猪肚尖、净鱼肉等，也可用于一些纤维较多的脆性原料，如生姜等。

② 操作方法：斜刀剞是指左手扶稳原料，右手持刀，刀背向里，刀口对外，刀身

的左外侧与墩面或原料呈0°～90°，使刀在原料中做倾斜运动。当刀刃运行到一定深度（如原料厚度的五分之四或原料不破、不断为佳）时停止运行。运刀的方法与反刀斜批相同。

③ 技术要领：左手有规律地配合向后移动，每一次移动应掌握同等的距离，使剞刀成形原料的花纹一致。运刀角度的大小，应根据所片原料的厚度和对原料成型的要求而定。

（五）其他刀法

所谓其他刀法，即在刀工实际操作中不可缺少的一类特殊的刀法，较为常用的有削法、拍法、旋法、刮法、剔法、剖法、戳法、捶法、剜法、揿法等。

1．削法

削法一般用于去皮，指用刀平着去掉原料表面一层皮，也用于加工成一定形状的加工方法。

① 适用范围：多用于初加工和一些原料的成形。如削山药、莴苣、黄瓜、鲜笋、萝卜、土豆、茄子等。

② 操作方法：削时左手拿原料，拇指和无名指拿捏原料的内端，食指和中指托扶原料的底部，右手持刀，用反刀紧贴原料的表面向外削，对准要削的部位，一刀一刀按顺序削。

③ 技术要领：要掌握好厚薄，精神要集中，看准部位，否则容易伤手。

2．拍法

拍法指用刀身拍破或拍松原料的一种刀法。也可使新鲜味料（如葱、姜、蒜等）的香味外溢，可使韧性原料（如猪排、牛排、羊肉）肉质疏松。

① 适用范围：较厚的韧性原料用拍法，使之片形变薄，达到肉质疏松鲜嫩作用。如猪排、牛排、羊肉等。脆性原料用拍法，使之易于入味。如芹菜、黄瓜等。

② 操作方法：左手将刀身端平，用刀膛拍击原料，因此拍刀又称为拍料。

③ 技术要领：拍击原料所用力的大小，要根据原料的性能及烹调的要求加以掌握，以把原料拍松、拍碎、拍薄为原则。用力要均匀，一次未达到目的，可再拍刀。

3．旋法

旋法可用于去皮，也可将原料放在砧墩上加工即为滚料片。

① 适用范围：适用于圆球形原料的去皮，如苹果，也适用于圆柱形原料片薄的长条形，如酱黄瓜条成片状。

② 操作方法：左手拿捏原料，右手持刀，从原料表面批入，一边旋批一边匀速转动原料。

③ 技术要领：两手的动作要协调，使原料成型厚薄均匀。

4．刮法

刮法又称“背刀法”。

① 适用范围：可用于原料初步加工，去掉原料表皮杂质或污垢，如刮鱼鳞，刮去猪爪、猪蹄等表面的污垢及刮去嫩丝瓜的表皮；可用于制取鱼蓉，如刮鱼青取鱼胶。

② 操作方法：用于实加工时，左手持料，右手持刀，将原料放在砧礅上，从左到右，或从右到左，将需去掉的东西刮下来。

刮取鱼蓉时，左手按着鱼肉尾部，右手持刀，将刀身倾斜，刀口向左，右手握刀柄，用刀身底部压着原料，连拖带按向右运刀。

③ 技术要领：用刀尖从尾向上刮，持刀的手腕用力要均匀，才能将鱼肉刮成蓉状。如果用力时大时小，就会造成鱼肉表面不平整，刮起来不顺，而且会刮出肉粒，或带有骨丝。刮时要顺着鱼的骨刺，否则会脱出骨刺。

5. 剔法

剔法又称剔刀法，一般用于取骨、部位取料等。

① 适用范围：适用于动物性原料的去骨，如猪蹄膀去骨，整鸡去骨等。

② 操作方法：右手执刀，左手按稳原料，用刀尖或刀跟沿着原料的骨骼下刀，将骨肉分离，或将原料中的某一部位取下。

③ 技术要领：操作时刀路要灵活，下刀要准确。随部位不同可以交叉使用刀尖、刀跟。分档正确，取料要完整，剔骨要干净。

6. 剖法

剖法是指用刀将整形原料破开的方法。如鸡、鸭、鱼等剖腹时，先用刀将腹部剖开。

① 适用范围：整形原料的剖腹去内脏，如鸡、鸭、鱼等取脏。

② 操作方法：右手执刀，左手按稳原料，将刀尖和刀刃或刀跟，对准原料要剖的部位下刀划破。

③ 技术要领：要根据烹调需要掌握下刀部位及剖口大小而准确运刀。

7. 戳法

戳法又称斩法，一般用于加工畜、禽等肉类带筋的原料，目的是将筋斩断，而保持原料的整形，以增加原料的松嫩感。

① 适用范围：适用于筋络较多的肉类原料，如鸡脯、鸭脯等。

② 操作方法：指用刀尖或刀跟戳刺原料，且不致断的刀法，戳时要从左到右、从上到下，筋多的多戳，筋少的少戳，并保持原料的形状。戳后使原料断筋防收缩、松弛平整，易于成熟入味、质感松嫩。

③ 技术要领：尽可能保持原料的形状完整。

8. 捶法

捶法是将厚大韧性强的肉片用刀背捶击，使其质地疏松并呈薄形。还可将有细骨或有壳的细嫩的动物性原料加工成蓉，如制虾蓉或鱼蓉。

① 操作方法：右手持刀，刀背向下，上下垂直捶击原料。

② 技术要领：运刀时抬刀不要过高，用力不要过大。制蓉时要勤翻动原料，并及时挑出细骨或壳，使肉蓉均匀、细腻。

9. 剜法

剜法是指用刀具挖空原料内部或原料表面处理的一种刀法。如剜去苹果、梨核、剜去山药、土豆等表面的斑点。

① 操作方法：左手抓稳原料，或按稳在砧墩上，用刀尖或专用的剜勺，将原料要除去的部分剜去。

② 技术要领：刀具应旋转着进行，两手的动作要协调，剜去的部分大小要掌握好。

10. 揿法

揿法是将本身是软、烂性的原料加工成蓉泥的一种刀法。如豆腐、熟山药、熟土豆等，要加工成豆腐泥、山药泥、土豆泥，则不需要用排剁的刀法，而用揿。

① 操作方法：将原料放在砧墩上，用刀身的一部分对准原料，从左向右在砧墩上磨抹，使原料形成蓉泥。

② 技术要领：刀身倾斜接近平行，用刀身将原料揿成泥。

二、原料基本形状成型及刀法运用

原料经过不同的刀法加工处理后，就成为既便于烹调又便于食用，既整齐又美观的各种形状。分为基本形状和美化形态两种类型。

原料基本成型及运用原料经过不同的刀法处理后，就成为既便于烹调又便于食用的各种形状。至于何种原料适合加工成什么形状，要看烹调的需要，其目的是便于火候的处理，使食物入味、易嚼烂，又能收到美化原料、使菜肴造型美观的效果。成型后的原料是多种多样的，根据刀工成型后原料的形状特征来分，较常采用的有块、段、片、条、丝、丁、粒、末、蓉泥、球等形状。

（一）块

块是指类似方块的形状，各种块形的选择主要是根据烹调需要以及原料的性质，块的常见种类有：方块、长方块、滚料块、菱形块、劈柴块、瓦块、骨排块、排骨块。一般用于焖、焗的块可大些，用于炒、蒸的块可小些；质地松软、脆嫩的块可稍大些，质地坚硬而带骨的块可小些。对于某些块形大的，则应在其背面剞上十字花刀，以便烹制时受热均衡入味。

1. 块的成型方法

（1）切法　质地较为松软、脆嫩的原料，或去骨后的肉类，一般都是采用切的刀法使其成块。

（2）斩法　原料的质地较韧，或者有皮有骨，则可以采用斩的方法，使其成块。

块的大小主要决定于原料所改成条的宽窄、厚薄，使用的刀法也要正确。

2. 块型的分类

（1）方块

成型规格：4 厘米 ×2.5 厘米。

成型方法：根据原料性能，先按规格的边长切或斩成条、段，再按原来长度改刀成块。

适用范围：把各种原料加工成块状，如鸡块等。

（2）长方块

成型规格：

大块长 5 厘米 ×3.5 厘米，厚 1 ~1.5 厘米；

小块长 3.5 厘米 ×2 厘米，厚 0.8 厘米。

成型方法：先按规定的高度加工厚片，再按规定的长度改刀成条或段，最后加工成长方块。

适用范围：把各种原料加工成块状，如鱼块等。

（3）滚料块

成型刀法：用滚料切刀法加工而成，一般用于圆柱形或球形的原料，每切一刀就将原料滚动一次。根据原料的滚动幅度大小，分为大滚料块和小滚料块，也叫梳背块、剪刀块。大滚料块一般用于烧、煮、炖、焖，小滚料块一般用于炝、拌、炒、烩等。

适用范围：一般把圆形、圆柱形的原料加工成滚料块，如土豆、茄子等。

（4）菱形块（又称象眼块）　形状似几何图形中的菱形，又与象眼差不多，故得名。

成型规格：大块 4 厘米 ×1.5 厘米；

小块 2.5 厘米 ×1 厘米。

成型方法：先按高度规格将原料批或切成大片，再按边长规格将大片切成长条，最后斜切成菱形块。

适用范围：适用于形状比较规则、平整的原料，如方干、蛋白糕等。

（5）劈柴块

成型规格：长、短、厚薄、大小不规则，加工成块后像烧火劈柴。

成型方法：一般将圆柱形的原料，劈成几瓣，即劈柴块，也可先用拍刀将原料纤维拍松，再按长方块的成型方法加工成块。

适用范围：主要用于纤维组织较多的茎菜类蔬菜，如冬笋或茭白等原料。另外，凉拌黄瓜也有用劈柴块的。

（6）排骨块　原是指切成约 3.3 厘米长的猪软肋骨而言的，类似其形状的块就叫排骨块。

（二）段

段比条粗，有粗段和细段之分。

成型方法：段主要用直刀法加工成型。

成型规格：1 厘米 ×1 厘米 ×3.5 厘米；

0.8 厘米 ×0.8 厘米 ×2.5 厘米。

适用范围：常见有黄鳝、带鱼、豇豆、刀豆等。

（三）片

片为面宽而形薄的形状，大小多种多样，厚薄也不同，常用的有：长方片、柳叶片、菱形片、月牙片、夹刀片、梳子片、指甲片等。一般有切法和片法两种成形的方法。切法适用范围较广，特别是韧性、脆性和细嫩的原料。如各种肉类宜用推切和推拉切，植物类原料宜用直切。片法适用于一些质地松软，直切不易切整齐，或者原料本身形状较为扁薄，无法直切的，可将原料用斜刀法批切成片状。

（1）长方片

成型规格：

大厚片 5 厘米 ×3.5 厘米，厚 0.3 厘米；

大薄片 5 厘米 ×3.5 厘米，厚 0.1 厘米；

小厚片 4 厘米 ×2.5 厘米，厚 0.2 厘米；

小薄片 4 厘米 ×2.5 厘米，厚 0.1 厘米。

成型方法：先按规格将原料加工成段、条或块，再用相应的刀法加工成片（长、宽、厚可根据原料的性质及大小而定）。

适用范围：可将原料加工成长方片。

（2）柳叶片

成型规格：长约 5 ~ 6 厘米，厚约 0.1 ~ 0.2 厘米，呈薄而狭长的半圆片，形状如柳叶。

成型方法：一般运用切、削或批的刀法加工而成。将圆柱形原料顺长从中间切开，再斜切成柳叶片。

（3）菱形片（又称象眼片）

成型规格：形状似菱块，边长 2.5 ~4 厘米；厚度在 0.1 ~0.3 厘米。

成型方法：①可加工成菱形块后再批或切成菱形片。②先加工成整齐的长方条，再斜切成菱形片。

适用范围：同菱形块。茭白的粗端及冬笋、毛笋等也可加工成菱形片。

（4）月牙片

成型规格：片呈半圆形，厚度 0.1 ~0.2 厘米。

成型方法：将球形、圆柱形原料一切为二，再切成半圆形的薄片。片的大小一般根据原料的粗细、大小而定。

（5）夹刀片

成型规格：凡一端切开成两片，另一端连在一起的片，叫做夹刀片。厚度 0.1 ~0.3 厘米。

成型方法：夹刀片用切或批的刀法。

（6）梳子片

成型规格：先在原料的表面剞上一些直刀纹，然后将原料转一个角度，加工成片。厚度 0.1 ~0.3 厘米。

成型方法：剞刀法和直刀法。

（7）指甲片

成型规格：片形较小，一端圆，一端方，形如大拇指甲，所以称指甲片。

成型方法：圆形一切二，直刀或斜刀成指甲片。

适用范围：脆性（如菜梗、生姜等圆形或圆柱形的原料。）

（四）条

条的长短、粗细的不同，可分为：大指条、小指条、筷梗条等。

（1）大指条

成型规格：4 ~6 厘米 ×1.2 厘米 ×1.2 厘米。

成型方法：将原料先批成或切成厚片，再改刀成条。

适用范围：动物性、脆性原料，如糖醋排骨、姜汁黄瓜条。

（2）小指条

成型规格：4.5 厘米 ×1 厘米 ×1 厘米。

成型方法：将原料先批成或切成厚片，再改刀成条。

适用范围：动物性、脆性原料，如油焖笋、干烧茭白等。

（3）筷梗条

成型规格：4 ~6 厘米 ×0.5 厘米 ×0.5 厘米。

成型方法：将原料先批成或切成厚片，再改刀成条。

适用范围：动物性、脆性原料，如挂糊的菜肴，如酥炸鱼条等。

（五）丝

根据原料的质地和烹饪方法需要，我们可加工成黄豆芽丝、绿豆芽丝、火柴棍丝、棉纱线丝。

成型规格（如下表）：

	长	粗细	应　用
黄豆芽丝	6 厘米	0.4 厘米	鱼丝
绿豆芽丝	6 厘米	0.3 厘米	鸡丝、里脊丝
火柴棍丝	6 厘米	0.2 厘米	牛肉丝、海蜇、茭白、笋丝
棉纱线丝	5 厘米	0.1 厘米	姜丝、豆腐丝、豆腐干丝、蛋皮丝

成型方法：切丝时先要把原料加工成片状，然后再切成丝。根据原料的性质不同，切丝的方法也不同。

适用范围：动物性、植物性原料。

1. 切丝的方法

（1）瓦楞排叠法　一般适用于易滑动的原料，如猪肉、鸡肉、牛肉、萝卜、土豆等。

（2）整齐堆叠法　一般适用于不易滑动的原料，如干片、百页等。

（3）卷叠法　一般适用于面积较大的薄而软的原料，如百页、蛋皮、海蜇皮、青菜等。

2. 切丝的要点

为了保证丝的质量，切丝时要注意以下几点：

（1）厚薄均匀　加工片时，要注意厚薄均匀，切丝时要切得长短一致、粗细均匀。

（2）排叠整齐　原料加工成片后，不论采取哪种排叠方法都要排叠得整齐，且不能叠得过高。

（3）按稳原料不滑动　左手按稳原料，切时原料不可滑动，这样才能使切出来的丝粗细一致。

（4）根据原料的性质决定切法　应根据原料的性质来决定是顺丝切还是顶丝切或斜丝切。如牛肉纤维长且肌肉韧带较多，应当顶丝切；猪肉比牛肉嫩，应当斜切或顺切，使纤维交叉搭牢而不易断碎；鸡肉、猪里脊肉等质地较嫩，必须顺切，否则烹调时易碎。

（六）丁

常见的丁有：正方丁、菱形丁、橄榄丁、碎丁。

成型规格：正方丁：大丁 1.5 厘米见方，中丁 1.2 厘米见方，小丁 0.8 厘米见方，碎丁 0.7 厘米见方。

成型方法：丁的成型方法是将原料批或切成厚片，再由厚片改刀成条，再由条加工成丁。菱形丁规格如正方丁，成型刀法是成条后，成 45°角斜切成菱形。

（七）粒

成型规格（如下表）：

	成型规格	适用范围
黄豆粒	0.5 厘米	锦绣肚仁
绿豆粒	0.3 厘米	松仁鱼米
米粒	0.2 厘米	太极豆腐

成型刀法：

粒比丁小，成型方法与丁基本相似。

（八）末

成型规格：末比粒更小，与芝麻相仿，形状不规则。

成型方法：可将原料切成细丝后顶刀成末或切丁后排斩刀法成末。

适用范围：常用于点缀或作料、制馅用，肉末、菜末、姜末、蒜末等。

（九）蓉泥

成型规格：蓉与泥都是用原料加工成的一种极细的糊状。但为便于区别和分类，根据常规的叫法，一般将加工成糊状的动物性原料，称为蓉，将加工成糊状的植物性原料称为泥。

成型方法：动物性的原料去皮、去骨、去筋膜。植物性的原料需经初步熟处理。

适用范围：植物性的有菜泥、豆泥、土豆泥等；动物性的有鸡蓉、鱼蓉、虾蓉等。但由于地区不同，也有一些其他的不同名称，如虾胶、肉泥等。

（十）球

成型规格：圆形球状，大小可根据烹调方法确定。大型的球形直径 4 ~ 5 厘米，中型的球形直径 1.5 ~ 2 厘米，小型的球形直径 0.5 厘米左右。

成型方法：有三种，① 挤捏成型，如珍珠鱼圆、鱼丸、肉丸等；② 特制刀具、模具加工成型。用剜取器或圆形挖匙，强力地压进萝卜中，转动挖匙，便能轻易剜取理想的球状材料。如冬瓜球、西瓜球、萝卜球等；③ 在原料上用刀剞上花纹，烹制后收缩或卷曲略呈圆状的块形或件形，如荔枝球形、鸡球、虾球等。

实　训：

刀工基础训练

在实物练习前，首先将直刀法和推拉切刀法熟练掌握，另外刀要磨得锋利和光亮。

1. 萝卜或土豆切片、切丝

片要求厚薄均匀，丝要求粗细相等，不能有大小头。切丝要做到要粗则粗，要细则细。

2. 方干批片、切丝

此项训练内容，是一项高难度的项目。一般以扬州方干为例，一块方干一般要批成 25 片左右，厚薄均匀，片片完整，再切成不细于火柴棒的丝，粗细均匀，整齐完整。

训练的要求是刀要端平，采用平直批的刀法，批出来的干片表面不能有波浪纹，要厚薄均匀，并保持干片完整。

3. 生姜切丝

此项也是高难度的项目，要求切成姜丝，细如棉线，每根都能穿针。因此，首先要将生姜切成薄如纸的片，丝才能细如线。切姜丝的刀要锋利，选用嫩生姜，洗净去皮，先切成片或批成片，再切成丝。

4. 切肉丝

动物性原料与植物性原料，它们的质地不同，因此，用刀的方法和要求也不同。相比而言，切动物性原料的难度要大一点。一般首先将原料平批成片或斜批成片，再用推拉切刀法，切成细丝，肥肉可粗一点，瘦肉要细一点。

5. 切猪肝

猪肝是一种较为特殊的原料，要求切成的片既不能太厚，也不能太薄，一般厚度在2毫米左右，而且切猪肝一定要采用推拉切的刀法，猪肝又有一定的厚度，因此，采用此刀法，较为难掌握。

三、小型花刀块原料的成型及刀法运用

原料经过不同的刀法加工处理，在加热以后形成各种优美的形状，既便于烹调和食用，又整齐美观。常用的有荔枝形、麦穗形、菊花形、金鱼形、网眼形、梳子形、鱼鳃形、麻花形、凤尾形、玉翅形、花枝形等。

（一）荔枝形

荔枝形花刀是将原料用两次直刀剞的刀法加工而成，适用于猪腰、鱿鱼、墨鱼等原料。

1. 荔枝腰花刀工基础训练

（1）先在猪腰内侧（去腰臊）用直刀推剞出若干条平行刀纹，刀距相等，进刀深度为原料厚度的4/5。

（2）将猪腰转80°~90°，仍用直刀推剞出若干条平行刀纹，刀距、深度同上，与上一步推剞出的刀纹相交成80°~90°。

（3）将剞好花刀的猪腰改刀成菱形块或等边三角形块，前者受热后对角卷曲，后者三面卷曲成荔枝形。

2. 技术要求

刀距、进刀深度及改块大小都要均匀一致。

（二）麦穗形

麦穗形花刀是运用直刀剞和斜刀推剞的刀法加工而成，适用于猪腰、鱿鱼、墨鱼、猪里脊肉等原料。

1. 麦穗腰花刀工基础训练

（1）将半只猪腰放在菜墩上，腰子内剖面（去腰臊）向上，右手持刀用斜刀推剞出若干条平行刀纹，刀距相等，倾斜角度约为40°，进刀深度为猪腰厚度的3/5。

（2）再将猪腰转90°，用直刀推剞出若干条与斜刀纹相交成90°的平行刀纹，刀距相等，进刀深度为猪腰厚度的4/5。

（3）将剞好花刀的猪腰纵向等分一切为二，横向也等分一切为二，即半只猪腰改刀成4块长方条，经加热卷曲即成麦穗形。

2. 技术要求

（1）剞花刀时刀距、进刀深度、倾斜角度要均匀一致。直刀纹应比斜刀纹略深，斜刀纹的间距应比直刀纹略宽。

（2）斜刀的倾斜角度可根据猪腰的厚薄灵活掌握，倾斜角度越小，麦穗的外形越长。

（3）剞花刀后改块的大小要均匀。

（三）菊花形

菊花形花刀有两种加工方法，一是两次直刀剞；二是先斜刀剞再直刀剞的刀法加工而成，适用于青鱼肉、肫仁等原料。

1. 菊花青鱼刀工基础训练

（1）将去骨并修整的带皮青鱼肉正斜刀批剞，刀距为0.2厘米，深至鱼皮，连剞四刀，第五刀切断。

（2）将剞好的鱼块转90°，再用直刀剞，刀距为0.2厘米，深至鱼皮，连剞数刀。

2. 技术要求

（1）鱼肉较为细嫩，鱼皮不可去，否则易碎。

（2）刀距不宜过小，鱼丝过细易断。

（四）金鱼形

金鱼形花刀是用两次反斜刀批剞的刀法加工而成，适用于鱿鱼、墨鱼等。

1. 金鱼形鱿鱼刀工基础训练

（1）将鱿鱼修切成长7厘米、宽3厘米的长方片，在原料长1/2处45°对角反刀斜剞，刀与墩面成50°夹角，刀距为0.3厘米，深至原料的3/4。

（2）将鱿鱼转90°，在原剞切的刀纹上再用同上的方法剞切，使两次刀纹交成90°。

（3）在没有刀纹的下半部切出三条金鱼的大尾巴，在剞切刀纹的上半部修去四个角成鱼身。

2. 技术要求

（1）两次反斜刀批剞的角度要一致，刀距相等，深度一致。

（2）修整鱼尾要自然逼真。

（五）网眼形（兰花形）

网眼形花刀是在原料的两面分别采用直刀剞并形成一定夹角的刀法加工而成，适用于猪肚尖、豆腐干、肫仁、莴笋等。

1. 兰花干刀工基础训练

（1）在豆腐方干的一面，刀刃与方干的一条边成15°夹角，刀距为0.3厘米，剞成深度为方干厚度的2/3。

（2）在方干的另一面，用同上的方法再剞切一遍，形成正反两面相交叉刀纹。

2. 技术要求

刀距相等，深浅一致。

（六）梳子形

梳子形是将原料先用直刀剞，再用直刀切或斜刀批的刀法加工而成，适用于猪腰、鱿鱼、墨鱼、黄瓜等原料。

1. 梳子形猪腰刀工基础训练

（1）将半只猪腰放在菜墩上，腰子内剖面（去腰臊）向上，右手持刀用直刀推剞的刀法推剞出若干条平行刀纹，刀距相等，进刀深度为猪腰厚度的3/5。

（2）将猪腰转50°~90°，用直刀法或斜刀法将原料切断，成片状。

2. 技术要求

剞切的深度一致，成片的厚度一致。

（七）鱼鳃形（眉毛形）

鱼鳃形花刀是将原料先用斜刀拉剞，再斜刀批剞的刀法加工而成，适用于猪腰、鱿鱼、墨鱼等原料。

1. 鱼鳃形腰花刀工基础训练

（1）将半只猪腰放在菜墩上，腰子内剖面（去腰臊）向上，右手持刀顺猪腰的长头用斜刀拉剞的刀法推剞出若干条平行刀纹，刀距相等，进刀深度为猪腰厚度的4/5。

（2）猪腰转90°再用斜刀拉批的刀法批剞一刀，深度为3/5，第二刀批切断成夹刀片。加热后即成鱼鳃片。

2. 技术要求

刀距要均匀，片形大小要一致。

（八）麻花形

麻花形花刀是先将原料用批、切的刀法，再经穿拉制作而成，适用于猪腰、鸡脯肉、里脊肉等原料。

1. 麻花形猪腰刀工基础训练

（1）腰子去腰臊，批切成4.5厘米×2厘米×0.3厘米的片。

（2）在长方形腰片中间顺长划开约3.2厘米的口子，两边各划一道2.8厘米的口子。

（3）用手抓住原料的两端，将其中的一端从中间的切口穿过，整理即成麻花形。

2. 技术要求

切口要适中，不宜过长，否则不利于造型。

（九）凤尾形（佛手形）

凤尾形花是运用直刀切配合弯曲翻卷的手法制作而成，适用于制作花色拼盘围边或菜肴点缀。

1. 凤尾黄瓜刀工基础训练

（1）将黄瓜从中间顺长一切两个半圆的长条。

（2）将原料横断面的4/5切断成连刀片，5~11片（奇数片）为一组。

（3）将偶数片弯曲翻卷，插在切口距间成圆圈。

2. 技术要求

（1）每组的片数为奇数。

(2) 凤尾越长，刀与原料的夹角越小。

(十) 玉翅形

玉翅形花刀是运用平刀批和直刀切的刀法加工而成，适用于白萝卜、莴笋等原料。

1. 菊花莴笋刀工基础训练

(1) 莴笋切成长方体6厘米×1.5厘米×1.5厘米。

(2) 平刀批切，进原料长头5.5厘米，把批切的连刀片再用直刀切成丝，展开后成菊花状。

2. 技术要求

(1) 批切时刀身要平，片的厚薄一致。

(2) 切丝时要控制好刀距，丝的成形粗细划一。

(十一) 花枝形（又称花枝片或蝴蝶片）

花枝形花刀是运用斜刀拉剞和斜刀批的刀法制作而成，加热后其形状如同花瓣，或似蝴蝶，故而得名。适用于韧性或脆性原料，如鳝鱼、墨鱼、鸭肫，茄子等。

1. 墨鱼花枝片刀工基础训练

(1) 将墨鱼修成5厘米宽的长片。

(2) 墨鱼片顺长横放，第一刀用斜刀剞的刀法剞一刀，深至鱼皮；第二刀用斜刀批切的刀法将原料切断，如此一刀连一刀加工成片即为花枝片。

2. 技术要求

批切的片要薄而均匀一致。

四、整型原料美化的刀法及运用

整型原料的美化不同于小型原料美化，运用的刀法技术更为复杂，技术难度也较高，需经过不断实践才能领悟并逐步掌握。常见的整料美化的形状有斜一字形、柳叶形、十字形、牡丹形、鱼网形、松鼠形、葡萄形等。

(一) 一字形

一字形花刀一般可运用斜刀、直刀推剞、斜刀拉剞的刀法成形。用斜刀的称斜一字形花刀，用直刀的称正一字形花刀。

1. 斜一字形花刀

斜一字形花刀是在整鱼鱼身两侧，分别从左到右剞上一定间距的斜向一字形的平行刀纹。其刀纹间距的大小可分为一指刀、半指刀和兰草花刀三种。一指刀，又名让指花刀，刀纹间距与食指同宽，约1.2~1.5厘米；半指刀，刀纹间距为一指刀的一半；兰草花刀，又名密纹花刀，刀纹间距小于前两种，约0.5~0.65厘米。以上三种间距的刀法，刀深约为鱼肉的1/3。鱼背部刀纹可相应深一些，鱼腹部刀纹相应要浅一些。

斜一字形花刀可用于常见的鱼类，如黄鱼、鲈鱼、鳜鱼、青鱼、鳊鱼等。一指刀宜用红烧方法成菜；半指刀宜用干烧、干燥等方法成菜；兰草花刀宜用清蒸方法成菜。

2. 正一字形花刀

正一字形花刀的刀法与斜一字形花刀的刀法相同，区别在于刀纹是直刀纹。正一字形花刀加工时，在鱼身两侧分别用剞刀剞切上刀距一致的正向一字形刀纹，刀距为1.5~2厘米，刀深约为鱼肉的1/2。

正一字形花刀多用于鲈鱼、鳜鱼、鲩鱼等鱼类，采用清蒸的方法成菜。在具体运用中，多将其他片状原料插入刀纹里。

3. 实例

红烧鲤鱼：

（1）刀法　在鲤鱼身体的两侧剞斜一字（一指刀）形花刀。

（2）操作过程　在鲤鱼身体的两侧分别剞斜一字形的平等刀纹，刀距为1.2～1.5厘米。

（二）柳叶形

柳叶形花刀也称秋叶花刀，以鱼身作为叶面，直剞上象征叶脉的条纹，加工时先在鱼体一面的中间，顺长剞一直刀纹，以此刀纹为基准线，等距向背部剞3～4刀斜刀纹，再于基线等距向腹部拉剞2～3刀斜刀纹。要求是刀距宽窄一致，刀深约为鱼肉的2/3。加热收缩后即成柳叶状。

柳叶形花刀适合鱼身较窄的鱼类，如鳜鱼、白鱼、鲚鱼、牙鲆鱼、鲫鱼等，其烹制方法多用于清炖、清蒸、汆等，如清蒸糟白鱼、萝卜丝汆鲫鱼。

实　例：

清蒸鳜鱼

（1）刀法　在鳜鱼身体的两侧剞斜一字（一指刀）形花刀。

（2）操作过程　在鳜鱼一侧鱼体表面中线的靠近脊背部顺长直刀剞一条刀纹，深度为近脊骨的1/2；再以第一刀为基线，在两边各斜剞刀，向背部剞3～4刀斜刀纹，再于基线等距向腹部拉剞2～3刀斜刀纹。

（三）十字形

十字形花刀的刀纹是运用直刀推剞和拉剞相结合的方法加工而成。一般可分为单十字花刀形、双十字花刀形和多十字花刀形。多十字花刀形根据刀纹之间的夹角不同，又可分为棋盘花刀和菱格花刀两种。棋盘花刀又名丁字花刀，其刀纹交叉角为90°，整个外观如同棋盘；菱格花刀，相交十字刀纹的夹角小于90°，即成菱格图案。

加工单十字形花刀时，应右手持刀，左手按稳原料，用推刀剞的方法先在原料的表面斜剞一刀，然后在剞好的刀纹上再拉剞一刀，使其呈十字交叉状。刀深约为鱼肉的1/2。

双十字形花刀、多十字形花刀和单十字形花刀的刀法相同。原料体大而长的，剞多十字花刀，刀距可窄一些（约2厘米）；体小而短的，则剞双十字形花刀或单十字形花刀，刀距可适当宽一些。

适用十字形花刀的原料有鲤鱼、鳊鱼、鲳鱼、鳜鱼等。单十字形花刀宜用红烧、白汁、酱汁；双十字形花刀宜用干烧成菜；多十字形花刀宜用干烧、炸熘、网烤等方法成菜。用十字形花刀加工处理后的原料，一般需要拍粉、挂糊或上浆，否则易使原料表皮脱落。

实　例：

干烧鳜鱼

（1）刀法　在鳜鱼身体的两侧剞多十字形花刀。

（2）操作过程　将净鳜鱼（600～750克）一侧鱼体朝上剞成深度为鱼肉的1/2，刀距约2厘米，十字刀纹的夹角小于90°的菱格图案，又称为斜象眼刀纹。

（四）牡丹形

牡丹形是采用正斜刀批剞的刀法制作而成。剞切成的花刀的刀口截面呈圆弧形。加工时，运用斜刀法在鱼身两侧剞至鱼椎骨，刀刃再沿椎骨平批1厘米，刀距约1.5厘米，每片大小一致，且两侧剞刀次数要相等，鱼肉经受热后，翻开即成花瓣状。注意：切忌不要剞破鱼腹。

牡丹花刀宜用于体长肉厚，重1.5千克左右的鱼类，如鲤鱼、黄鱼、青鱼、鳜鱼等，多用熘法成菜。

实　例：

醋熘鳜鱼

（1）刀法　在鳜鱼身体的两侧剞牡丹形花刀。

（2）操作过程　将净鳜鱼（约750克）一侧鱼体朝上，从鱼鳃下起，正斜刀剞深至鱼骨，刀刃再沿椎骨平批1厘米，刀距约1.5厘米，直到脐门后，另一侧面同上。

（五）鱼网形

鱼网形花刀又称为网眼花刀和兰花花刀，是采用直刀剞的刀法制作而成。先将原料加工成厚片，在表面上采用直剞或推剞刀法，剞上一条条平行的刀纹，然后将原料翻过来，剞上与第一面交叉的刀纹（30°左右）。一般用于方干、肫头、肚尖、莴笋等多种原料。

实　例：

五香兰花干

（1）刀法　在方干的正反两面剞一字形花刀。

（2）操作过程

① 修去四周的老边皮，底部向上，刀刃与方干的一边成15°夹角，剞上一条条相互平等的一字刀纹，深度为方干厚度的2/3，刀距为0.3厘米；

② 将方干沿其一边翻转180°，再用以上的刀法剞切一遍；

③ 用竹签撑开成网状，风干；

④ 入油锅炸至定形，用五香卤水卤制入味。

因花纹交叉如兰花草，故而得名兰花干。

（六）松鼠形

松鼠形花刀是采用直刀拉剞和反刀斜剞两种刀法制作而成。常用于大黄鱼、青鱼、鳜鱼等原料，适用于炸、熘等烹调方法制成的菜肴。如“松鼠鳜鱼”、“松鼠黄鱼”等。

实　例：

松鼠鳜鱼

（1）刀法　用直刀拉剞和反刀斜剞成松鼠形。

（2）操作过程　① 去鱼头后沿脊骨将鱼身剖开，至鱼脐门后1厘米处停刀，然后去脊骨，再去胸腹肋骨；

② 在鱼去骨的肉面，顺长直刀拉剞平行刀纹深至鱼皮，刀距约0.6厘米；

③ 刀刃转90°反斜刀批剞，刀身与墩面成60°角，深至鱼皮，刀距为0.6厘米；

④ 拍粉后，炸制成松鼠鱼的身和尾。

（七）葡萄形

葡萄形花刀是用直刀剞刀法剞切而成的，常用于带皮的整块青鱼、鲳鱼肉和黄鱼肉等。适用于炸熘类的烹调方法。

实　例：

双色葡萄鱼

（1）刀法　用直刀推剞剞成葡萄串形。

（2）操作过程　① 选用长12厘米、宽7~8厘米带皮青鱼肉；

② 与45°对角线平行直刀剞，深至鱼皮略有肉连，刀距约1.2厘米；

③ 刀刃转90°再直刀剞，深至鱼皮，刀距为1.2厘米；

④ 翻青鱼肉，在鱼皮面将鱼块修成梯形，拍粉炸制。制作两串，一串一味。

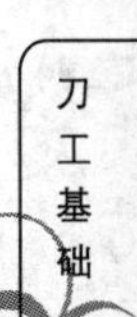

评价方法：操作过程

评价内容：通过刀工练习，学生能对刀具的使用和要求有全面的了解，掌握常用刀具的种类和用途，以及对刀具的选择、鉴别、磨制和保养。运用各种不同的刀法将原料加工成特定的形状，而经过刀工处理的烹饪原料，在制成品后具有艺术表现力。

思考与练习：

1. 怎样理解“割不正不食”？
2. 刀工在烹饪中的作用是什么？
3. 刀具的一般保养方法是什么？
4. 简述操刀的基本要求？
5. 如何根据原料的不同选择不同的刀法，试举例说明？

模块五　勺 工 基 础

模块描述：本模块是烹饪专业学生勺工练习内容，通过学习，学会各种翻锅的操作技术和综合技能制作一般菜肴，同时使学生具备烹饪专业的高素质劳动者和高级技术应用时所必需的勺工基本技能。

建议学时：28 学时

教学目标：

终极目标：培养学生爱岗敬业、团结协作、不怕吃苦、精益求精的职业精神。

过程目标：了解勺工的概念、意义、作用以及基本要求；掌握临灶站立和握炒锅、手勺的姿势，加强腕力和臂力。掌握小翻锅、大翻锅以及其他翻锅的操作方法和技巧，并能熟练操作。掌握感官测算的方法。综合提高勺工技能，学会制作多种菜肴。

任务分解：

任务 1：勺工基础知识的认知

任务 2：勺工用具的认知

任务 3：掌握各种翻锅技术

任务 4：勺工综合技能训练要求与模拟考核实例

任务 5：学会感官测算

任务一　勺工基础知识的认知

学习目的：理解勺工的概念、意义和作用，明确勺工操作的基本要求和对勺工操作人员的基本要求，树立学习烹调技术的信心，建立热爱烹饪技术的信念。

教学方法：讲授、多媒体教学、案例分析等教学方法。

任务驱动：勺工的理论知识是勺工操作的基础，对快速、稳健、有效的操作能起指导作用。勺工的概念意义和作用是否理解，勺工的基本要求是否明确会直接关系到学习勺工技术的信心和思想。

知识链接：

勺工是烹调技术中最重要、最基础的一项内容，是一门综合性的技术，在操作过程中受到多方面因素的影响。其中操作者的基本功是主要因素，此外，勺工技术还受到勺工设备和工具等客观因素的制约。因此，作为一名优秀的烹调技术人员，必须了解一些有关勺工的基本知识，掌握一些基本技能，这样才能使烹调技术得以更好的发挥。学习烹调技术，必须要掌握好勺工技艺，才能适应烹调菜肴的需要。同时勺工又是一项劳动强度较高且比较复杂的技能。要掌握它，只有在正确理论的指导下，靠自己刻苦训练，反复实践，才能熟能生巧，运用自如，为学习和掌握烹调技术打下牢固的基础。

勺工就是厨师临灶运用炒锅或手勺的方法与技巧的综合技术，又称为翻锅技术。即在烹制菜肴的过程中运用相应的力量及不同方向的推、拉、送、扬、托、翻、晃、转等动作，使炒锅中的烹饪原料能够不同程度地前后左右翻动，使菜肴在加热、调味、勾芡和装盘等方面达到应有的质量要求。

一、勺工的意义

勺工就是使用炒锅操作的技能，是职业厨师的基本功。在烹制菜肴的过程中，炒锅或炒勺的使用，始终占有重要地位，勺工的规范和熟练程度，对烹调成菜至关重要，它直接关系到成品菜肴的品质，是衡量中式烹调师水平高低的重要标志。

二、勺工的作用

翻锅是烹调师重要的基本功之一，翻锅技术功底的深浅可直接影响到菜肴的质量。炒锅置火上，原料入炒锅中，由生到熟，只不过是瞬间变化，稍有不慎就会失饪，因此，翻锅对菜肴的烹调至关重要。其作用主要有以下几个方面。

1. 可使烹饪原料受热均匀

烹饪原料在炒锅内温度的高低，一方面可以通过控制火源进行调节，另一方面则可运用翻锅来控制，通过翻锅可使烹饪原料在炒锅内受热均匀。

2. 可使烹饪原料入味均匀

由于炒锅内的原料不断翻动，因此锅内的各种调料能够快速均匀地溶解，充分与菜肴中的各种原料混合渗透，达到入味均匀的目的。

3. 可使烹饪原料着色均匀

通过翻锅，确保成品菜肴色泽均匀一致，如用煎、贴烹调方法制作菜肴时的上色，有色调料在菜肴中的分布，均是依靠翻锅实现的。

4. 可使烹饪原料挂芡均匀

通过晃锅、翻锅，可以达到芡汁均匀包裹原料的目的。

5. 可保持菜肴的形态

许多菜肴要求成菜后保持一定的形态，如用扒、煸、煎等烹调方法制作的菜肴均须采用大翻锅将锅中的原料进行180°的翻转，以保持其形态的完整。

三、勺工操作人员的基本要求

勺工是一项技术性高、劳动强度大、在高温条件下进行操作的工作，具有脑力和体力并用的特点，因此勺工操作人员必须达到以下要求。

1. 注意锻炼身体，增强臂力和腕力

在进行勺工操作时，不仅需要有持久力和耐力，还需要灵活的臂力和腕力，这样才能使勺法技术稳定，握锅有力，投料准确，翻锅自如。身体素质差、体力和耐力不足，在握锅操作时必然失去工作的稳定性，致使勺法变形，降低技术及菜肴质量，严重的甚至烫伤手臂，造成工伤事故。因此平时要注意锻炼身体，加强腕力和臂力的训练。对于提高勺工技能，保证菜肴质量具有重要意义。

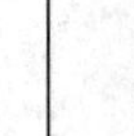

2. 要有正确的、规范的、自然的操作姿势

正确自然的操作姿势，既能方便操作，提高工作效率，又能减少疲劳，有利身体健康。

3. 操作时思想要集中，注意安全

由于勺工操作所用的工具大多是带有温度的，偶有不慎，就会发生烫伤、烧伤事故。因此，操作时必须思想集中，不能一心二用，确保安全无事故。

4. 争取运用各种勺法，熟练掌握各种翻锅的技能、技巧

勺工翻锅方法的种类很多，用途各异。勺工操作者必须熟练掌握各种勺法，并能根据原料的性能，及烹调和实用的要求，正确运用不同的勺法，将原料加工成色、香、味、形、质俱佳的菜肴。

5. 能够熟练掌握加热设备和勺工工具的正确使用和保养方法。

6. 注意个人卫生和食品卫生

在个人卫生上做到操作时穿戴清洁的工作装，不留长发、长指甲，不涂指甲油，不佩戴饰物，常洗手保持手部清洁。无传染疾病。在食品卫生上做到不制作被生物性污染或化学性污染的原料。

四、勺工操作的基本要求

1. 运用手勺投料准确适时

在制作菜肴过程中，需要临灶调味时，一般均用手勺盛舀调味品投放到锅中，在具体操作时，要做到调味品的投料时间准，盛舀数量准，投放次序准。力求投料标准化、规格化，制作同一种菜肴不论重复多少次，口味都要求一样。

2. 运用手勺勾芡恰当

勾芡是在菜肴接近成熟时用手勺将粉汁徐徐淋入锅内，运用翻拌、淋晃、泼浇等手法，使菜肴达到预期的要求。芡汁浓度的调制和数量的投放均要用手勺来完成，这是勾芡恰当的基本保证。

3. 翻锅自如

勺工的主要技巧是翻锅，通过翻锅可以使原料混合、受热均匀、成熟一致、呈味呈香。翻锅的成功与否，主要决定于手腕的用力方向和原料在锅中的运动方向的协调，因此必须不断加强练习。

4. 出锅及时，能正确识别和掌握火力、水温、油温

出锅是指原料从加热的锅中取出，停止加热。原料在锅中受到火力、水温、油温的影响，在质地、色泽和香味、形态上随时会发生变化。只有正确地识别火力、水温、油温，明确菜肴的具体要求，才能掌握原料的出锅时间，从而保证菜肴的质量。

5. 装盘熟练

装盘是勺工中的最后一道工序，是运用炒锅与手勺的配合将菜肴从锅中装入盛器中，对菜肴整齐丰满、主料突出、分装均匀、一次完成等方面，起到重要作用。装盘时锅勺配合动作要娴熟，要做到干净利落。

五、勺工的操作要领

（一）学会临灶站立与握锅、勺姿势

在现阶段勺工的操作，从某种意义上说也是体力运动的过程，需要操作者有较强的腕力和臂力。在这一运动过程中形体姿势、操作动作的标准化，既有利于减轻劳动强度和提高生产效率，也有利于准确地掌握技能要领，因此在勺工操作中，临灶前的站立姿势，炒锅、炒勺、手勺的握持手势等动作，都要制定规范要求，使之能够保持正确的姿势动作。并经过持久不懈的训练，达到标准化的要求。

1．临灶前站立姿势

灶前站立姿势是身体与灶台距离约 10 厘米，面向炉灶，自然站立，躯体站直。两脚成外八字形自然分立站稳，两脚跟呈一条直线，中心相距距离根据个子高矮可适当调整。

2．握手勺、炒锅的手势

（1）握手勺的手势　将手勺柄的顶端放置于手掌心中，用右手的大拇指、中指、无名指和小指与手掌合力握住勺柄的末端，食指伸直，紧贴勺柄压在勺柄的上方。

（2）握双耳锅手势　用左手大拇指扣紧耳锅的左上侧，其他四指微弓朝下，右手斜张开托住锅壁。

（3）握单柄勺的手势　左手握住勺柄，手心向右上方，大拇指在勺柄上面，其他四指弓起，指尖朝上，手掌与水平面约成 140°夹角，合力握住勺柄。

3．握炒锅的技巧

握炒锅时（无论是单柄勺或双耳锅）应注意不过于用力，以握牢、握稳为准，以便在翻锅中充分运用腕力和臂力的变化，使翻锅灵活自如，达到准确无误的程度。

（二）训练和指导

1．组织教学

（1）学生排队进入实习室，站在自己的灶台前。

（2）检查学生的工作着装是否穿戴整齐。

（3）学生练习站立和握锅姿势。

（4）指导和纠正站立与握锅姿势。

（5）老师集中、抽查并讲评。

（6）指导打扫卫生。

2．训练方法

（1）灶前站立训练　每名同学在灶台前逐个按演示要求作站立训练，老师现场指导，其他同学观摩，等掌握要领后，再分开练习。最后任课老师集中、抽查并讲评。

（2）握锅姿势训练　每组学生发给一把炒勺、一个双耳锅、一把手勺，按照演示要领，每人轮流进行，握炒勺、双耳锅和手勺的姿势练习。任课老师巡回指导，最后集中、抽查讲评。

（三）训练要求和评价标准

1．站立训练要求和评价标准

项目分数 指标	标准分	扣分	实得分	要　求
躯体站直	20			自然含胸不弯腰曲背
两脚站稳	20			站立姿势自然
站立位置	20			身体与灶台相距 10 厘米
两脚距离	20			两脚尖与肩膀同宽
目光	20			注视锅中

2. 持手勺训练要求和评价标准

项目分数 指标	标准分	扣分	实得分	要　求
食指放置	20			前伸对准勺碗背部方向，指肚紧贴勺柄
大拇指放置	20			伸直握住手勺柄后端
中指放置	20			弯曲握住手勺柄后端
勺柄末端放置	20			顶住手心
握勺力度自然	20			牢而不死，灵活自如

任务二　勺工用具的认知

学习目的：现代饮食企业，勺工的工具、炉灶等设备数量多、型号多，加强用具认知，提高综合素质。

教学方法：讲授、演示、情景教学、指导、参观酒店实地调查等教法。

任务驱动：了解勺工常用工具和设备的种类，熟悉常用炒锅、手勺、炉灶的用途及保养方法，掌握炒锅、手勺、炉灶的使用方法，养成遵守规程、安全操作、整洁卫生的良好习惯。

知识链接：

各种类型的炒锅、手勺、炉灶是勺工的主要工具，在菜肴制作过程中起着主导作用。因为工具的优劣，使用是否得当，都将关系到菜肴的质量。因此，炒锅、手勺、炉灶的种类、如何保养、怎样使用等，都是一个厨师必须掌握的基本知识。

勺工的主要用具，包括：手勺、炒锅、炉灶等。

一、手勺用具的认知

手勺是烹调中搅拌菜肴、添加调料、舀汤舀原料、助翻菜肴以及盛装菜肴的工具。

（一）手勺的选择

（1）手勺形状呈圆形或椭圆形，直径 9 ~ 12 厘米，有一长柄相连接，有的装有木头柄。

（2）手勺有熟铁制品和不锈钢制品两种。

(3）手勺的规格分为大、中、小三种型号，应根据烹调的需要，选择相应的型号来使用。

（二）手勺的运用

手勺的运用是勺工的一个组成部分，它在勺工中起着重要的作用，其不单纯是舀料和盛菜装盘，还要参与配合左手翻锅。通过手勺和炒锅的密切配合，可使原料达到受热均匀、成熟一致、挂芡均匀、着色均匀的目的。手勺在操作过程中大致有以下几种方法：即拌法、推法、搅法、拍法、淋法。

1．拌法

当用煸、炒等烹调方法制作菜肴时，原料下锅后，先用手勺翻拌原料将其炒散，再利用翻锅方法将原料全部翻转，使原料受热均匀。

2．推法

当对菜肴施芡或炒芡时，用手勺背部或其勺口前端向前推炒原料或芡汁，扩大其受热面积，使原料或芡汁受热均匀、成熟一致。

3．搅法

有些菜肴在即将成熟时，往往需要烹入碗芡或碗汁，为了使芡汁均匀包裹住原料，要用手勺从侧面搅动，使原料、芡汁受热均匀，并使原料、芡汁融合为一体。

4．拍法

在用扒、熘等烹调方法制作菜肴时，先在原料表面淋入水淀粉或汤汁，再用手勺背部轻轻拍按原料，可使水淀粉向原料四周扩散、渗透，使之受热均匀，致使成熟的芡汁均匀分布。

5．淋法

淋法即在烹调过程中，根据需要用手勺舀取水、油或水淀粉，缓缓地将其淋入炒锅内，使之分布均匀。淋法是烹调菜肴时的操作方法之一。

（三）手勺的保养

(1）熟铁制品的新手勺在使用前，要用铁砂纸或油石将表面、棱角磨光滑，再用食油浸润透，使之光滑、油润。

(2）使用中不可用勺的边、底、端敲击炒锅，以防手勺变形。

(3）手勺使用后，应彻底清理，洗刷干净。

二、锅具的认知

锅具是能盛装烹饪原料和吸收或传导热量使原料成熟的烹调主要用具。在烹调菜肴中，反映厨师的基本工主要是勺工，要练好勺工必须了解和掌握炒锅与炒勺的种类及用途。

（一）锅具的种类

(1）按用途分　有汤锅、烧菜锅、炒菜锅、电饭锅、煎锅、煲汤锅、鸳鸯火锅等。

(2）按制作材料分　有生铁锅、熟铁锅、铝锅、不锈钢锅、砂锅、搪瓷锅、铜火锅等。

(3）按形状分　有单柄锅、双耳锅、筒状锅、瓢状锅、扁平底锅等。

(4）按型号分　根据烹制菜肴的容量可分为大、中、小三种型号，其规格直径30～

100 厘米。

（二）锅具的用途

1. 炒勺

炒勺也称单柄勺，通常是熟铁加工制成的。炒勺在我国北方地区的餐饮业使用较为普遍。按炒勺的外形及用途又可分为：

（1）炒菜勺　炒菜勺的外形特征为：勺壁比扒菜勺稍厚，其弧度比扒菜勺小，勺口径也比扒菜勺小。其主要用于炒、熘、爆、烹等烹调方法的菜肴制作。

（2）扒菜勺　扒菜勺的外形特征为：勺底比炒菜勺厚，勺壁薄、勺底厚、径大且浅。其主要用于煎、扒等烹调方法的菜肴制作。

（3）烧菜勺　烧菜勺的外形特征为：勺底、勺壁均厚于炒菜勺，勺口径大小与炒菜勺相同，但比炒菜勺稍深。其主要用于烧、焖、炖、㸆等烹调方法的菜肴制作。

（4）汤菜勺　汤菜勺的外形特征为：勺壁薄，勺底略平，勺口径大小与扒菜勺相同。其主要用于烹制汤菜、汤、羹类菜肴。

2. 炒锅

炒锅也称煸锅，通常是用熟铁制成的（也有用生铁制成的）。炒锅在我国南方地区的餐饮业使用较为广泛。按炒锅的外形及用途又可分为：

（1）炒菜锅　炒菜锅的外形特征为：锅底厚，锅壁薄且浅，分量轻。其主要用于炒、熘、爆等烹调方法的菜肴制作。

（2）烧菜锅　烧菜锅的外形特征为：锅底、锅壁厚度一致，锅口径稍大，略比炒菜锅深。其主要用于烧、焖、炖等烹调方法的菜肴制作。

（三）锅具的把握方法和技巧

1. 把握炒锅的方法

（1）握单柄勺的手势为左手握住勺柄，手心向右上方，大拇指在勺柄上面，其他四指弓起，指尖朝上，手掌与水平面约成 140°夹角，合力握住勺柄。

（2）握双耳锅手势为用左手大拇指扣紧耳锅的左上侧，其他四指微弓朝下，右斜张开托住锅壁。

2. 把握炒锅的技巧

把握炒锅时（无论是单柄勺或双耳锅）应注意不过于用力，以握牢、握稳为准，以便在翻锅中充分运用腕力和臂力的变化，使翻锅灵活自如，达到准确无误的程度。

3. 握炒锅时的运用

握炒锅的目的主要是运用翻锅技术，使原料在锅中受热、入味、着色、挂芡均匀，成熟一致。握炒锅后可按原料在锅中运动幅度的大小和运动方向的不同进行小翻锅、大翻锅、前翻锅、后翻锅、左翻锅、右翻锅以及肋翻锅、晃锅、转锅等多种方法的运用。

（四）锅具的保养

（1）新的锅具使用前，要用砂纸或红砖磨光。再用食油润透，使之干净、光滑、油润，这样烹调时原料不易巴锅。

（2）炒菜锅每次用毕后都不宜用水刷洗，应用炊帚擦净，再用洁布擦干，保持锅内光滑洁净。否则，再使用时易巴锅。如炒锅上芡汁较多不易擦净，可将炒锅放在火源上，把芡烤干后再用炊帚擦净，也可撒上少许食盐用炊帚擦净，再用洁布擦干净。烧菜锅、汤锅等每次用毕后，直接用水刷洗干净即可。

（3）炒锅每天使用结束后，都要将炒锅的里面、底部和把柄彻底清理，刷洗干净。

三、炉灶用具的认知

炉灶是放置锅具的一个平台，在烹制菜肴时，勺工的运用必须在炉灶上实施，因此烹调时对炉灶的认知就显得尤其重要。

（一）炉灶的概念

炉灶是为烹调提供热量的工具，是制作菜肴的重要设备。是烹饪加热设备的统称，“炉”一般是指封闭或半封闭用来进行烘、烤、熏的加热炊具，利用辐射传热为主，能在原料周围加热，火力要求均匀，辐射温度高。使用的燃料有木炭、煤、气、电等。

“灶”是敞开式的用于炸、炒、炖、蒸等烹调方法的加热炊具。中餐烹调一般均需明火加热采用天然气、煤气、柴油、煤等为燃料，火力相对集中，温度迅速提高，热能通过铁锅及水、油等介质，利用传导和对流对菜肴原料进行加热。

（二）炉灶的种类

（1）按所用的燃料可分为煤灶、煤气灶、液化气灶、电灶、油气灶等。

（2）按所用热源可分为明火加热炉灶、电能加热炉灶、蒸汽加热炉灶。

（3）按用途可分为炒灶、蒸灶、烤灶及适合多种烹调方法的炮台灶等。

（三）常用炉灶的使用

1．煤灶

煤灶是以煤作为燃料灶具，种类和用途很多，包括铁灶、炒灶、蒸灶、烘灶、烤灶、炮台灶等。用途各不相同，因煤在炉膛燃烧时需要空气不断地助燃，因此煤炉又可分为吸风灶和鼓风灶两种。煤炉是过去饮食业常用的加热设备，使用不方便，需要生火、添煤、封炉等多道工序，调节不容易，同时卫生状况不佳，所以现代厨房已将其淘汰。

2．燃气灶

（1）燃气灶　是以使用液化石油气、人工煤气和天然气为燃料的灶具，燃气灶种类较多，按灶眼分，有单眼灶、双眼灶和三眼灶。无论何种类型的燃气灶，其基本工作原理及操作使用方法是相同的，按气源不同，配置相应的喷嘴及燃烧器盖即可。使用时先开气源，然后点火，自动点火时，可先慢慢旋燃具旋钮，稍稍放点气，再快旋燃具旋钮打火，直到点燃为止。根据烹调需要，调节火力大小，使用完毕，先关燃具旋钮，后关气源开关。

（2）液化石油气灶　该灶使用的液化石油气虽然是液态燃料，但易汽化，其燃烧主要是以气态出现，是一种优质燃料，着火点低，具有煤气的优点，又比煤气好。液化气灶原理及使用方法与煤气灶基本相同，但液化气需要专制的钢瓶储存，安全性能比管道煤气差，加上液化气用完后需调换，较为不便。

3．电灶、电磁灶

此灶是利用通电后将电能转化为热能或改变磁场使电子发生摩擦而生热。它们在使用时都可通过通电开关、强弱调节杆、温控器、定时器进行操作，使用时非常安全，十分方便。

4．电烤炉

电烤炉，又称电烤箱、电烘箱，按其结构不同可分为非自动控制普通电烤炉、恒温型电烤炉、电子控制自动电烤炉等。它们使用方法大致相同。

5. 微波炉

微波是波长最短、频率最高，具有很强穿透力，频率在 0.01 ~ 300MHz 之间的电磁波。它能使水分子运动加快，产生摩擦热，使食物快速成熟。使用微波炉时应按如下方法操作：

① 接通电源；② 按开门按钮打开炉门，将盛食容器放在玻璃托盘上；③ 关严门；④ 选择加热功率；⑤ 预置加热时间；⑥ 按启动按钮；⑦ 微波烹调；⑧ 烹调结束，按开门按钮，门自动打开，即可取出盛放食物的容器。

在使用时还必须注意以下安全事项：① 应将炉放置平稳，炉后、炉顶及左右两侧均应留15 厘米以上的距离，保证空气流通；② 勿放在高温、潮湿的环境中使用；③ 切勿空载运行，以免损坏机器；④ 关闭门后方可启动炉子，以防过量微波泄漏伤害人体；⑤ 烹调少量食物时，应注意观察，以防过热起火，万一炉内食物起火，切勿打开门，应切断电源，即可自熄。

任务三　掌握各种翻锅技术

学习目的：了解翻锅方法的种类和适用范围；掌握小翻锅、大翻锅的操作方法和技术要领；能熟练操作小翻锅和大翻锅，并进行前翻锅或后翻锅；加强身体各部位协调性的练习，注意动作和节奏的变化，强化翻锅技能。

教学方法：讲授、演示、实训、工作过程驱动、教练、训练、指导、竞赛与评价等教学方法。

任务驱动：翻锅一般是以左手握炒锅，右手握手勺，利用手腕用力方向和原料在锅中运动方向的协调性，使原料沿炒锅内壁做半圆形的滑动，将原料从炒锅中抛起后，再回落到锅中。翻锅的方法是按原料在锅中的运动幅度的大小和运动方向来分类的，主要可分为：小翻锅、大翻锅、前翻锅、后翻锅、左翻锅、右翻锅，还有其他几种，如：助翻锅、晃锅、转锅等技法。

知识链接：

一、学会操作小翻锅的技术

小翻锅也称为颠锅，是最常用的一种翻锅方法。这种方法因原料在锅中运动的幅度较小，故称小翻锅。在操作过程中，是用左手颠炒锅，右手执手勺，双手有机地配合翻炒，动作速度快，频率高，协调敏捷，干净利落。其具体方法有前翻锅和后翻锅两种。

（一）前翻锅

前翻锅也称正翻锅，是指将原料由炒锅的前端向锅柄方向翻动，其方法分拉翻锅和悬翻锅两种。

1. 拉翻锅

拉翻锅又称拖翻锅，即在灶口上翻锅，指炒锅底部依靠着灶口边沿的一种翻锅技法。

（1）操作方法　左手握住锅柄（或锅耳），炒锅略向前倾斜，先向后轻拉，再迅速向

前送出，以灶口边沿为支点，炒锅底部紧贴灶口边沿呈弧形下滑，至炒锅前端还未触碰到灶口前沿时，将炒锅的前端略翘，然后快速向后勾拉，使原料翻转。

（2）技术要领　拉翻锅是通过小臂带动大臂的运动，利用灶口边沿的杠杆作用使锅底在上面前后呈弧形滑动；炒锅向前送时速度要快，先将原料滑送到炒锅的前端，然后顺势依靠腕力快速向后勾拉，使原料翻转。这“拉、送、勾拉”三个动作要连贯、敏捷、协调、利落。

（3）适用范围　这种翻锅方法在实践操作中应用较为广泛。单柄勺，双耳锅均可使用，主要用于熘、炒、爆、烹等烹调方法的菜肴制作。

2. 悬翻锅

悬翻锅是指将锅端离灶口，与灶口保持一定距离的翻锅方法。

（1）操作方法　左手握住锅柄，将锅端起，与灶口保持一定距离（20～30 厘米），使炒锅前低后高，先向后轻拉，再迅速向前送出。原料送至炒锅前端时，将炒锅的前端略翘，快速向后拉回，使原料做一次翻转。

（2）技术要领　向前送时速度要快，并使炒锅向下呈弧形运动；向后拉时，炒锅的前端要迅速翘起。

（3）适用范围　这种翻锅方法单柄锅、双耳锅均可使用，主要适用于熘、炒、爆、烹等烹调方法的菜肴制作。

（二）后翻锅

后翻锅又称倒翻锅，是指将原料由锅柄方向向炒锅的前端翻转的一种翻锅方法。

（1）操作方法　左手握住锅柄，先迅速后拉，使炒锅中原料移至炒锅后端，同时向上托起。当托至大臂与小臂成90°角时，顺势快速前送，使原料翻转。

（2）技术要领　向后拉的动作和向上托的动作要同时进行，动作要迅速，使炒锅向上呈弧形运动。当原料运行至炒锅后端边沿时，快速前送，“拉、托、送”三个动作要连贯协调，不可脱节。

（3）适用范围　后翻锅一般适用于单柄锅，主要用于烹制汤汁较多的菜肴，旨在防止汤汁溅到握炒锅的手上。

二、小翻锅操作训练和指导

（一）训练要求

1. 炒锅在灶口上前翻要求

炒锅内放入砂粒 500 克，左手握住锅柄，先迅速后拉（此时锅内原料随锅一起后移），锅底部紧贴灶口边沿运行，当拉至上臂与下臂呈 90°角时，马上快速前送，并同时稍拉锅柄。用力要领主要是以上臂带动小臂，以肘关节和肩关节为转动轴运动。

2. 炒锅离开灶口前翻要求

翻锅姿势与在灶口上前翻相似，不同的是将锅底离开灶口，操作时增加了左臂的持重负担。

3. 炒锅在灶口上后翻要求

炒锅内放入砂粒 500 克，左手握住锅柄，先向后轻轻一拉，再迅速向前推进，以灶边沿为支点，锅底紧贴灶边沿呈弧形下滑，至锅前端还未及灶口前沿时，将锅的前端略翘，

然后快速向后勾拉，使砂粒作一次翻转，用力要领是以大臂带动小臂，以肩关节、肘关节和手腕为转动轴运动，向后勾拉时主要依靠腕力使砂粒翻转。

4. 炒锅离开灶口后翻要求

炒锅内放入砂粒 500 克，左手握住锅柄，将锅微离灶口，左臂的曲肘处约成 90°角，然后向前快速一推一拉，并将砂粒翻转，向前推时，锅的运行向下略呈弧形，向后勾拉时，锅的前端，向上迅速翘起。

5. 左右手配合翻锅

炒锅内放入砂粒 1000 克。左手握住锅柄，将锅微离灶口。左臂的曲肘处呈 90°角。然后将炒锅向前快速推扬并拉回。向前推时，锅的运行方向基本上是平行。扬时将锅的前端翘起，这时，右手拿的手勺也随炒勺向前推翻，将砂粒全部翻转过来。这种方法是在炒锅内原料数量较多，并不易翻转的情况下所采用的。操作时，左右手的配合要协调，手勺的作用，主要是辅助推翻，以减轻左臂的负担。

（二）小翻锅的操作训练方法

1. 课内训练

将学生分成两组，由组长组织，两人合用一个灶眼，分给炒锅一只（或双耳锅一个），手勺一把，以小组为单位。按照老师表演的姿势要求，轮流在灶口上或离开灶口进行前翻与后翻以及左右手配合翻锅练习。锅内盛装的砂粒，可由 500 克逐渐增加到 1000 克。翻锅次数达到能合格地连续翻转不少于 20 次。其中一人练，一人计数监督。

2. 课外训练

为了加强熟练程度和迅速提高腕力，要求学生充分利用业余时间进行各种翻锅姿势的练习。

（三）小翻锅的操作要求与评价标准

项目 分数 / 指标	标准分	扣分	实得分	要　求
姿势正确	10			
动作规范	20			
双手配合恰当	20			
动作协调连贯	20			
翻锅时无抛洒	20			
黄砂 1000 克	10			

注：双耳锅的前翻和后翻手法与炒勺相似。

三、学会操作大翻锅的技术

大翻锅是指将炒锅内的原料，一次性做 180°翻转的一种翻锅方法。因翻锅的动作及原料在锅中翻转的幅度较大，故称之为大翻锅。翻锅时，要经过拉、晃、转、送、扬、弹、托等几个复杂连贯的操作步骤。大翻锅的手法较多，按翻锅的动作方向区分，大致可分为前翻、后翻、左翻、右翻等几种，各种方法的基本动作大致相同，目的一样。下面以

大翻锅前翻为例，介绍大翻锅的操作技法。

（一）操作方法

左手握炒锅，先晃锅、调整好炒锅中原料的位置，略向后拉，随即向前送出，接着顺势上扬炒锅，将炒锅内的原料抛向炒锅的上空，在上扬的同时，炒锅向里勾拉，使离锅的原料，呈弧形做180°翻转，原料下落时炒锅向上托起，顺势接住原料一同落下。

（二）技术要领

“拉、晃、送、扬、翻、托”的动作要连贯协调，一气呵成。

1. 拉

拉是将炒锅从灶口提向身边，大臂与小臂的夹角收小在90°左右，并且将肩部放松，为下一个动作“送”做好伸展准备。拉的程度一般是将锅拉至身体左侧的腰部。

2. 晃

晃是将炒锅内的菜肴，按顺时针方向转动，以增加原料与炒锅接触面的光滑度，同时，适当调整菜肴原料位置，为顺利抛出做好起跳准备。

拉与晃这两个动作是结合进行的，为减小菜肴与炒锅的摩擦力，先沿锅边用手勺边淋入适量的明油，边晃动旋转菜肴，然后在拉锅的同时，边拉边晃。这样既可以减小抛出的阻力，又可增加送出的能量。

3. 送、扬、弹

送、扬、弹在操作过程中是紧密结合的。主要是利用左臂将炒锅向右上方推送的同时，运用扬、弹的力量，将锅内原料向空中抛出，使其呈弧形180°翻转。这一连贯动作是大翻锅中的关键，需要掌握熟练的技巧。尤其是将锅送到一定的高度，向上起抛原料时，左手握在锅把下的四指要起托和推的作用，握在锅把上的拇指，要起勾的作用，并恰当运用手腕的扬力将原料弹出。

4. 托

托是当扬、弹出的原料翻转下落时，左手主动将炒锅凑上去，并在着锅的瞬间顺势下落一段距离，给原料与锅的碰撞以缓冲，避免菜肴形状散乱。

晃锅时要适当调整原料的位置。若形状为条状的，要顺条翻，不可横条翻，否则易使原料散乱。

大翻锅除翻的动作要求敏捷、准确、协调、衔接外，还要求做到炒锅光滑不涩，晃锅时可淋少量油，以增加润滑度。

（三）适用范围

大翻锅主要用于扒、煎、贴等烹调方法的菜肴制作。单柄锅、双耳锅均可使用大翻锅方法。

四、大翻锅的训练和指导

（一）大翻锅的训练要求

由于大翻锅操作复杂，技术性强，要领难度大，要求演示操作不用替代原料，而是临灶实做。教师在演示前必须做好充分的准备工作。首先要选好操作工具，炒锅要求口径大小适中，形体轻重适宜，锅底光洁无疤痕。其次是烤锅，具体做法是将炒锅放在灶火上，加入适量的油进行烧烤，以防使用时原料粘底。再次是配制一份完整的用于大翻锅的菜肴原料和其他配料、调料。

学生练习应做到课内练和课外练相结合，翻锅用的盛装物，先用砂土为替代原料，分散练，熟练后，再用菜叶和其他下脚料为模拟原料，进行集中练。练习前要做好充分的准备工作。

（二）大翻锅的训练方法

1．组织教学

（1）学生排队进入实习室，站在自己的灶台前。

（2）检查学生的工作着装是否穿戴整齐。

（3）学生用砂粒练习大翻锅、左翻锅和右翻锅的操作方法。

（4）学生用烹饪原料上灶加热练习大翻锅、左翻锅和右翻锅的操作方法，教师指导和纠正操作方法。

（5）老师集中讲评。

（6）指导打扫卫生。

2．基本工训练

学生每人分给炒锅一把，手勺一把，以小组为单位，由组长组织，按照老师演示的姿势要求，将锅中装入砂土700克左右，分别进行大翻、左翻和右翻的操作训练。训练时间，要课内分组练与课外分散练相结合，任课老师加强技术指导。

3．模拟训练

将学生分成两个大组，每人分给一份模拟原料（菜叶或其他植物性原料的下脚料），分别由正副班长组织，集中练习。方法是学生逐个上灶轮流进行大翻、左翻和右翻的操作练习，其他同学观摩，为了增加模拟的真实感，应将原料上火炒熟，勾上芡，并在拉、晃、旋转时，淋入适量的油。

（三）大翻锅操作要求和评价标准

项目分数 指标	标准分	扣分	实得分	要求
持续时间2分钟	10			
姿势正确	10			
动作规范	20			
双手配合恰当	20			
动作协调连贯	20			
翻锅整齐	10			
面饼（菜末）	10			面饼直径不小于20厘米

五、学会其他方法

（一）左翻锅

要求操作时左手拿炒锅，右手持手勺。先在锅内按标准烹制一份用于翻锅的菜肴，重

量700克左右。然后准备完成“拉、晃、送、扬、弹、托”等一系列连贯动作。

（二）右翻锅

要求右翻的操作姿势与左翻基本相似。不同的是，在翻锅过程中，完成拉、晃的动作后，将炒锅向前送的方向是朝左上方运行，扬、弹出的菜肴原料是朝右翻转。

（三）晃锅

晃锅也称转菜，是只将原料在炒锅内旋转的一种勺工技艺。晃锅是使原料在炒锅内受热均匀，防止粘锅；调整原料在炒锅内的位置，以保证翻锅或出菜装盘的顺利进行。

1．操作方法

左手握住炒锅柄（或耳锅）端平，通过手腕的转动，带动炒锅做顺时针或逆时针转动，使原料在炒锅内旋转。

2．技术要领

晃动炒锅时，主要是通过手腕的转动及小臂的摆动，加大炒锅内原料旋转的幅度，力量的大小要适中。力量过大，原料易转出炒锅外；力量不足，原料旋转不充分。

3．适用范围

晃锅应用较广泛，在用煎、煸、贴、烧㸆、扒等烹调方法制作菜肴时，以及在翻锅之前都可运用，此方法单柄锅、双耳锅均可使用。

（四）转锅

是指转动炒锅的一种勺工技术，转锅与晃锅不同，晃锅是炒勺与原料一起转动，而转锅是锅转动、原料不转动，通过转锅，可防止原料粘锅。

1．操作方法

左手握住锅柄，炒锅不离灶口，快速将炒锅向左或向右转动。

2．技术要领

手腕向左或向右转动时速度要快，否则炒锅会与原料一起转，起不到转锅的作用。

3．适用范围

这种方法主要用于烧、㸆等烹调方法的菜肴制作，单柄锅、双耳锅均可使用。

（五）助翻锅

助翻锅是指炒锅在做翻锅动作时，手勺协助推动原料翻转的一种翻锅技法。

1．操作方法

左手握炒锅，右手持手勺，手勺在炒锅的上方里侧，炒锅先向后轻拉，再迅速向前送出，手勺协助炒锅将原料推送至炒锅的前端，顺势将炒锅前端略翘，同时手勺推翻原料。最后炒锅快速向后拉回，使原料做一次翻转。

2．技术要领

炒锅向前送的同时，利用手勺的背部由后向前助推，将原料送至炒锅的前端。原料翻落时，手勺迅速后撤或抬起，防止原料落在手勺上。在整个翻锅过程中左右手配合要协调一致。

3．适用范围

助翻锅主要用于原料数量较多，原料不易翻转的情况下，或使芡汁挂住原料。单柄锅、双耳锅均可使用助翻锅方法。

任务四　勺工综合技能训练要求与模拟考核实例

学习目的：勺工就是从烹调原料加热开始到成菜上桌的全面系统加工过程及技术能力。只有掌握各种焖熟的基本功，并结合生产业务知识，才能形成综合的操作技能。

教学方法：讲授、演示、工作过程驱动、模拟、项目设计等教法。

任务驱动：提高多种翻锅方法的操作技能，加强两手使用炒锅、手勺配合的灵活度和协调性。使各单项基本功加以结合，得到升华，转化成生产技能。能制作一般菜肴。

知识链接：

综合技能是通过对各种单一基本功的有机组合和灵活运用，加工出最终产品的技术能力。就勺工来说就是从烹调原料加热开始到成菜上桌的全面系统加工过程及技术能力。只有掌握各种基本功，并结合生产业务知识，形成综合的操作技能，才能直接创造产品，创造出效益。因此在掌握各单项基本功的基础上再进行综合技能训练，使基本功进一步得到升华、有机结合，转化成完整的生产技能，乃是培养专业技术人才的关键。烹调专业的综合技能，按当前饮食企业厨房分工，大致可分为：从凉菜的原料加工、制作到切配、调味、拼摆、点缀、装盘成菜的凉菜制作工艺；热菜的原料初加工、切菜、配菜等上灶前一系列精加工的热菜切配工艺；使用切配好的原料通过上浆、挂糊、用火、投料、翻锅、调味、成熟、装盘等一系列操作过程的烹调工艺。这三个方面，特别是后两者，都是相互联系、相互配合、相互制约的。作为国家规定的等级厨师技术标准，就技能而言，则要求全面掌握。

一、训 练 要 求

（1）在整个勺工训练教学过程中，认真执行“以教师为主导，学生为主体”的教改方针，重点贯彻以练为主的原则，加强基本功与操作技巧的综合练习。

（2）课堂教学，采用先集中讲授和演示操作，后由任课老师提出要求，以小组为单位组织练习，再让学生分散自己练习，对常用勺工的动作要领与技巧，老师要做重点辅导。在整个教学过程中可以运用理论与实践相结合（理实一体化）、任务驱动法。

（3）学生每人配备炒锅一把，手勺一把。在结合基本训练的基础上，综合勺工技能，组织烹饪原料进行一次全面综合考核。

二、考 核 内 容

1. 小翻锅（前翻锅）炒包菜

（1）原料准备　包菜300克，精盐10克，味精5克，色拉油50克。

（2）加工处理　将包菜洗净后切成0.4厘米粗的丝。

（3）烹调　炒锅上火烧热，放入色拉油晃锅后，再投入包菜丝煸炒（要求用小翻锅、前翻锅）加热至熟，再投入盐、味精调味后翻锅装盘即成。

2. 小翻锅（后翻锅）青椒炒土豆丝

（1）原料准备　青椒50克，土豆200克，色拉油50克，味精5克，盐10克。

（2）加工处理　将青椒、土豆洗净后，分别切成0.4厘米和0.3厘米粗的丝。

（3）烹调　炒锅上火烧热，放热色拉油晃锅后先放入青椒丝煸炒，再放入土豆丝煸炒（要求用小翻锅、后翻锅）加热至熟，最后再投入盐、味精、调味后翻锅装盘即成。

3. 左右翻煸炒肚丝

（1）原料准备　熟猪肚150克，洋葱100克，色拉油40克，绍酒5克，酱油25克，白糖15克，盐5克，香醋10克，湿淀粉30克。

（2）加工处理　将洋葱切成0.3厘米粗的丝，熟猪肚切成5厘米长，0.4厘米粗的丝。

（3）烹调　炒锅上火加热，锅中放入色拉油晃锅后，先投入洋葱煸炒，再投入猪肚丝、绍酒煸炒（要求用左右翻锅）加热至熟，最后放入酱油、盐、白糖、香醋，用湿淀粉勾芡，再翻锅装盘即成。

4. 大翻锅涨鸡蛋

（1）原料准备　鸡蛋4个，葱2根，盐10克，绍酒15克，湿淀粉20克，色拉油75克。

（2）加工烹调　将葱洗净切成末，放入碗内打入鸡蛋，再放入绍酒、盐、湿淀粉，搅成蛋液，用中小火炒熟并摊成直径不小于20厘米的圆饼状，再翻锅（要求用大翻锅）加热另一面使之成熟，再大翻锅装盘即成。

三、综合训练评价标准

项目分数 / 指标	标准分	扣分	实得分	要　求
标准时间（分钟）				
选料投料标准				
配料合理				
刀工处理正确				
浆糊使用得当				
芡汁使用得当				
火候适当				
水温适当				
油温适当				
口味适中				
色泽恰当				
汤汁适宜				
操作规范				
成熟标准				
装盘美观				
节约卫生				
姿势正确				
动作规范				
双手配合恰当				
动作协调连贯				
翻锅时无抛洒				

注：标准分应根据训练使用的不同翻锅方法和不同的菜肴品种而确定。

任务五　学会感官测算

学习目的：掌握火力、水温、油温的划分方法；掌握火力、水温、油温以及固体原料重量和液体原料重量的观测方法。会对火力、水温、油温以及固体原料重量和液体原料重量进行感官测算。

教学方法：讲授、演示、实训、工作过程驱动、理实一体化、训练指导，课外实践等教法。

任务驱动：所谓感官测算，是指以烹饪操作人员自身的手、眼等感觉器官，根据原料或菜肴在烹饪中一定条件下的变化，运用一定方法观察判定其温度、重量、成熟度的操作技能。这是烹饪过程中经常运用的一项专业技能，对提高菜肴质量，加快制作菜肴的速度和加强成本核算具有重要的意义。这种技能的运用，不是依赖仪器设备，而是建立在实践的基础上，通过反复的训练，才能逐步提高感官测算的准确程度。

知识链接：

一、学会温度的感官测算

温度是热量的一种度量标志，它是由可燃物质燃烧产生的热能形成，热量经某种形式的传递也能使其他物料形成温度。在烹饪中，温度是使饮食制品成熟可食的重要因素，因此，对温度的感官测算是烹调技术的重要组成部分。

随着现代科学的发展，运用于烹饪的燃料在不断地变化。不同的燃料燃烧会产生不同现象反映，不同的物料经热传递形成的温度也会产生不同的现象反映。由此，掌握不同燃料物质及传热介质的特性所形成温度的现象反映是运用感官测算判定温度的关键。

对温度的感官测算的训练，一般以火力、水温、油温的观测为主。

（一）学会观测火力的方法

火力是燃料燃烧程度的反映，是指各种能源经物理或化学变化转变成热能的程度。一定的火力会形成一定的温度，也会出现一定特征的变化现象，如火的亮度、颜色、火苗动态、热感等。因此，对火力的观察应根据火反映的变化现象进行，下面以煤燃烧的火力观测为例。

1. 训练准备工作

煤炉灶一台，测温表一只。

2. 训练方法和步骤

（1）划分火力温度的范围，即按照饮食业对火力划分为旺火、中火、小火、微火四个等级，确定其大致的温度范围，以作为观测火力大小的尺度。

（2）按等级观测火力现象反映，即先将炉灶煤火烧到大火的温度范围内（用测温表测定），详细观察火的亮度、颜色、火苗状态和人靠近（或用手）的热感，待对火力的现象反映有较深印象后，按上述方法，逐步降低火力，依次测定中火、小火、微火的温度范围，分别观察它们的现象反映。

3. 选择炉火观测

即任意选择一种炉火，在观察其现象反映的基础上判定火力的等级，然后用测温表测定具体的温度，与所判定的火力等级规定的温度范围相比较，计算出误差温度，此法一般应进行2~3次，使观测的温度达到要求之内。

4. 训练要求

（1）对每个等级的火力观测温度误差一般不超过20℃。

（2）除进行专门训练外，应要求学生与菜肴烹调相结合，根据菜肴火力的要求，观测判定实际运用的火力，以增强对火力的感性认识。

（3）训练后应进行考核，考核可按训练的第三步骤举行。成绩以能否准确表述所判定火力等级的炉火现象反映和温度的误差程度确定。

（二）学会观测水温的方法

水是烹饪重要的辅助原料，准确掌握水温对原料的初加工和菜肴的烹调有重要的影响和作用。在烹饪中，水的温度是由炉火的热通过锅传递给水经对流形成，由于水的理化特性决定了水的最高温度在正常的条件下为100℃。加热过程中一定水温的形成一般都具有热对流的动态反映，而水形成一定温度在离火后水面则处于平静的状态，这两种情况下的水温观测有一定的区别，但利用手与水的接触感觉以及观察水面蒸发水气的程度判定水温的高低是相同的。现以热水在静态下的温度观测训练为例。

1. 训练准备工作

水锅1只，测温表1只。

2. 训练的方法和步骤

（1）进行水温分类，确定水温观测的范围，即根据烹饪的要求，将水温以每10℃作为一个温度等级，分成40~49℃、50~59℃、60~69℃、70~79℃、80~89℃、90℃以上6个等级，作为水温观测的范围。

温度的划分	温度的范围	烹调方法	加热后的状态
热水	82~100℃	浸、氽	锅底开始出现水泡，并缓慢向上移动，直至加快，但水面无沸腾现象
沸水	100℃	氽煮烧炖煨烩	水面开始沸腾

（2）将水锅上火烧沸后离火，观察水面蒸发的水气状况，并用手指接触水，体验水温作用于手的感觉。待水温下降，当用测温表测量在90℃以下时，再观察水气和用手指体验水温的感觉。然后用上述方法依次对各等级的水温进行观测完毕。

（3）在对各等级水温观测后，再选择具有一定温度的热水，仍然用上述方法观察水面水汽和用手指接触热水，根据观察的情况和感觉判定水温的大致度数，然后用温度表测出实际水温，并与判定水温相比较，计算出误差温度。此观测训练应反复进行数次，至温度误差达到要求之内即可停止。

3. 训练要求

（1）经观测判定的温度应在实际温度的等级范围内，每次观测判定水温的完成时间不超过2秒钟。

（2）在水温较高的情况下，手指接触水动作要迅速，防止烫伤。

4．观测水温的要求及考核标准

项目分数 / 指标	标准分	扣分		要求
		观察水汽	手指触摸	
标准时间2分钟	10			
标准水温20℃	20			允许水温误差上下5℃
标准水温40℃	20			
标准水温60℃	20			
标准水温80℃	20			
标准水温90℃	10			

(三) 学会观测油温的方法

油是烹饪中运用广泛、具有多种作用的烹饪原料，其温度的形成与水一样，亦是由炉火热的传递强对流逐步提高，但油温的温差幅度很大，各烹饪制品所需要的油温也各不相同，因此，提高油温观测判定的能力，对保证烹饪制品质感的形成起着关键的作用。

油的品种很多，而各种油加热后的沸点各不相同，烹饪中油温一般不需达到极限。油温在逐步提高的过程中通常表现为具有动态的状态，不同的油温往往有比较明显的现象反映。

因此，对油温的观测训练应以常用的油料，在正常的烹饪油温范围内，根据其加热过程中所产生的不同现象反映，判定油温的高低。具体的方法如下。

1．训练的准备工作

锅一只，手勺一把，植物油1500克，测温表一只。

2．训练方法和步骤

(1) 根据饮食业的习惯，将油温大致划分为温（中）油锅、热油锅和辣（高）油锅三个类型，确定每个类型的温度幅度，熟悉每"成"油温的度量范围。烹调中油温的划分如下。

名称	俗称	温度/℃	油面情况	油中原料反应
中油温	3~4成	90~120	无青烟，无响声，油面平静	原料周围出现少量气泡
热油温	5~6成	120~180	微冒青烟，油从四周向中间翻动	周围出现大量气泡，无爆响
高油温	7~8成	180~240	有青烟，油面比较平，搅时有响声	原料周围出现大量气泡，有轻微爆响

注：在饮食行业中，油温是用"成"来表示的。

(2) 将油放入锅中上火，插入测温表，待达到三成油温的范围时，观察油面的反映后用手勺搅动继续观察，然后再等油温上升并至四成油温时，仍按上述方法进行观察，直至达九成油温时停止。

(3) 通过上述方法观察，加深对各成油温的感官印象后，任意选择一定的油温（在炉火上进行），根据油锅的动态反映，判定其温度范围（或是几"成"）；再用测温表测出实际温度，与判定油温相对照，计算出误差。此法一般应训练3~4次，使之基本达到训练要求。

3．训练的要求

通过观测判定的油温应不超过实际的油温成数范围，每次观测判定油温的时间不超过

5秒钟。

4．观测油温的要求和评价标准

指标 \ 项目分数	标准分	扣分		要求
		手勺搅动观测	投放原料观测	
标准时间5分钟	10			
标准油温60℃	10			允许油温误差上下10℃
标准油温90℃	20			
标准油温120℃	20			
标准油温180℃	20			
标准油温200℃	20			

二、学会重量感官测算

重量的感官测算在烹饪中涉及的范围很广，而在勺工中常运用的主要是对菜肴调味中使用调味品重量的感官测算。根据感官测算对象的性质，可分为固体原料重量的感官测算和液体原料重量的感官测算两类。

（一）固体原料重量的感官测算

1．固体原料重量的感官测算方法

对固体原料重量的感官测算一般以手和眼相配合进行。即以手对原料重量的掂估和用眼根据一定原料体积和重量之间的相对密度，按其体积的大小来判定。其测算方法如下：

（1）分级称量。即将训练重量观测的原料按照不同重量分成若干份，一般可分为五个重量等级。

（2）观测体积。即通过眼睛观测原料不同重量等级的体积大小，亦可将原料放在一个大小的盘中，对比观测一定重量的原料在盘中所占的体积大小。

（3）掂估重量。即在观测不同重量原料体积的基础上，逐个放手中反复掂估，以增强一定重量和一定体积的手感印象。

（4）不规定重量测算。即任意取部分原料，经观测体积和手掂后判定其重量，然后称量，计算与判定重量的误差。

（5）规定重量测算。即按规定的重量，取出原料掂量和观测，多了退去，少了补上，直至感觉符合规定重量在复称，计算出与规定重量的误差。

2．重量感官测算训练与指导

准备精盐500克，大碗一只，手勺5把，炒锅一个，天平一架。

方法和步骤如下：

（1）将盐用秤分成15克、25克、35克、50克、75克五份，依次放在手勺中。

（2）依次对每份盐观测其体积，在形成一定印象的基础上逐个放手中掂量，然后放入炒锅中，对比观测所占锅内的体积大小，逐渐比较准确地掌握每份盐一定重量的体积和手感印象。

（3）将盐重新放在一起，然后任意地取出部分进行观测掂量，判定其重量，经用秤称出重量后计算出与判定重量的误差。

（4）再将盐放在一起，根据确定观测盐的重量取出观测掂量，至认为符合规定重量的要求即用秤称出实际重量，然后比较与规定重量之间的误差。

3. 训练的要求和评价标准

（1）以盐 75 克测算，误差重量不超过 5 克，误差率在 6% 以内。

（2）在熟练程度上，进行规定重量感官测算应达到一次性完成，时间上以原料拿起到重量判定不超过 5 秒。

（3）训练时要备好原料及工具、用具，并严密组织，按照一定的方法和程序进行。

（4）精盐的重量感官测算评价标准

项目分数 指标	标准分	扣分		实际得分	要求
		观测体积	掂估重量		
精盐 75 克	20				误差率不超过 6%
精盐 60 克	20				
精盐 40 克	20				
精盐 25 克	20				
精盐 15 克	20				

（二）液体原料重量的感官测算

液体原料主要指烹调中所使用的水、汤、油及液体调味品。这些调味品在烹调过程中，具有操作快、时间短、随取随用、无法称量的特点。对液体原料重量的感官测算，一般应在了解其重量与容积的比例基础上利用烹饪操作的工具盛放液体原料，用眼观测容积的大小后判定其重量。

1. 液体原料重量的感官测算的方法

（1）先将容器盛满所测算的液体原料，然后称出其重量。

（2）按比例减少容器中的液体原料（依次按减半方法减少称量），每次减少称量后观测容器中所剩原料占据容器位置的大小（一般以三次减少称量即可），以了解一定重量的液体原料在容器中的位置。

（3）不规定重量测算，即任意取液体原料放容器中，然后根据其在容器中所占的位置判定重量，再称量，与判定重量比较计算出误差重量和误差率（误差率计算同前）。此法可进行多次，以增强液体原料在容器中所占一定位置的感受体验。

（4）规定重量测算，即在上述训练的基础上，规定一定的重量，将液体原料慢慢地倒入容器，认为已达到规定重量为止，再称量，与规定重量比较计算误差重量和误差率，此法亦可进行多次，直至使误差达到规定的标准以内。

2. 酱油重量感官测算训练和指导

准备酱油 500 克，油罐一只，手勺一把，天平一架。

训练方法和步骤：① 用手勺舀满酱油后倒入其他容器内称出重量。② 将酱油减去一半倒入手勺，观测其在手勺中所占的位置，然后再将手勺中的酱油称去一半观测，反复进行。③ 用手勺随意舀入酱油，根据酱油在手勺中的位置判定其重量，然后上秤称出实际重量，并与判定重量比较计算误差重量和误差率。④ 规定油的重量，用手勺舀起，上秤称出重量，与规定重量比较计算观测的误差重量和误差率。

3．酱油的感官测算要求和评价标准

（1）液体原料重量感官测算的误差率均应不超过5%，在操作上，动作要熟练，达到一次性完成测算，时间不超过5秒。

（2）训练前要搞好各项准备，训练时要严密组织并按一定的方法和程序进行。

（3）要加强对训练情况的记录和总结，训练后应选择其中一项进行考核评定成绩。

（4）酱油的重量感官测算评价标准：

项目分数 / 指标	标准分	扣分		实际得分	要　求
		观测体积	掂估重量		
酱油200克	20				误差率不超过5%
酱油300克	20				
酱油100克	20				
酱油50克	20				
酱油30克	20				

三、成熟度的观测

成熟度是衡量烹饪制品质量的重要标准之一，在烹饪中观察烹饪制品的成熟度，有许多复杂的因素影响，使用不同原料、不同的加热方法，制品的成熟度有不同的反应；制品不同的质感要求，衡量其成熟度的标准也不相同。但就一般情况而言，以可食作为反映制品成熟度统一的尺度。

（一）成熟度观测的基本方法和要求

（1）掌握所训练观测品种的成熟度要求和感官标准，作为判定成熟度的依据。

（2）确定成熟度观测的具体方法，一般以划分制品不同的加热阶段为具体观测的时间。

（3）观测训练可与烹调操作相结合，反复进行，并加以总结提高判定制品成熟度的准确性和熟练程度。

（4）训练之后应选择具有一定难度的品种作为成熟度观测考试，成绩一般可按判定成熟度的准确程度和对所判定成熟度的语言表述情况评定。

（二）成熟度判定成熟标准

1．蒸制品成熟度的观测参考标准

以鱼为例：

（1）看鱼眼和头部骨头的完整程度。

（2）看鱼体表面的色泽变化。

（3）看剞刀口肉切面的肉质情况。

（4）看汤汁浓度。

（5）用手指揿压鱼体感受弹性。

2. 煮制品成熟度的观测参考标准

以鸡为例：

（1）鸡受热收缩，形态饱满、硬挺、光亮，用竹筷不易插入鸡体，为5~6成熟。

（2）形态饱满、外皮完整、身体柔软，竹筷能插入鸡体，为完全成熟。

（3）形态完整，外皮有破裂现象，用竹筷很容易插入鸡体，翅膀、头颈易掉落为超过正常成熟度标准。

3. 炸制品成熟度的观测参考标准

以炸肉为例：

（1）复炸时，制品浮于油面，水泡消失，色泽呈褐黄，捞起后外酥、脆感强烈，掰开，里脊肉嫩，食之无焦枯味，为成熟度正常。

（2）复炸时，制品浮于油面，仍有水泡，色泽黄亮，捞出后外壳有绵软感觉为成熟度欠正常。

（3）复炸时，制品浮于油面，水泡完全消失，色泽深褐，捞出后外壳用手稍拈即成粉末状，掰开，里脊肉无嫩感，食之有焦味枯味，为成熟度过头。

评价方法：观测、自评、理论考核。

评价内容：通过本模块的教学，应使学生系统地了解和掌握勺工的理论知识，掌握翻勺的基本技能，学会对温度、重量的感官测算方法，能使炒锅和手勺紧密配合，运用多种翻锅方法，熟练制作简单的菜肴。最终能符合厨房的操作要求。

思考与练习：

1. 手工操作的基本要求和对勺工操作人员的基本要求有哪些？
2. 规范化的临灶站立姿势有什么要求？
3. 手勺在操作过程中有哪些使用方法？怎样使用？
4. 小翻锅中，前翻锅与后翻锅的操作方法各是怎样的。
5. 大翻锅时运用“拉、送、晃、扬、翻、托”的动作内容分别是什么？

模块六 司 厨 劳 动

模块描述： 此模块为烹饪专业学生从厨劳动篇。通过学习、实践，除了认识厨房工位分类和设备整理，加强厨房操作过程中的安全训练，注重个人卫生和环境卫生以外，个人职业素养、劳动意识方面也得到充分锻炼。

建议学时： 28 学时

教学目标：

终极目标：通过司厨劳动课程的学习，提高个人综合职业素养，树立正确的职业理念，激发学习专业知识和技能的兴趣。

过程目标：认识厨房工位分类和设备整理，加强厨房操作过程中的安全训练，注重个人卫生和环境卫生，增强劳动意识，各方面能力得到提高。

任务分解：

任务 1：厨房工位认识

任务 2：厨房设备管理

任务 3：厨房安全训练

任务 4：厨房个人卫生

任务 5：厨房环境卫生

任务一 厨房工位认识

学习目的：对厨房里各组织机构设置充分了解，熟悉部分岗位职责与工作程序，提高个人综合职业素养，激发学习专业知识和技能的兴趣。

教学方法：讲授、演示、实训和理实一体。

任务驱动：学习厨房工位认识，了解厨房组织机构设置和职能，熟悉厨房里各岗位职责与工作程序。

知识链接：

厨房是餐饮企业的车间，是企业内部直接从事生产活动的部门，是生产制作饮食产品的场所。厨房管理实质上就是围绕着生产制作饮食产品所进行的一系列管理。其管理对象就是生产过程各个工艺流程环节及与生产有关的人、财、物等。

一、厨房组织机构

厨房组织机构体现饭店及厨房管理者的管理风格。餐饮规模、厨房面积、结构、功能等因素，决定了各餐饮厨房的机构也是不尽相同的。分清并把握厨房各部门、各工种职能，是进行厨房机构设置的前提；而机构设置的结果，则多以组织机构图的形式体现。这当中的关键是将机构设置的原则，有机地与本餐饮的类型、档次及其厨房现状相结合，力求有创意地设计出方便管理、节省人力、全面系统的厨房机构。

（一）厨房的定义

厨房，泛指从事菜点制作的生产场所。国外经常将厨房描述成“烹调实验室”或“食品艺术家的工作室”，甚至是“一处生财宝地”。厨房特指以生产经营、为服务顾客而进行菜点制作的生产场所。它必须具备以下要素：

① 一定数量的生产工作人员，即有一定专业技术的厨师、厨工及相关工作人员；

② 生产所必需的设施和设备；

③ 必需的生产空间和场地；

④ 满足需要的烹饪原材料；

⑤ 适用的能源等。

（二）厨房的种类

厨房是一个集合概念，就其规模、餐别、功能的不同，可作如下分述。

（1）按厨房规模划分厨房种类

① 大型厨房：大型厨房是指生产规模大、能提供众多顾客同时用餐的生产场所。饭店一般客房在500间、经营餐位在1500个以上的饭店，大多设有大型厨房。这种大型厨房，是由多个不同功能的厨房组合而成的。各厨房分工明确，协调一致，承担饭店大规模的生产出品工作。

② 中型厨房：中型厨房是指能同时生产、提供300～500个餐位宾客用餐的厨房。中型厨房场地面积较大，大多将加工、生产与出品等集中设计，综合布局。

③ 小型厨房：小型厨房多指生产、服务200～300个餐位甚至更少餐位顾客用餐的场所。小型厨房，多将厨房各工种、岗位集中设计、综合布局设备，占用场地面积相对节省，其生产的风味比较专一。

④ 超小型厨房：超小型厨房，是指生产功能单一，服务能力十分有限的烹饪场所。比如在餐厅设置、面对客人现场烹饪的明炉、明档，饭店豪华套间或总统套间内的小厨房，商务行政楼层内的小厨房，公寓式酒店内的小厨房等。这种厨房多与其他厨房配套完成生产出品任务。这种厨房虽然小，但其设计都比较精巧，方便美观。

（2）按餐饮风味类别划分厨房种类　餐饮，根据其经营风味，从大的风格上可分为中餐、西餐等；从风味流派上进行细分，中餐又可分为川、苏、鲁、粤以及宫廷、官府、清真、素菜等；西餐又可分为法国菜、美国菜、俄国菜、意大利菜等。与之相应，依据生产经营风味，厨房可分为如下几种。

① 中餐厨房：中餐厨房，是生产中国不同地方、不同风味、不同风格菜肴、点心等食品的场所。如：广东菜厨房，四川菜厨房，江苏菜厨房，山东菜厨房，宫廷菜厨房，清真菜厨房，素菜厨房等。

② 西餐厨房：西餐厨房，则是生产西方国家风味菜肴及点心的场所。如：法国菜厨房，美国菜厨房，俄国菜厨房，英国菜厨房，意大利菜厨房等。

③ 其他风味菜厨房：除了典型的中餐风味、西餐风味厨房，还有一些生产制作特定地区、民族、特殊风格菜点的场所，即其他风味厨房。如：日本料理厨房，韩国烧烤厨房，泰国菜厨房等。

（3）按厨房生产功能划分厨房种类　厨房生产功能，即厨房主要从事的工作或承担的任务，其生产功能是与对应营业的餐厅功能和厨房总体工作分工相吻合的。

① 加工厨房：加工厨房，是负责对各类鲜活烹饪原料进行初步加工（宰杀、去毛、洗涤）、对干货原料进行涨发，并对原料进行刀工处理和适当保藏工作的场所。

加工厨房在国内外一些饭店中又称为主厨房，负责饭店各烹调厨房所需烹饪原料的加工。由于加工厨房每天的工作量较大，进出货物较多，垃圾和用水量也较多，因而许多饭店都将其设置在建筑物的底层，出入便利、易于排污和较为隐蔽的地方。

② 宴会厨房：宴会厨房，是指为宴会厅服务、主要生产烹制宴会菜肴的场所。大多饭店为保证宴会规格和档次，专门设置此类厨房。设有多功能厅的饭店，宴会厨房大多同时负责各类大、小宴会厅和多功能厅开餐的烹饪出品工作。

③ 零点厨房：零点厨房，是专门用于生产烹制客人临时、零散点用菜点的场所，即该厨房对应的餐厅为零点餐厅。零点餐厅是给客人自行选择、点食的餐厅，故列入菜单经营的菜点品种较多，厨房准备工作量大，开餐期间亦很繁杂。这个厨房的设计多有足够的设备和场地，以方便制作和及时出品。

④ 冷菜厨房：冷菜厨房又称冷菜间，是加工制作、出品冷菜的场所。冷菜制作程序与热菜不同，一般多为先加工烹制，再切配装盘，故冷菜间的设计，在卫生和整个工作环境温度等方面有更加严格的要求。冷菜厨房还可分为冷菜烹调制作厨房（如加工卤水、烧烤或腌制、烫拌冷菜等）和冷菜装盘出品厨房，后者主要用于成品冷菜的装盘与发放。

⑤ 面点厨房：面点厨房，是加工制作面食、点心及饭、粥类食品的场所。中餐又称其为点心间，西餐多叫包饼房。由于其生产用料的特殊性，与菜肴制作有明显不同，故又将面点生产称为白案，菜肴生产称为红案。各饭店分工不同，面点厨房生产任务也不尽一致。有的面点厨房还承担甜品和巧克力小饼等制作。

⑥ 咖啡厅厨房：咖啡厅厨房，是负责生产制作咖啡厅供应菜肴的场所。咖啡厅相对于扒房等高档西餐厅，实则为西餐快餐或简餐餐厅。咖啡厅经营的品种多为普通菜肴，甚至包括小吃和饮品。因此，咖啡厅厨房设备配备相对较齐，生产出品快捷。也正因为有此特点，许多饭店将咖啡厅作为饭店内每天经营时间最长的餐厅，咖啡厅厨房也就成了生产出品时间最长的厨房；有的咖啡厅厨房还兼备房内用餐食品的制作出品功能。

⑦ 烧烤厨房：烧烤厨房，是专门用于加工制作烧烤类菜肴的场所。烧烤菜肴如烤乳猪、叉烧、烤鸭等，由于加工制作工艺、时间与热菜、普通冷菜程序、时间和成品特点不同，故需要配备专门的制作间。烧烤厨房，一般室内温度较高，工作条件较艰苦，其成品多转交冷菜明档或冷菜装盘间出品。

⑧ 快餐厨房：快餐厨房是加工制作快餐食品的场所。快餐食品是相对于餐厅经营的正餐或宴会大餐食品而言的。快餐厨房，大多配备炒炉、油炸锅等便于快速烹调出品的设备。其成品多较简单、经济，生产流程的畅达和生产节奏的高效是其显著特征。

二、厨房各部门职能

厨房的职能随饭店规模的大小和经营风味、风格的不同而有所区别。大型饭店的厨房规模大、联系广，各部门功能比较专一（见图6－1）。

厨房的生产运作是厨房各岗位、各工种通力协作的过程。原料进入厨房，要经过加工、配份、烹调，以及冷菜、点心等工种、岗位的相应处理，至成品阶段才能送至备餐间，用以传菜销售，因此，厨房各工种、岗位都承担着不可或缺的重要职能。

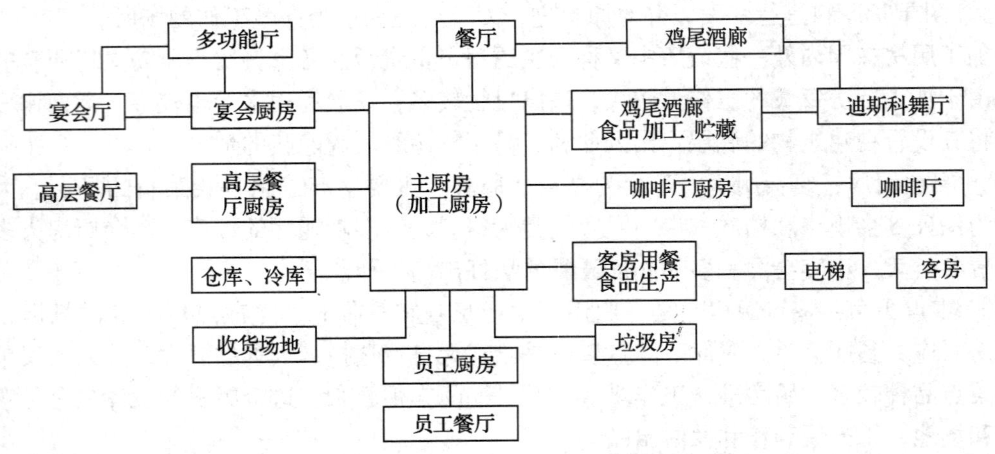

图6－1　大型饭店厨房功能示意图

1．加工部门

加工部门，是原料进入厨房的第一生产岗位，主要负责将蔬菜、水产、禽畜、肉类等各种原料进行拣择、洗涤、宰杀、整理，即所谓的初加工；干货原料的涨发、洗涤、处理也在初加工范畴。现代厨房，明显强化加工厨房的职能，在对原料进行初加工的基础上，还负责根据规格要求对原料进行刀工切割处理，并做预制浆腌，这又叫深加工或精加工。这样，在整个厨房生产当中，刀工处理的活计，基本都在加工部门得以完成。鉴于加工部门工作量的增大，对各个配份、烹调部门有着基础、长远的影响，加工部门又被称为加工厨房，甚至叫做主厨房或中心厨房。

在连锁、集团饭店或餐饮企业，加工部门的职能还要扩大一些，比如在将一些原料加工、调味的基础上，按规格要求真空包装，送达各连锁销售点后，便直接用于烹调、销售。因此，有些连锁、集团饭店或餐饮企业须在加工厨房的基础上，建立（加工）配送中心，或叫切配中心。

2．配菜部门

配菜部门，又称砧墩或案板切配。负责将已加工的原料按照菜肴制作要求进行主料、配料、料头（又叫小料，主要是配到菜肴里起增香作用的葱、姜、蒜等）的组合配伍。由于这里使用的原料都是净料，而且直接决定每道菜、每种原料的投放数量，因此，对原料成本控制起着举足轻重的作用。

有些生产量不大的厨房，配菜部门，又叫切配部门。即加工部门只是负责对各种原料进行初步加工、洗涤、整理，而原料的切割、浆腌等刀工处理、精细加工则由此部门完成，连同配菜，在所有生产中起着加工与炉灶烹调中的桥梁、纽带作用。

3．炉灶部门

需要经过烹调才可食用的热菜，都需炉灶部门处理。炉灶部门，负责将配制完成的组合原料，经过加热、杀菌、消毒和调味，使之成为符合风味、质地、营养、卫生要求的成品。该部门决定成菜的色、香、味、质地、温度等，是厨房开餐期间最繁忙，也是对出品质量、秩序影响最大的部门。

4. 冷菜部门

负责冷菜（也称凉菜）的刀工处理、腌制、烹调及改刀装盘工作。冷菜与热菜的制作、切配程序不完全一致，冷菜大多先烹调后配份、装盘。因此，它的生产、制作与切配、装盘是分开进行的。冷菜的切配、装盘场所特别要求低温、杀菌，员工及其操作的卫生要求也相当高。根据地域、饮食习惯和文化差异，有些地方冷菜品种很少，而消费者更喜欢食用烧烤、卤水菜肴或色拉等品种，这些菜品通常也多作为类似冷菜功能的前菜或开胃菜出品。

5. 点心部门

主要负责点心的制作和供应。中餐广东风味厨房，点心部门还负责茶市小吃的制作和供应。有的点心部门还兼管甜品、炒面类食品的制作。西餐点心部又称包饼房，主要负责各类面包、蛋糕、甜品等的制作与供应。

三、厨房组织机构图

厨房组织机构图是厨房各层级、各岗位在整个厨房当中的位置和联络关系的图表表现。饭店及餐饮部门性质和管理风格不同、烹饪生产规模和作业方式不一，厨房组织机构图也表现为不同形式。厨房组织机构图并非一成不变，随着餐饮经营方式、策略、饭店管理风格的变化，厨房的组织机构图也需作相应的调整和改变，以反映厨房生产各岗位和工种之间的最新关系。

厨房内部机构一般包括红案组、白案组、采购保管组，也有的大型厨房分得较细的有初加工组、烹调组、凉菜组、中点组、西点组、西餐组、采购组、保管组、锅炉组、机修组等。

① 厨师长

是厨房生产加工的组织者和指挥者，担任厨房的全面管理工作，直接对餐饮经理负责。要根据经营情况，统筹安排各个环节的工作，现场指挥，督促检查，把好产品质量关。负责重要宴会的设计和名特肴馔的制作等。

② 灶案班长

是厨师长的助手，直接对厨师长负责，厨师长不在时，行使厨师长职责。负责灶案厨师及厨工的管理，按厨师长的指示安排生产经营品种，制定质量标准及操作规程，负责检查饮食产品的价格、质量、核算成本、计算毛利率。负责班组员工的考核登记、组织开好班组会议，负责一般筵席菜肴的安排和风味产品的制作。

③ 炉灶厨师

在灶案班长领导下，负责经营菜肴的烹制加工。按配方投料，按操作工艺烹制菜肴，负责本工作区设备用具的保养和卫生等。

④ 切配厨师

在灶案班长领导下，根据经营要求，负责菜肴的切配工作。掌握原料和成品的成本和质量，负责原料调配，拟定用料计划等。

⑤ 厨工

负责每日经营菜肴的初加工，包括宰杀、洗涤、泡发、改刀以及日常卫生工作等。白案等部门人员分工也如上述情况。

1. 大型厨房组织机构图（见图6-2）

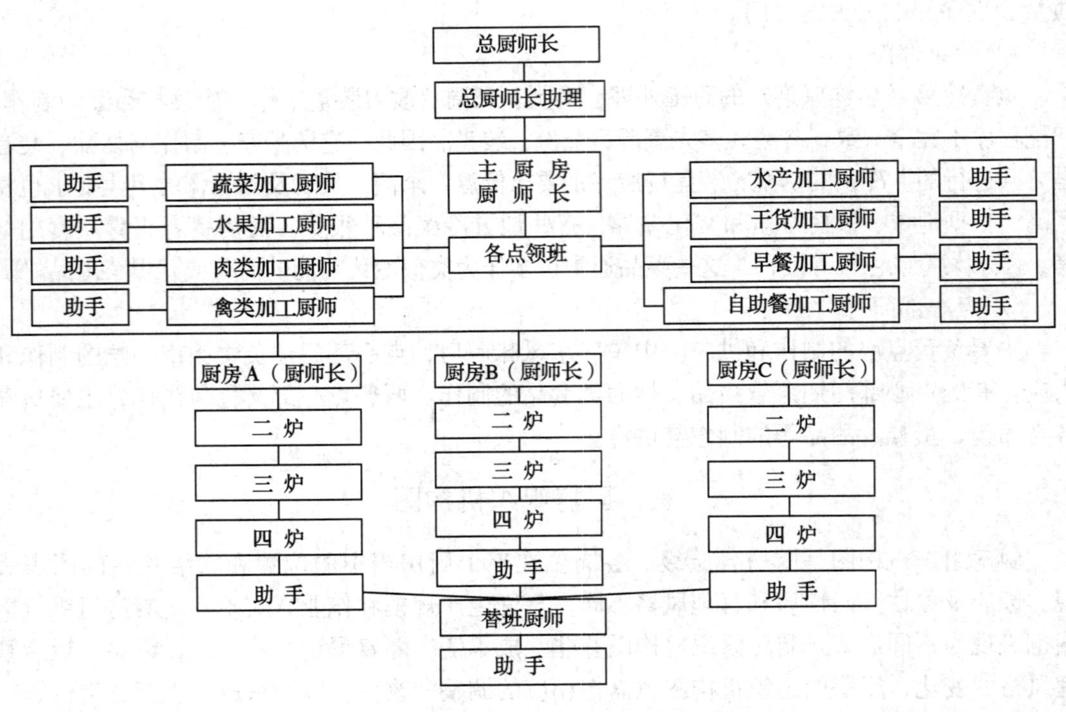

图 6－2　大型厨房组织机构图

大型厨房机构的特点是集中设立、并特别强化主厨房的职能，由主厨房加工、提供各烹调厨房半成品原料。根据饭店规模，分设若干烹调厨房，以领用主厨房原料，进行烹制出品。集中与分散有机结合，既便于控制加工规格，计核原材料成本，又一定程度上保证了各烹调厨房的卫生和出品质量。

2. 中型（中、西餐）厨房组织机构图（见图 6－3）

此种厨房多为兼有中、西餐功能饭店的厨房机构，通常分为中菜、西菜两部分，厨房的规模不是很大，除了加工工作合并、集中设计外，每个厨房具有相对独立、全面的多种生产功能。

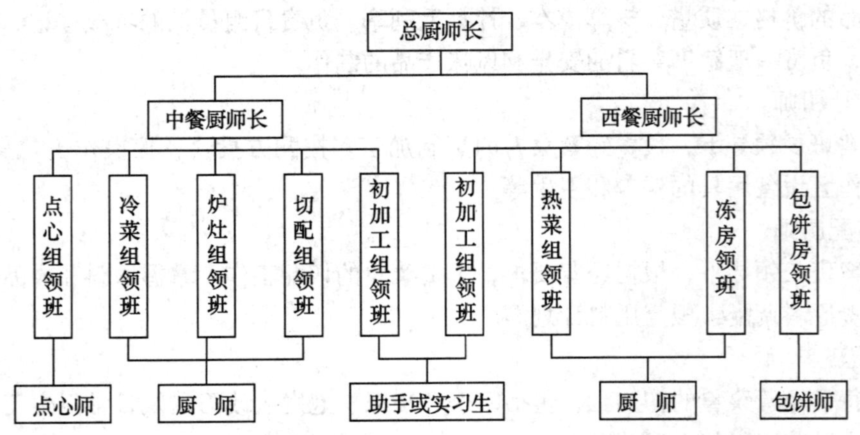

图 6－3　中型（中、西餐）厨房组织机构图

3．中型（中餐）厨房组织机构图（见图6－4）

此种机构图的优点在于岗位分工细致，职责明确，更便于基层督导和监控管理。

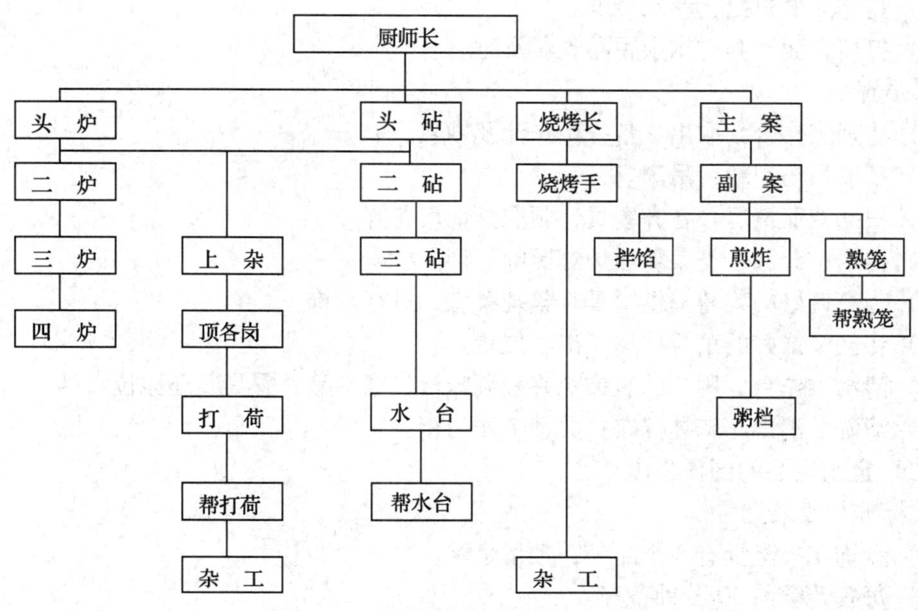

图6－4 中型（中餐）厨房组织机构图

4．小型厨房组织机构图（见图6－5）

小型厨房规模小，因此机构也比较简单，设置几个主要的职能部门即可，加工直接隶属于切配，可不单独设组。更小的厨房可不设部门而直接设岗。

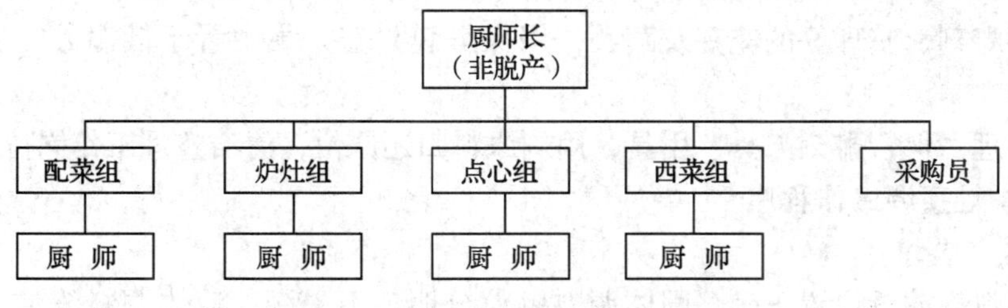

图6－5 小型厨房组织机构图

四、岗位工作程序

烹调岗位及其相关工作程序主要包括打荷、盘饰用品的制作、炉灶烹调、大型活动的餐具准备和菜肴退回厨房的处理等。

（一）打荷工作程序

1．标准与要求

（1）台面清洁，调味品种齐全，陈放有序。

（2）吊汤原料洗净，吊汤用火恰当。

（3）餐具种类齐全，盘饰花卉数量适当。

（4）恰当地分派菜肴给炉灶烹调，符合炉灶厨师技术特长或工作分工。

（5）符合出菜顺序，出菜速度适当。

（6）餐具与菜肴相配，盘饰菜肴美观大方。

（7）盘饰速度快捷，形象美观。

（8）打荷台面干爽，剩余用品收藏及时。

2. 步骤

（1）清理工作台，取出、备齐调味汁及糊浆。

（2）领取吊汤用料，吊汤。

（3）根据营业情况，备齐餐具，领取盘饰用花卉。

（4）传送、分派各类菜肴给炉灶厨师烹调。

（5）为烹调好的菜肴提供餐具，整理菜肴，进行盘饰。

（6）将已装饰好的菜肴传递至出菜位置。

（7）清洁工作台，用剩的装饰花卉和调味汁、糊冷藏，餐具归还原位。

（8）清洗、消毒、晾挂抹布；关锁工作门柜。

（二）盘饰用品的制作程序

1. 标准与要求

（1）盘饰花卉至少有 8 个品种，数量足够。

（2）每餐开餐前 30 分钟备齐。

2. 步骤

（1）领取备齐食品雕刻用原料及法香、香菜等盘饰用蔬菜。

（2）清理工作台，准备各类刀具及盛放花卉用盛器。

（3）根据装饰点缀菜肴需要，运用各种刀法雕刻一定数量、不同品种的花卉。

（4）整理、摘取一定数量的法香、香菜等头、心、叶等，置于盛器，留待盘饰使用。

（5）将雕刻、整理好的花卉及蔬菜，用保鲜膜封盖，集中置于低温处，供开餐打荷使用。

（6）清理、保管雕刻刀具、用具，用剩原料归还原位，清洁整理工作岗位。

（三）炉灶烹调工作程序

1. 标准与要求

（1）调料罐放置位置正确，固体调料颗粒分明，不受潮；液体调料清洁无油污，添加数量适当。

（2）烹调用汤：清汤要清澈见底，白汤要浓稠乳白。

（3）焯水蔬菜色泽鲜艳，质地脆嫩，无苦涩味；焯水荤料去尽腥味和血污。

（4）制糊投料比例准确，稀稠适当，糊中无颗粒及异物。

（5）调味用料准确，口味、色泽符合要求。

（6）菜肴烹调及时迅速，装盘美观。

2. 步骤

（1）准备用具，开启排油烟罩，点燃炉火使之处于工作状态。

（2）对不同性质的原料，根据烹调要求，分别进行焯水、过油等初步熟处理。

（3）吊制清汤、尚汤或浓汤，为烹制高档及宴会菜肴做好准备。

（4）熬制各种调味汁，制备必要的用糊，做好开餐的各项准备工作。

（5）开餐期间，接受打荷安排，根据菜肴的规格标准及时进行烹调。

（6）开餐结束，妥善保管剩余食品及调料，擦洗灶头，清洁整理工作区域及用具。

任务二 厨房设备管理

学习目的：通过学习能对厨房里各设备进行整理和分类，熟练掌握厨房设备管理要求和管理原则，提高个人综合职业素养，学到专业知识和技能。

教学方法：讲授、演示、实训和理实一体。

任务驱动：能对厨房里各设备进行整理和分类，熟练掌握厨房设备管理要求和管理原则。

知识链接：

一、厨房设备管理意义

厨房设备的配备是从事厨房生产的前提条件，而设备的良好运行才能保证厨房生产的连续、有序进行，也才能在饭店产生效益的同时，有效防止设备维修费用的增加，饭店可持续发展、理想的经营效益才能真正实现。厨房设备管理，就是调动各方面积极因素，采取相应措施，主动实施对厨房各类设备的维护、保养，以保持和提高设备完好率，方便厨房生产运作。

厨房设备的有效管理不仅是饭店从事正常生产的需要，同时更是保障员工生产安全、创造饭店效益的需要。加强厨房设备管理，其意义主要有如下几点。

1. 良好的设备是员工与企业安全生产的前提

厨房设备良好运行，员工按操作规程使用各类设备，操作方便、生产快捷，没有事故隐患，员工的安全利益便有了保障。同样，良好的设备状况也减少了饭店因设备的陈旧、损坏或带病操作或超负荷运作等带来的生产事故，以免产生各类灾害。

2. 设备的正常运行是有序从事厨房生产的基础

厨房生产在饭店是循环往复、周而复始的连续、不间断过程，有计划的原料加工、适当备料、一定量半成品的存在为饭店顺利开餐、及时满足客人用餐需要提供了保证，而这些都是建立在厨房良好的设备运行基础上的。因此，厨房设备的正常运行，是厨房有计划安排加工、生产，减少原料浪费、确保饭店生产经营秩序的先决条件。

3. 加强设备管理是节省企业维修费用的关键措施

厨房设备维修费用实际是饭店净利润的流失。厨房设备维修的频率、维修的程度是可以通过有效的厨房管理加以控制的。设备损坏、维修不仅增加直接的维修费用、材料费用，组织、购买材料的各项相关费用也同样昂贵。因此，加强厨房设备管理，维持、提高设备完好率，对饭店进行成本控制是十分必要、相当有效的。

二、厨房设备管理要求

厨房设备管理是一项日常的、长期的、具体的管理工作，要使厨房设备管理起到应有作用，必须综合做好以下几方面工作。

1. 制订设备管理制度

针对厨房生产及各岗位工作特点，制订切实、具体的设备管理制度，健全主要设备资料档案及操作规程，这是厨房管理要做的基础工作。厨房设备种类不同、功能各异、使用频率也不一致，有的设备使用者也不好固定，所以更需要有严格而明确的规章制度，使设备的使用、保养、维护都有章可循。厨房设备管理制度表明了饭店对厨房设备的重视程度，制度同时规定了厨房员工有责任和义务正确操作、爱护各类设备。将各类厨房设备管理制度向员工进行直观、形象、具体的系统培训，对厨房员工规范、高效地使用厨房设备是至关重要的。

2. 规定设备操作、保养规程

每一台设备都有一定的操作规程，正确地使用设备就必须按规定的先后次序进行操作，严禁违章操作。因此，对每一台设备都应根据产品说明书制订出操作使用规程。设备的操作使用规程一般包含以下几方面的内容：① 使用前的检查工作；② 操作使用程序；③ 停机操作及检查；④ 安全操作注意事项。

设备运行得正常与否、设备使用寿命的长短不但与设备的正确使用有关，更与平时的维护保养有密切的关系，只使用不注意保养是厨房设备常出故障、容易损坏的主要原因。因此必须对每台设备制订详细的维护保养规程，并按设备的维护保养规程认真操作。厨房设备维护保养规程的主要内容有：① 设备的日常保养；② 设备的周期保养；③ 设备的定期维修保养。

3. 明确设备管理责任

将厨房设备根据其布局位置和使用部门、岗位及人员情况，进行合理、详细的分工，明确责任。

4. 健全设备维修体系

尽管设备分工明确，随时有人清洁维护，这也很难避免设备的损坏，因为厨房设备除了人为操作损坏外，有些零部件因其自身老化或磨损等缘故而必须进行更换或维修。因此，理顺厨房设备报修渠道，及时对有问题的设备进行修理，这不仅是维持厨房正常生产的需要，也可以减少因维修的不及时而导致设备损坏程度的加重、维修时间的延长和维修费用的增加。

5. 适时更新、添置设备

积极、适时为厨房更新或添置功能先进、操作便利的生产设备，不仅可以减轻厨师的劳动强度，提高厨师劳动积极性，而且可以防止因原有设备的老化或超年限使用妨碍厨房生产、影响出品质量，同时还能节省对老化设备频繁维修的高额费用。

三、厨房设备管理原则

厨房设备管理应以方便生产、减少损坏、保持设备完好率为原则，具体包括以下几个方面。

1. 预防为主

厨房设备不要养成用者不管、管者不查、坏了报修、修坏再买的恶性循环习惯。应贯彻预防为主的原则，平时多检查，定期做保养，用时多留心，切实做到维护、使用相结合，并强化例行检查、专业保养的职能，维持设备完好率，尽可能减少设备损坏现象。

2．属地定岗

厨房设备责任管理，应以设备所在地为基础，尽量明确附近岗位、人员看护、检查、督促相关设备的使用、清洁和维护工作；员工下班应对责任区内设备进行检查和设备完好情况确认，并主动接受厨房管理人员的督导。

3．追究责任

对损坏设备及时进行维修的同时，应对设备的损坏原因进行调查、分析，对人为损坏设备的当事人应进行严格教育、重点培训，甚至要求直接责任人承担赔偿责任。不计成本、不断重复的维修对饭店、对员工、对厨房风气的培养都是不利的。

四、设备管理方法

在遵循设备管理原则的基础上，区别不同类型的厨房设备，应采取相应的管理方法。

1．冷藏设备使用管理要点

（1）电源电压不能过低　若电源电压过低，则会使电动机的转矩减小而造成电动机难以启动。电源的允许电压一般在5%上下波动。

（2）严禁冰箱内久不除霜　冰箱工作一段时间后，冷冻室内外会结上一层凝霜，它像一层棉被，覆盖了冷冻室壁的吸热管，影响了管道对周围热量的吸收。

（3）不得将热食品放入冰箱内　直接将热食品或其他高温物品放入冰箱，会使箱内温度骤然升高，造成压缩机长时间运转，不仅费电，而且热蒸汽还会使冷冻室结霜速度加快。

（4）严禁碰损管道系统　冰箱制冷管道系统长达数十米，其中有些细管外径只有1.2毫米。拆装或搬运时不慎碰撞，都可能造成管道破损、开裂，使制冷剂泄漏或使电气系统出现故障。

（5）冷藏设备在运行中不得频繁切断电源。

（6）严禁硬捣冰箱内的冻结物品　易冻结物品，应用铁架放置。发生冻结现象时，如不急用可通过除霜将物品取出，如急用则可用温水毛巾，将冻结部位化开。

（7）运行中的冰箱应尽量减少开门次数　无计划的频繁开箱门或开箱门的时间过长，箱门关闭不严，都会使箱内冷空气大量逸出，造成压缩机运转时间过长或不易制冷。

（8）存放物品的限制　冷藏冰箱内不宜存放酸、碱和腐蚀性化学物质。不得存放挥发性大、有怪味的物品。

2．蒸汽炉具的使用管理要点

（1）使用前要检查蒸汽阀门是否完好，出汽孔是否畅通，压力表是否正常。

（2）严格按照操作规程使用蒸汽炉具。

（3）加热结束，关闭蒸汽阀，如炉具内还有压力，一定要等压力降到零后才能开锅（箱）取物。

（4）每班结束前搞好清洁工作。

（5）要定期检查蒸汽管道的保温层情况。

（6）每周检查阀门填料是否松动，阀门是否漏气，如发现漏气，及时调整检修。

（7）每周检查减压阀，清除减压阀上污垢，保持正常工作。

3．电烤箱的使用管理要点

（1）电烤箱在使用时要依据食物的种类选择烹调温度。

（2）在铁丝架上烧烤食物时，恐有碎屑及油汁流下，故下面须以烤盘收集。

（3）电烤箱内部及下面透视镜的污秽须以湿布蘸中性洗涤剂轻擦，不可用硬物或酸碱等擦拭。需要注意的是电烤箱的内表面兼作热量反射板用，若不干净或损坏将影响反射效率，不但使烘烤时间加长，而且影响烘烤效果。

（4）烘烤食物时应等烤箱到达一定温度后，再将食物放入烤箱内，然后检查箱门是否关严。正在烘烤食物时，不要时常打开箱门观看。

（5）电烤箱要避免受潮，应远离水池。

（6）电烤箱每天都应清洗。外壳污渍可用软布蘸肥皂水擦拭，再用干布擦拭；烧盘、烤架可用肥皂水清洗后，再用干布擦拭。不可用金属器具刮除烤盘、烤架上的残留污物。

（7）每半年应检查一次电气线路绝缘状况，接地是否良好，烤箱门关闭是否严密；有风机的电烤箱，每季要给传动部分加油润滑。

4. 电温藏箱使用管理要点

（1）电温藏箱温度要适宜，一般设定温度通常是65℃，如果低于65℃，有些食品会比放在箱外腐败更快；温度太高也不好，食品容易脱水干燥，所以建议在电温藏箱里放一些开水碟子，增加湿度。

（2）为防止互相串味，有异味的食品应该用食品保鲜纸包好。箱内要经常擦拭，防止细菌污染。

（3）不可用水冲洗电温藏箱，除电气部分不应有水外，箱的四周如同电冰箱一样，充填的保温材料也是怕水的。

5. 微波炉使用管理要点

（1）微波炉在没有加热食物时，不能通电空烧，否则，会由于微波无处吸收而损坏磁控管。

（2）放入炉膛内盛放食物的器皿必须是非金属的材料。

（3）磁性材料会干扰微波磁场的均匀性，使磁控管的工作效率下降，因此凡是磁性的东西不要靠近微波炉。

（4）冷冻食物应先解冻后方可烹调，以避免烹调后食物内外成熟程度不同，食物放入炉里，还应注意大小厚薄不要过分悬殊，以免影响烹调效果。

（5）开启和关闭炉门时要轻合，避免用力过度使密封装置受损，造成微波泄漏或缩短炉门使用寿命；若有尘埃和油污等沾上炉门，应及时清除。

（6）微波炉要安放在干燥平坦处，与墙壁保持15～30厘米的距离，并要远离火炉及水源，以免热气和水汽导电漏电，产生故障。

（7）加热密封的罐头食品时，需先将瓶口或盖子打开，否则会引起罐头在炉内炸裂。

6. 电磁感应灶使用管理要点

（1）使用前应先检查电源的电压是否一致，若线路的供电压和电磁灶要求的使用电压不同时，要用变压器调节一致后方可使用。

（2）电磁灶的加热板虽然是由硬质耐热塑料和高强度陶瓷板制成，但也有发生裂纹的可能。在使用过程中，要防止尖硬物体碰撞受损；万一加热板受损，应立即断电修复，防止汁从裂缝中渗入灶内，引起短路和触电事故。

（3）电磁灶在使用过程中不要靠近其他热源体，更不得在潮湿环境中使用，以免影响绝缘性能和正常工作。

（4）电磁灶与墙壁之间的距离要大于10厘米以上，以免影响排气和散热。

（5）电磁灶使用完毕后进行清洁卫生工作时应使用中性洗涤剂擦拭，以免使灶具外观改变色质，影响产品的美观和内部电路装置。

（6）电磁灶在使用时，因发射出电磁波而向周围扩散，所以在使用电磁灶具的直径3米以内最好不要开收音机和电视机，灶具使用完毕应及时切断电源。

7. 绞肉机使用管理要点

绞肉机使用后务必清洗干净，刷洗后要放在通风处吹干。绞轴、剪切栅、绞刀、孔格栅应拆下清洗，干燥后再安装好。

8. 制冰机使用管理要点

（1）使用前检查设备是否完好。

（2）制冰前，先做好卫生消毒工作，然后再打开电源制冰。

（3）停止使用时，应先切断电源，再做清理工作。

（4）定期请专业人员对设备进行保养。

任务三　厨房安全训练

学习目的：制定系统全面、切实可行的厨房管理制度、操作规范和各项安全生产要求。建立健全安全生产管理制度，学习消防知识和用电知识，加强安全观念。

教学方法：讲授、演示和案例分析。

任务驱动：制定厨房安全管理规范，尽量避免厨房事故的发生与建立健全安全预防制度，操作规范化。

知识链接：

为确保员工的生产安全，应建立健全安全生产管理制度，经常对员工进行安全生产教育、消防知识和用电知识教育，加强员工的安全观念，使员工懂得必要的用电和消防常识，人人学会使用消防设备和有关电器。应经常进行对煤火、电源、电器等的安全检查，严禁随意拉接电线、安装电源插座，严禁用煤油、汽油、酒精生火。对电源电器，每日应进行一次线路的安全检查。每日生产结束，人员离开工作现场以前，要对整个厨房场地进行全面检查。对锅炉、煤气罐等，要定期进行检修，及时补齐安全配件。对有关的机械设备和电器设备应指定专人使用，注意做好保养和维修工作，其他人员不得随意动用。教育员工切实遵守安全操作规程，保证煤气管道、锅炉、升降机、电动机、绞肉机、和面机、各种刀具、油锅等的安全使用，防止技术事故和人身伤害。消防设施要合理布局，炉火、油锅附近，必须配有灭火器或消防沙。消防设备要有专人负责管理，通向水源的道路，要经常保持畅通，做到随时可以通行。总之，要及时排除各种潜在的不安全因素，把事故消灭在萌芽之中，以保证员工的人身安全和厨房设施财产的安全。因此，厨房管理人员和各岗位生产员工都必须意识到安全的重要性，并在工作中时刻注意正确防范。

一、厨房安全管理规范

厨房安全管理规范，即为了厨房连续不断、计划有序地开展生产运转工作，饭店在执行预防为主的原则的前提下，制定的系统全面、切实可行的管理制度、操作规范和各项安全生产要求。依照安全管理规范培训员工，督导员工，检查、考核员工，长此以往，对厨房的安全管理是大有裨益的。

（一）厨房员工安全操作规程

1. 厨房员工安全操作守则

（1）员工上岗应按要求身着饭店工作服及工作鞋。

（2）厨房员工穿着制服、戴帽子、穿平底鞋、系围裙，衣袖要扎好，胸前口袋中不得放火柴、打火机、香烟等物。

（3）员工当班时应保证精力集中，不应在厨房内跑动、打闹。

（4）厨房的设备应由主管人员定期检查，以防意外事故发生。

（5）厨师使用厨房设备须严格遵守正常的操作规程（新员工须由主管人员对其进行设备使用方面的培训）。

（6）油炸锅在使用过程中应保证人员不离岗。

（7）当油、水、食物泼到地面上时，要立即清除。

（8）碗、盘、玻璃器皿打碎时，不得用手去捡拾，要用扫帚去清理。

（9）擦拭锅炉要先确定已经不会烫手，然后才用手去拿。

（10）衣物、桌布等易燃物不得在火炉上烘烤。

（11）搬运重物特别是热汤汁时不要一人操作，以免扭伤和烫伤。

（12）刀具和锋利的器具落地前不要用手接拿。

（13）应保证刀具的锋利，不锋利的刀具最易伤人。

（14）厨房员工，不得随意处理突发的断电事故。

（15）工作时应注意保持地面清洁以免滑倒受伤。

（16）工程人员断电挂牌操作时，切忌合闸。

（17）每天打烊后，值班者应最后离开，在离开前要切实检查炉灶是否还有余火，煤气开关的把手是否在关闭的垂直位置，逐一检查电气用具插头是否拔下，最后关灯离去。

（18）值班人员在逐项检查后，必须填写安全检查表并签名，亲自送到规定的地方。

2. 煤气炉具的安全操作规定

（1）煤气炉具应设计在通风良好的厨房中使用，须远离易燃物品，并要求布局在不易燃烧的物体上，如水泥板、石板、铁板。

（2）使用煤气前，应检查所有煤气开关是否处于关闭状态。点火时，要做到火等气，先开煤气总阀，再划火凑近火眼，最后开灶具的开关点燃灶具。千万不要先开灶具上的开关，后划火柴点火，以免煤气放出与空气混合，再遇火种，极容易发生爆炸。

（3）调节风门可对火焰进行调节，使火焰呈蓝色。如果火焰发红和冒烟，则说明进风量小，应调大风门，如果发生回火，则要关闭灶具开关，调小风门再点火。火点着后，再调节风门，使燃烧火焰正常。如果发生离焰，则说明进风量大，应调小风门。

（4）经常保持灶具的清洁，尤其要保持火眼畅通，灶具点燃后应有人看管，防止火

焰被溢出的汤水浇熄或被风吹灭使燃气大量泄漏，造成事故。

3．液化气（管道煤气）安全使用规定

（1）液化气罐必须直立放置，并使其不致被撞到而倾倒。

（2）液化气罐须隔离火源，避免日光直射，应置于通风良好的位置，保持35℃以下的温度。

（3）液化气罐若须放在木箱内时，箱底须有换气孔，以维持通风，液化气罐腰部用锁链固定，防止振动或意外碰撞。

（4）液化气罐及其周围不得放置易燃品，如汽油、酒精、抹布、纸张等。

（5）装卸液化气罐时，须确定附近无火源、引火物以及易燃物。

（6）在室内使用液化气器具须注意通风，不得在密闭室内使用液化气燃烧器具。

（7）液化气燃具的周围须有一定的空间，燃具周围30厘米以上、上方1米以上必须留出空间，以防引发火灾。

（8）液化气输气管必须是金属管，不能使用塑料软管代替，装置在室内时，应距离电源线30厘米以上。

（9）输气管衔接处的螺旋纹至少要5圈以上，并须结合紧密，不漏气。

（10）使用液化气前注意闻闻，是否有液化气臭味，以确定是否有液化气漏出。

（11）点火时先慢慢地旋开炉灶出气开关，使用点火器点火。

（12）点火后燃烧中的火焰要调整到完全燃烧的状态，即呈蓝色的火焰，没有完全燃烧的火焰呈红色；如果没有完全燃烧，一氧化碳有毒气体的扩散将造成严重后果；注意不让火焰被风吹熄。

（13）使用后要先关总阀或液化气罐旋式开关，让煤气断绝后再关炉灶的开关。

（14）液化气漏气的处理：关紧液化气罐开关；熄灭附近一切火焰、切断电源；将门窗打开，使室内空气流通良好；将液化气罐迅速移至室外空旷地方。

（二）仓库安全管理规定

1．器皿安全管理规定

（1）穿平底胶鞋，不得佩戴松弛的饰物。

（2）工作时戴手套保护双手。

（3）搬运盘碟时一定要用推车。

（4）清理盘碟时应留意发现有无破损，将破损盘碟随时挑出来放在一边，不得再用。

（5）搬运太重的物件或大的垃圾桶时，要找人帮忙，不要勉强用力。

（6）如果操作发生伤口，必须进行医治处理。

（7）如果怀疑财物、器皿有可能遭偷窃时，须立即报告上级。

2．单人搬运安全管理规定

（1）过重的物体不要单独搬运，最大的安全重量建议男人20千克，女人10千克，若超过此重量，则应两人搬运，以免伤害身体。

（2）推举重物应弯膝，运用腿肌，不要运用腹肌或背肌，否则容易引起背部酸痛或拉伤。

（3）推举重物应先吸一口气，一直维持到东西放下时才呼出，深吸一口气可以拉紧肌肉避免拉伤。

（4）切忌扭转腰背，反方向去拿重物，搬运物品不要扭转身体方向，以免拉伤。

（5）搬运物体时应注意四周，背后是最容易发生事故的方向，不可搬运物体向后退。

（6）搬运长形物体时应保持前面高、后面低，尤其在转角处或前面有障碍物时，应特别注意。

（7）推滚圆形物体时应站在物体后面，并注意前面是否有人，双手不要放在圆形物体的边缘，因为碰撞时最易伤手。

（8）超过人体高度的物料，即使不重，也不要一个人搬动，防止伤人。

3．手推车安全管理规定

（1）尽量把重的东西放在推车的下面，重心越低越稳。

（2）推二轮车时，尽可能把物体放在车的前端，重力由车轴负担，推车人员保持车子平衡并推动车子前进。

（3）推车前进经过转角处时，不要在后面推，应改在旁边拉，这样可以看到另一方向的来人或是来车，以免撞倒。

（4）推车进出电梯时，若是负载物太重，应找人帮忙。

（5）堆放在推车上的物体高度以不妨碍视线为标准，要把物品安放妥当，以免滑落。

（6）在推车上堆放椅子时，一次以8张为限。

（7）不要拉着推车后退。

（8）注意随时控制推车的速度，不要推着车跑，不要太快。

（9）特种用途的推车，除指定用途外不作别的用途。

（10）手推车如滑轮有损坏，或者有台面倾斜、把手脱落等任何问题，应立即停止使用，报请修理。

（三）防火管理规范

1．厨房防火制度

（1）厨房各种电器设备的安装使用必须符合防火安全要求，严禁超负荷使用，绝缘要良好，接点要牢固，并有合格的保险设备。

（2）厨房的各种机电设备操作使用必须制定安全操作规程，并严格遵照执行。

（3）厨房在炼油、炸食品和烤食品时，必须设专人负责看管。炼、炸、烘、烤时油锅、烤箱温度不得过高，油锅不得过满，严防油溢着火引起火灾。

（4）厨房的各种煤气炉灶、烤箱点火使用时必须按操作规程操作，不得违反，更不得用纸张等易燃品点火。

（5）不得往炉灶、烤箱的火眼内倒置各种杂质、废物，以防堵塞火眼，发生事故。

（6）各种灭火器材、消防设施不得擅自动用。

（7）会使用各种灭火器材、火灾报警器，能熟练地掌握其性能、作用和使用方法。

（8）知道所在部门灭火器材和手按报警器的位置，知道最近的消防疏散门。

（9）一旦发生火情，速打电话通知总机或饭店消防中心。

2．厨房液化气防火安全管理制度

（1）液化气灶操作人员必须经过专门学习，掌握安全操作液化气灶的基本知识。

（2）员工进入厨房应首先检查灶具是否有漏气情况，如发现漏气，不准开启电器开关（包括电灯）。

（3）员工进入厨房前应打开防爆排风扇，以便清除积沉于室内的液化气。

（4）操作前应检查灶具的完好情况。

（5）点火时，必须执行“火等气”的原则，千万不可“气等火”，即点燃火柴，再打开点火棒供气开关，点燃火棒后，将点火棒靠近灶具燃烧器，最后打开燃烧器供气开关，点燃燃烧器。

（6）各种液化气灶具开关必须用手开闭，不准用其他器皿敲击开闭。

（7）灶具每次使用完毕，要立即将供气开关关闭；每餐结束后，值班人员要认真检查每只供气开关是否关闭好。

（8）每天夜餐结束后要先关闭厨房总供气阀门，再关闭各灶具阀门，然后通知供气室关闭气源总阀门。

（9）发现问题应立即关闭总阀门，并及时报告主管领导和安全部门。

（10）经常做好灶具的清洁保养工作，以便确保安全使用液化气灶具。

（11）无关人员不得动用液化气灶具。

（12）食品加工和制作，要牢记食品卫生准则，切实注意安全。

（13）下班时关闭所有电灯、排气扇、电烤箱等电器设备，并锁好所有门窗，一切检查无误后，方可下班。

（14）坚守工作岗位，起油锅时绝对不准离人，要集中思想，正确掌握油温，防止外溢或过热引起火灾。

（15）严格执行安全操作规定，经常检查电器、机械设备的完好状况，发现不安全因素及时报请维修。

（16）一旦发生火灾事故，应立即关闭液化气总阀，关闭电源，一面报警，一面动用灭火器材扑救。

二、厨房事故发生与预防

厨房事故，就是厨房安全管理中应尽力杜绝和防范的。厨房事故，指厨房加工、生产、运输，以及日常运转过程当中出现的烫伤、扭伤、跌伤、割伤、火灾等妨碍厨房生产、餐饮经营正常、有序进行的情况。由于种种原因，厨房从生产到销售，其间不安全因素时常存在。管理者要正视厨房工作的特点，在容易出问题的岗位、场所采取行之有效的方法强化控制管理；并加强员工培训，提高安全防范意识，对症采取切实有效的措施，预防事故发生，力降事故损失。

（一）烫伤的预防

厨房加热源无论是煤气、液化气、煤，还是柴油、蒸汽等，给厨房员工造成的灼伤事故都占厨房事故的很大比例。一旦灼伤，轻则影响操作，重则需要送医院治疗，伤者更是疼痛难忍。预防灼伤的措施包括以下几点：

（1）遵守操作程序　使用任何烹调设备或点燃煤气设施时必须按照产品的说明书进行操作。

（2）通道上不得存放炊具　凡有把手柄的桶、壶及一切炊具，不得放置在繁忙拥挤的走廊通道上。

（3）容器注料要适量　不要将罐、锅、水壶装得太满。避免食物煮沸过头，以防溅出锅外。

（4）搅拌食物要小心　搅动食物通常使用长柄勺，保持与食物的距离。

（5）预先准备　从炉灶或烘箱上取下热锅前，必须事先准备好移放的位置。如果事先有了准备，提锅的时间就能缩短。提既烫又重的容器前，应毫不犹豫地及时请同事帮助。

（6）使用合格、牢靠的锅具　不要使用手柄松动、容易折断的锅，以免引起锅身倾斜、原料滑出锅或把手断裂。

（7）冷却厨房设备　在准备清洗厨房设备时要先进行冷却。

（8）懂得怎样灭火　如果食物着火了，将盐或小苏打撒在火上，不要用水浇，必须学会使用灭火器和其他安全装置。

（9）使用火柴要谨慎　将用过的火柴放入罐头盒内或玻璃容器内。

（10）安全使用大油锅　如准备将大油锅里的热油进行过滤或更换，必须注意安全，一定要随手带抹布。

（11）禁止嬉闹　不容许在操作间奔跑，更不得拿热的炊具在手里开玩笑。食品服务人员应该接受训练，学会正规地倒咖啡和其他热饮料。

（12）张贴“告诫”标志　在潮滑或容易发生烫伤事故的地方，需张贴“告诫”标志，以告诫员工注意。

（13）定期清洗厨房设备　防止炉灶表面和通风管盖帽处积藏油污。

（二）扭伤、跌伤的预防

厨房员工在搬运重大物品，或登高取物，或清除卫生死角，或走动遇滑时容易造成扭伤和跌伤。

1．扭伤的预防

（1）举东西前，先要抓紧。

（2）举东西时，背部要挺直，只能膝盖弯曲。

（3）举重物时要用腿力，而不能用背力。

（4）举东西时要缓缓举起，使举的东西紧靠身体，不要骤然一下猛举。

（5）举东西时，如有必要，可以挪动脚步，但千万不要扭转身子。

（6）当心手指和手被挤伤或压伤。

（7）举过重的东西时必须请人帮忙，绝不要勉强或逞能。

（8）当东西的重量超过 20 千克时，受伤的可能性即随之增加，在举之前应多加小心。

（9）尽可能借助起重或搬运工具。

2．跌伤的预防

大多数跌伤只是在地面滑倒或绊倒而不是从高处摔下。为了帮助预防摔倒跌倒事故，下述几方面必须引起特别注意：

（1）清洁地面，始终保持地面的清洁和干燥。有溢出物须立即擦掉。

（2）清除地面上的障碍物，随时清除丢在地面上的盘子、抹布、拖把等杂物，一旦发现地砖松动或翻起，立即重新铺整调换。

（3）小心使用梯子。从高处搬取物品时需使用结实的梯子，并请同事扶牢。

(4) 开门关门要小心，进出门不得跑步，经过旋转门更要留心。

(5) 穿鞋要合脚，厨房员工应穿低跟鞋，并注意防滑，最好是鞋底不滑的合脚鞋子，不穿薄底、已磨损、高跟的鞋以及拖鞋、网球鞋或凉鞋，要穿脚跟和脚底不外露的鞋，鞋带要系紧以防滑跤。

(6) 清扫积雪和冰，入口处和走道不得留存积雪和冰。

(7) 避免滑跤，使用防滑地板蜡。

(8) 张贴安全告示，必要时张贴“小心”或“地面潮湿”等告示。

(9) 修理楼梯。楼梯的踏板如破裂或磨损需及时更换。

(10) 保持光亮度。保证楼梯井或其他不经常使用地区的光亮度。

(三) 割伤的预防

刀割伤是厨房加工、切配及冷菜间菜点厨房员工经常遇到的伤害。预防割伤的措施有下列几点：

(1) 锋利的工具应妥善保管　当刀具、锯子或其他锋利器具不使用时应随手放在餐具架上或专用的抽屉内。不能随意地丢放在一只抽屉内或其他不安全的地方。

(2) 按安全操作规程使用刀具　将需切割的物品放在桌上或切割板上，刀在往下切时须抓紧所切物品，注意在切薄片时容易削到手指。当刀斩食物时必须将手指弯曲抓住原料，使刀刃落在原料块上。刀具大小要合适并清楚刀刃的锋利度。此外，手柄已松动的刀具必须修理或报废。

(3) 保持刀刃的锋利　须清楚钝的刀刃比锋利的刀刃更易引发事故。因刀刃越钝，员工所使的力就越大，食品一旦滑动就发生事故。

(4) 各种形状的刀具要分别清洗　将各种形状的锋利刀具集中摆放在专用的盆内，并将其分别洗涤，切勿将刀具或其他锋利工具沉浸在放满水的洗池内。

(5) 禁止用刀嬉闹　不得拿刀或锋利工具进行打闹，一旦发现刀具从高处掉下不要用手去接。

(6) 集中注意力，使用刀具或其他锋利刀具要谨慎。

(7) 不得将刀具放在工作台边上，应放在台子中间，以免掉到地上或砸到脚上。

(8) 厨房内尽量少用玻璃餐具　尽快处理碎玻璃，可用扫帚和簸箕清扫干净，不能用手捡。如果玻璃碎在洗涤池内，先将池水放掉，然后用湿布将碎玻璃捡起。通常是将碎玻璃或陶瓷倒入单独的废物箱内。

(9) 利用安全装置　厨房设备要安有各种必备的防护装置或其他安全设施。

(10) 谨慎使用食品研磨机，使用绞肉机时必须使用专门的填料器。

(11) 清洗设备，切断电源　设备清洗前须将电源切断（拔去插头）。

(12) 谨慎清洁刀口　擦刀具时抹布折叠到一定厚度，从刀口中间部分向外侧刀口擦，动作要慢，要小心，清洁刀口一定要符合规定要求。

(13) 使用合适的刀具　不得用刀代替旋凿或开罐头，也不得用刀撬纸板盒和纸板箱。必须使用合适的开容器工具。

(四) 伤口的紧急处理

刀伤是厨房最难避免的一种事故。一旦发生刀伤，要视伤口大小、情节轻重及时采取措施。有些只要进行简单处理即可奏效。当然，伤口也不全是刀刃引起的。因此，注意以下几点对伤口的及时有效处理是十分必要的。

(1) 割伤、损伤和擦伤，马上清洁伤口，用肥皂和温水清洁伤口处皮肤；用无菌棉垫或干净的纱布覆盖伤口进行止血；轻轻更换无菌棉垫、干净纱布和绷带；如果伤口在手部，须将手抬高过胸口。

(2) 不得用嘴接触伤口，不得在伤口处吹气，不得用手指、手帕或其他污物接触伤口，不得在伤口上涂防腐剂。

(3) 出现下列情况要立即送医务室或医院处理

① 如果是大出血（属于紧急情况）；

② 如果出血持续 4 ~10 分钟；

③ 如果伤口有杂物又不易清洗掉；

④ 如果伤口是很深的裂口；

⑤ 如果伤口很长或很宽需要缝合；

⑥ 如果筋或腱被切断（特别是手伤）；

⑦ 如果伤口是在脸部或其他引人注目的部位；

⑧ 如果伤口部位不能彻底清洗；

⑨ 如果伤口接触的是不干净的物质；

⑩ 观察感染的程度（疼痛或伤口红肿增大）。

(4) 撞伤部位用冰袋或冷敷布在受伤处压 25 分钟，如果皮肤上有破损，创口需进一步按刀割伤处理。

(5) 水疱可用软性肥皂和水清洗，保持干净，防止发炎。如水疱已破，按开放性伤口处理，如受感染应就医。

（五）火灾的预防与灭火

厨房还有一类常见的事故就是火灾，可采取以下几种防火措施：

(1) 拥有足够的灭火设备　厨房每位员工都必须知道灭火器的安放位置和使用方法。

(2) 安装失火检测装置　使用经许可和可经常测试的失火检测装置，这些设备可用于防烟、防火焰和防发热。

(3) 考虑使用自动喷水灭火系统　该系统是自动控制火灾的极为有效的设施。另外，一种安装在通风过滤器下的特效灭火装置也是很有效的，厨房可不用考虑其类型（化学干粉、二氧化碳或特殊化学溶液），饭店安全部门应统筹安排、设计安装并进行保养和管理。

厨房发生的火灾通常有三种类型：① 由普通的易燃材料引起（木材、纸张、塑料等）；② 由易燃物质如汽油和油脂引起；③ 由电器设备引起。

小型火灾通常可用手提式灭火器扑灭。灭火器须安放在接近火源最合适的地方，并经常进行检查和保养。此外，极为重要的是对员工进行消防训练，使其学会正确使用灭火装置。灭火设备有多种，通常使用的一种是干化学药品多用灭火器，适用上述三种火灾。

手提式灭火器一般都很容易操作，但不能忽视对员工的训练，使之掌握特殊灭火装置的特性。通常，灭火器使用前必须将一只安全销拔去，使用多用化学灭火器时有一点很重要，即必须将化学灭火材料覆盖住所有燃烧区域，以防死灰复燃。

任务四　厨房个人卫生

学习目的：厨房生产人员必须注意个人的清洁卫生，遵守卫生“五四制”，个人卫生达到相应的要求。

教学方法：演示、情景教学。

任务驱动：通过学习，掌握厨房员工在原料的采购、贮存和操作中的个人卫生，以及餐用具卫生标准。

知识链接：

生产人员的个人卫生与操作卫生要求。厨房生产人员必须注意个人的清洁卫生，遵守卫生“五四制”个人卫生的要求。还应十分注意烹饪过程中的操作卫生。严禁操作时吸烟、说话，切忌将唾液溅在食物上，冷餐食品加工时应戴口罩；配菜的盘子和烹调后盛装菜肴的盘子要分开使用，实行双盘制；烹调尝口应用小碗或汤匙，尝后的余汁不能倒回锅中；装配料的水盆要定时换水，对水使用的调料要特别注重卫生；抹布要经常搓洗，不能一布多用，避免交叉感染；要随时保持操作台的清洁卫生。对生产人员要定期进行体格检查，加强健康管理。

一、采购与贮存卫生

采购与贮存是确保食品安全之首要环节，为了从源头上确保所经营食品的质量安全，必须重视各类市售原料的卫生，严把采购环节；食品原料的适量贮存可使生产经营活动有计划地进行，然而在贮存过程中食品新鲜度会不断下降，因此，加强贮存过程中的质量控制同样具有重要的意义。

（一）采购员个人卫生与专业要求

1．持健康证上岗，定期体检

2．采购员要熟悉各类食品的保藏特性

（1）最易腐的食品　如:鱼、肉、奶及大部分的水果；

（2）半易腐食品　如:马铃薯、坚果可保藏较长时间；

（3）不易腐食品　如:食糖、大米、面粉、干燥的豆类。

3．采购员要有识别食品卫生质量的能力和预防食物中毒的综合知识

采购员应掌握的专业知识有：食品腐败变质、食品卫生标准及法规、食品保藏期限、食品商品知识、食物中毒及预防等。

4．采购员应熟识各类安全食品的标识，采购品质安全可靠的食品

（1）食品质量安全市场准入标识　“质量安全”的英文 Quality Safety 字头“QS”与“质量安全”中文字样组成。标志的主色调为蓝色，字母“Q”与“质量安全”四个中文字样为蓝色，字母“S”为白色。

（2）无公害农产品标识　无公害农产品标志图案主要由麦穗、对勾和无公害农产品字样组成，麦穗代表农产品，对勾表示合格，金色寓意成熟和丰收，绿色象征环保和安全。

（3）绿色食品标识　绿色食品标志图上方的太阳、下文的叶片和蓓蕾，象征自然生

态；标志图形为正圆形，意为保护、安全；颜色为绿色，象征着生命、农业、环保。AA级绿色食品标志与字体为绿色，底色为白色；A级绿色食品标志与字体为白色，底色为绿色。

(4) 有机食品标识　有机食品标识图采用人手和叶片为创意元素，一只手向上持着一片绿叶，寓意人类对自然和生命的渴望；两只手一上一下握在一起，将绿叶拟人化为自然的手，寓意人类离不开自然的呵护，人与自然需要和谐美好的生存关系，有机食品的生产不使用任何化学物质。

(5) 兽医卫生检验合格印章　肉类兽医卫生检验合格的验戳印章为：圆形直径5.5厘米，印色用食用色素。

（二）采购食品的卫生要求

(1) 采购的肉类应鲜度合格，整片肉应盖有兽医卫生检验合格印章。

(2) 采购的禽蛋应外表清洁，完整无损，略感粗糙，具有光泽（大小均匀，发育充分）。

(3) 采购的蔬菜、水果应符合新鲜要求（蔬菜饱满无枯萎、无损伤、无病虫害等现象；不采购腐烂、未成熟或过度成熟的蔬菜果品）。

(4) 包装食品应标签完整，罐头食品无凸起现象，在有效保质期内（食用油脂、调味品、酒类、罐头食品等）。

（三）禁止采购的食品

采购员必须遵守食品卫生法，杜绝采购属于禁止生产经营的食品：

(1) 禁止采购腐败变质、油脂酸败、霉变、生虫、污秽不洁、混有异物或者其他感官性状异常的食品。

(2) 禁止采购含有毒、有害物质或者被有毒、有害物质污染的食品（河豚有毒，禁止采购）。

(3) 禁止采购被有毒有害物污染，可能对人体健康有害的食品（农药污染的食品）。

(4) 禁止采购含有致病性寄生虫、微生物的，或者微生物毒素含量超过国家限定标准的食品（如发霉的花生黄曲霉毒素超标）。

(5) 禁止采购含有致病性寄生虫的肉类（如：猪肉中的囊虫、横川吸虫寄生的鱼肉出现黑色小点）。

(6) 禁止采购未经兽医卫生检验或者检验不合格的肉类及其制品。

(7) 禁止采购病死、毒死或者死因不明的禽、畜、兽、水产动物等及其制品。

(8) 禁止采购容器包装污秽不洁、严重破损或者运输工具不洁造成污染的食品；

(9) 禁止采购包装不完整及运输工具不洁造成污染的食品（应用专用食品车运输，食品不露天运输）。

(10) 禁止采购掺假、掺杂、伪造，影响营养、卫生的食品（注水猪、注水鸡、掺水奶等）。

(11) 禁止采购用非食品原料加工的食品（如：以苏丹红为化工色素的）。

(12) 禁止采购超过保存期限的食品。

（四）食品运输的卫生

（1）食品运输工具应当保持清洁，防止食品在运输过程中受到污染；

（2）在运输中人不离货，生熟分开，荤素分开。

（五）食品贮存的卫生

1. 食品贮存的一般要求

（1）贮存食品的场所、设备应当保持清洁，不得存放有毒、有害物质及个人生活用品。

（2）贮存食品入库前应进行验收，出入库时应登记，做好记录。

（3）食品应当分类、分架存放，距离墙壁、地面均在10厘米以上，并定期检查，使用应遵循先进先出的原则，变质和过期食品应及时清除。

（4）贮存过程中应做好防尘、防鼠、防虫害工作。

2. 食品冷藏、冷冻的卫生要求

冷藏：指为保鲜和防腐的需要，将食品或原料置于冰点以上较低温度条件下贮存的过程，冷藏温度的范围应为0～10℃。

冷冻：指将食品或原料置于冰点温度以下，以保持冰冻状态的贮存过程，冷冻温度的范围应为－20℃～－1℃。

（1）食品冷藏、冷冻贮藏应做到原料、半成品、成品严格分开，不得在同一冰室内存放。冷藏、冷冻柜（库）应有明显区分标志，宜设外显式温度（指示）计，以便于对冷藏、冷冻柜（库）内部温度监测。

（2）食品在冷藏、冷冻柜（库）内贮藏时，应做到植物性食品、动物性食品和水产品分类摆放。

（3）食品在冷藏、冷冻柜（库）内贮藏时，为确保食品中心温度达到冷藏或冷冻的温度要求，不得将食品堆积、挤压存放。

（4）用于贮藏食品的冷藏、冷冻柜（库），应定期除霜、清洁和维修，以确保冷藏、冷冻温度达到要求并保持卫生。

二、个 人 卫 生

（一）员工健康要求

从业人员（员工）是指餐饮业和集体用餐配送单位中从事食品采购、保存、加工、供餐服务等工作的人员。

1. 员工需取得健康合格证明后方可上岗

员工必须取得卫生行政部门颁发的健康证明才能从事餐饮行业。

2. 不得从事接触直接入口食品工作的人员

（1）患有痢疾、伤寒、病毒性肝炎等消化道传染病（包括病原携带者）；

（2）患有活动性肺结核；

（3）患有化脓性或者渗出性皮肤病以及其他有碍食品卫生疾病的。

3. 需调离岗位的员工

（1）凡患有发热、腹泻、皮肤伤口或感染、咽部炎症等有碍食品卫生病症的，应立即脱离工作岗位，待查明原因、排除有碍食品卫生的病症或治愈后，方可重新上岗。

（2）凡患有化脓性伤口、疖子、睑腺炎、甲沟炎、灰指甲等疾病，必须停止制作食物的工作，直到痊愈为止。

（二）日常卫生

1. 穿戴卫生

（1）操作时应穿戴清洁的工作服、工作帽（专间操作人员还需戴口罩）。

（2）着装整齐，禁止头发外露、禁止留长指甲、涂指甲油、禁止佩戴饰物（戒指、手链、手表等）。

（3）从业人员上厕所前应脱去工作服。

2. 员工应做到“四勤”

四勤：勤洗手、剪指甲，勤洗澡、理发，勤洗衣服、被褥，勤换工作服（随时洗手，保持手的卫生）；每周至少剪一次指甲；夏季每天洗一次澡，冬季2～3天洗一次澡；每月至少理一次发；接触直接入口食品人员的工作服应每天更换。

（三）操作时手的卫生要求

1. 手的清洗程序

操作时手部应保持清洁，操作前手部应洗净。洗手程序如下：

（1）在水龙头下先用水（最好是温水）把双手弄湿。

（2）双手涂上洗涤剂。

（3）双手互相搓擦20秒（必要时，以干净卫生的指甲刷清洁指甲）。

（4）用自来水彻底冲洗双手，工作服为短袖的应洗到肘部。

（5）用清洁纸巾、卷轴式清洁抹手布或干手机弄干双手。

（6）关闭水龙头（手动式水龙头应用肘部或以纸巾包裹水龙头关闭）。

2. 在下列情形时应洗手

（1）开始工作前。

（2）处理食物前。

（3）上厕所后。

（4）处理生食物后，如粗加工鱼、肉类等。

（5）处理弄污的设备或饮食用具后。

（6）咳嗽、打喷嚏，或擤鼻子后。

（7）处理动物或废物后，如杀甲鱼。

（8）触摸耳朵、鼻子、头发、口腔或身体其他部位后。

3. 手的消毒

员工接触直接入口食品时，手部还应进行消毒。手的消毒方法：

（1）浸泡法：清洗后的双手在消毒液中浸泡20～30秒。

（2）揉搓法：清洗后的双手涂擦消毒剂后充分揉搓20～30秒。

（四）食品处理区禁止的行为

1. 禁止携带个人物品进入食品处理区

禁止携带的物品：个人衣物及私人物品禁止带入操作间（如：手机、杂志、报纸）。

2. 食品处理区内禁止的行为

禁止吸烟；禁止嚼口香糖、吃零食；禁止吐痰；禁止用手指蘸食物尝味；禁止用炒菜勺舔尝；操作时禁止用手挖耳；操作时禁止掏鼻；操作时禁止抓搔等行为；禁止面对食物咳嗽；禁止面对食物打喷嚏；操作时非必要时勿互相交谈。

（五）专间操作人员特殊要求

1. 二次更衣要求

（1）进入专间时最好再次更换专间内专用工作衣帽并佩戴口罩。如：专间工作服可以印有“专间”标示字样。

（2）禁止穿戴专间工作衣帽去其他操作间工作。

口罩的标准戴法：口鼻都要盖严，两侧达耳前，下缘达颌下，上缘在眼下。口罩需要使用正规厂家生产的符合卫生要求的产品，定时更换或清洗消毒。

2. 手的清洗消毒

操作前双手严格进行清洗消毒，操作中持续工作2小时最好消毒双手一次。

三、粗加工与切配的卫生

粗加工指对食品原料进行的挑拣、整理、解冻、清洗、剔除不可食部分等的处理过程。

切配指对经过粗加工后的原料进一步进行洗、切、称量、拼配等加工。

食物制作起始于粗加工，粗加工和切配对确保膳食卫生质量与安全起着重要的作用。食物加工制作过程：粗加工→切配→烹饪→供餐。

（一）粗加工与切配总体卫生要求

1. 不得加工和使用不新鲜的原料

2. 食品原料使用前应洗净

洗涤用水应符合《生活饮用水卫生标准》规定；动物性食品、植物性食品应分池清洗；水产品宜在专用水池清洗；各类水池应以明显标志标明其用途（如肉类洗涤池、水产洗涤池、果蔬洗涤池）。

3. 各类原料洗法（见下表）

洗涤方法	适应洗涤对象	洗涤方法	适应洗涤对象
漂洗	虾仁、蹄筋、骨髓	刮洗	肉皮、猪蹄、火腿
淘洗	豆类、粮谷	刷洗	螃蟹、龙虾、蜇皮、萝卜
冲洗	蔬菜、瓜果	翻洗	软体动物、畜禽、贝类
浸洗	野禽、野兽、腌制品	盐水洗	贝类
灌洗	肺	咸水洗	火腿
烫洗	畜禽胃肠、鳗鲡、鳝鱼		

4. 应及时使用或冷藏易腐性高的原料

易腐性高的原料：① 肉类；② 鱼、虾、海蟹、贝类、豆腐类；③ 蛋液；④ 多数已洗涤过的叶蔬菜，去皮的根菜、果菜、水果；⑤ 经修整的茎菜。

5. 半成品分类存放

① 半成品与原料要分开存放；② 半成品之间要分开存放。

6. 半成品应在规定时间内使用

7. 盛装食品的容器不得直接置于地上

禁止放置在地上；提倡放置在架上。

8. 生熟食品的加工工具及容器应分开使用并有明显标志

9. 粗加工、切配场所需经常冲洗

排水沟出口应设有网眼孔径 6 毫米的金属隔栅或网罩，以防鼠类侵入。

（二）肉类粗加工卫生

（1）禽类原料粗加工要去净血污、气管、肺、嘴壳、爪皮、硬壳、舌尖，摘除尾脂腺和颈淋巴结。

淋巴结既是造血器官，又是过滤装置，正常的淋巴结把淋巴带来的有害物质、异物或微生物扣留下来，因而淋巴结带菌量高，必须剔除。

（2）肉制品原料火腿、香肠宜用 3% ~5% 食碱（碳酸钠）溶液洗涤。

（3）禽蛋在使用前应对外壳进行清洗，必要时消毒处理。

（三）水产类粗加工卫生

（1）防止鱼胆污染肉质，鱼胆深埋土壤或焚毁。

（2）去除有毒的鱼卵。

鱼卵有毒的鱼种类有：鲶鱼、鲤鱼、竹荚鱼、烟管鱼、褐菖鲉、光唇鱼、湟鱼、狗鱼。

（3）贝类原料宜用盐溶液洗涤，需 1% ~1.5% 的盐水。

（四）蔬菜粗加工卫生

（1）蔬菜粗加工时剔除不可食部位，去除泥土、虫卵、农药。可通过掰开洗或刷洗，不使污秽物质夹在原料中，先清水浸泡，后洗涤。

（2）洗涤后的蔬菜必须放置在加罩的清洁架上，以防沾染灰尘杂质。

（3）蔬菜必须先洗后切。

（4）经过粗加工的蔬菜应放置于阴凉干燥处。

（五）干货原料粗加工卫生

（1）水发干货原料时应定期换水并检验，防止出现变色、变味、腐烂现象。

（2）碱发干货原料时控制碳酸钠浓度为 1% ~10%，碱发后冲净。

（3）油发干货原料时，防止焦化及油脂因热氧化而变质。

（4）已涨发原料洗净后冷藏，防止腐败变质。

（5）禁止使用毒物涨发干货原料。

（六）冷冻原料解冻卫生

解冻就是将冷冻原料放在人为的温度、湿度和通风条件下，最完善地恢复其原有特性。

（1）冷冻原料烹饪前应彻底解冻，否则易造成烹饪制品外熟内生。

（2）冷冻猪、羊肉自然解冻时宜采用分批吊挂的方法，肉片间距为 5 厘米，离地面不少于 20 厘米；夏季气温 16 ~20℃，时间 12 ~16 小时，冬季 10 ~15℃，时间 18 ~22 小时，以保持肉品的鲜度品质。

（3）冷冻海产品宜用盐水解冻，盐水浓度 4% ~5%，水温 4 ~20℃；冷冻淡水产品宜直接用清水解冻；定时换水，每隔 2 小时抽检一次，不过度浸泡。

（4）体积较小的冷冻宜使用微波解冻，以减少食品升温的时间。

（七）切配卫生

（1）切配生熟原料时，刀板专用。如刀板标识：切生肉板，切熟肉板，切菜板。

（2）切配原料后的刀具擦干水分，防止生锈及锈蚀污染食品。

（3）重视菜板的洗涤与消毒，洗消程序如下：

① 在炊帚上倒上洗涤剂，仔细擦去油脂；

② 用刀的背面铲（削）菜板的破损部分；

③ 用流动水把洗涤剂洗净；

④ 将清洁的抹布置于菜板上，抹布上浇上消毒液；

⑤ 静置放置 5 分钟以上；

⑥ 用流动水冲去消毒液；

⑦ 消毒的抹布用流动水充分冲洗，拧干后用于擦拭菜板。

写成流程如下：菜板洗消步骤：沾（洗涤剂）→擦（油脂）→铲→冲→浇（抹布上加消毒液）→静（静置 5 分钟）→冲→擦干。

（4）菜板要按大小、颜色、材质、编号等进行分类，做到清楚地加以识别。

（5）菜板妥善保管。大的砧板用三脚架支放，小菜板应吊挂或侧放，使其底部通风，防止木质发霉腐烂及污染食品。

（6）切肉机、切菜机定期保洁和维修。

四、烹饪操作卫生

（一）食品卫生贯穿于整个烹饪操作过程

用火烹调，吃熟食，这是人类进行杀菌杀虫的具体实践，自古至今，无一例外。食物经过烹制，由生变熟，起到了预防疾病的作用。然而如果贪图脆嫩，烹煮不透或毒物污染严重，还会发生食物中毒。食品卫生贯穿于整个烹饪操作过程，这一点尤其应该引起重视。

烹饪过程：生的食物原料→火或其他烹调方法→装在盘中的菜肴。

（二）厨师操作卫生

1. 厨师卫生

（1）厨师需持健康证上岗；

（2）定期体检；

（3）重视手消毒；

（4）穿工作服上岗。

2. 操作卫生

（1）盛装成品应使用经过消毒的盘、碗；

（2）烹调操作时，尝味应使用专勺，尝后余汁禁止倒回锅中；

（3）不得面对食物咳嗽、打喷嚏；

（4）禁止用抹布覆盖食物或擦除盘边汤汁。

（三）烹饪用料质量控制

（1）用料应确保新鲜度；

（2）严禁用加热、调味掩盖食品腐败变质的现象；

（3）亚硝酸盐专人保管，以防食物中毒；

（4）严禁将回收后的食品（包括辅料）经烹调加工后再次供应。

（四）烹调加工卫生要求

（1）加热彻底可杀死微生物、寄生虫和破坏毒素，因此需加热煮熟吃的食物一定要彻底加热，确保中心温度达到70℃以上。

（2）炖肉的块不要切得太大，用小火慢慢地炖，使肉块内部的温度和外部的温度基本一致。

（3）黄豆、扁豆、豆浆中含有有害成分，会引起恶心、呕吐、腹泻，因此要做熟，只有彻底加热才能去除危害。

豆浆加热到初冒泡时还不能喝，这时的豆浆中含有一种叫皂素的有毒物质，应继续加热到无泡沫浮出时，皂素才会被破坏，豆浆才能喝。

（4）烹调时如用固体燃料，应避免粉尘污染食品。

（5）厨房食品生进熟出，避免交叉污染。

（五）烹饪制成品保藏

（1）需要冷藏的熟制品，应尽快冷却后再冷藏。

（2）冰箱冷藏温度应保持在10℃以下。我们知道，冰箱不是保险箱，存放时间不能长，否则变质又发臭，吃坏肚子很难受。

（3）加工后的制成品存放在冰箱里时，应与半成品、原料分开存放，不得在同一冰室存放。

（4）冰箱应经常清洗、除冰，保持冰箱内的清洁。

（5）食品贮藏时应做到植物性食品、动物性食品和水产品分类摆放。

（六）食物再加热卫生

（1）无适当保存条件（温度低于60℃、高于10℃条件下放置2小时以上的），存放时间超过2小时的熟食物，需再次利用的应充分加热。加热前应确认食品未变质。

（2）冷冻熟食物应彻底解冻后经充分加热方可食用。

（3）再加热时食物中心温度应高于70℃，未经充分加热的食物不得食用。

（七）厨房日常卫生

（1）厨房生产过程中的固体废弃物应及时从工作区迅速移开，宜配备专用厨房废弃物处理装置。

（2）厨房废水应排至废水处理系统或经其他适当方式处理。

（3）炉台上盛调味品的盆每日打烊后端离炉台并加盖放置。

（4）油盆新老油分开，每日滤油一次，油脂回转次数不超过3次，禁止使用发哈变质油脂。

（5）操作台面应当保持清洁。

（6）菜橱、菜架每日刷洗。

（7）厨房墙壁、地面每日冲刷；厨房设备定期检修除污。

（8）厨房有防止有害动物侵入的设施。

五、餐用具卫生

（一）消毒是保证餐用具卫生的关键

在庞杂的就餐人群中，一部分人健康无病，另一部分人可能是健康带菌或带毒（病毒）者，后者常常以公用餐用具为媒介，将病菌、病毒通过食物传播给前者，从而引起疫病流行。

常见病菌：痢疾杆菌、伤寒杆菌、结核杆菌等。

常见病毒：甲型肝炎病毒、乙型肝炎病毒等。

这些病菌病毒对人体健康威胁极大，消灭这些病菌病毒的方法就是消毒，是防止“病从口入”的一个最重要的环节。

（二）消毒程序

消毒方法分热力消毒和药剂消毒等方法。

（1）热力消毒程序：准备→洗涤→漂洗→消毒→保洁。

（2）药剂消毒程序：准备→洗涤→消毒→漂洗→保洁。

（三）消毒前的清洗

1. 清洗程序

一刷二洗三冲：

（1）刷：倒净餐具、容器中所剩食物残渣；可用刮、擦、刷、热力等辅助方法进行。

（2）洗：使用食品工具、设备专用洗涤剂洗涤，方法是先将洗涤剂按比例倒入水中，水温调节至45～60℃，放入餐具，浸泡一定时间，然后洗涤。

（3）冲：将餐具取出，直接用清水冲净。

2. 自动洗涤机洗刷餐具程序

（1）餐具放入传送带上；

（2）首先用清水喷射，除去多量污垢；

（3）用适当的洗涤剂喷射，解离残留的污垢；

（4）用清水喷水器冲洗；

（5）热风使餐具干燥。（自动洗涤机上应有温度显示和洗涤剂自动添加装置。）

（四）常用消毒方法

1. 热力消毒

（1）餐具（碗、盘）在沸水中煮10分钟；预防肝炎则煮沸15分钟。

（2）抹布在加洗涤剂的沸水中煮沸15分钟，抹布消毒后经充分干燥，以热风干燥最好，并放在专用保存容器中，用一块取一块。

2. 蒸汽消毒

将洗净的碗盘侧放于木质或耐高温的塑料盘内，再放入蒸汽箱。也可直接放入，放入时，碗盘口应向下，以免消毒后餐具积水。消毒时关紧门，开足蒸汽，使箱内温度升至100℃，维持10分钟以上。如用洗碗机，可在餐具清洗后通过蒸汽，洗碗机消毒水温控制在85℃，冲洗消毒40秒以上。

3. 红外线消毒

红外线消毒控制温度120℃，作用15～20分钟。

4. 洗烫消毒

一些炊具、厨刀、砧板、盛食物容器等，可采用沸水洗烫法，要保证80℃以上水温，浸烫时间超过5分钟。

5. 消毒注意事项

（1）餐用具宜用热力方法进行消毒，因材质、大小等原因无法采用的除外。

（2）餐用具清洗消毒水池也应专用，与食品原料、清洁用具及接触非直接入口食品的工具、容器、清洗水池分开。

（3）清洗消毒设备设施的大小和数量应能满足需要。

（4）应定期检查消毒设备、设施是否处于良好状态。

6. 药剂消毒

药剂消毒程序：准备—洗涤—消毒—漂洗—保洁。

（1）常用药剂：漂白粉、次氯酸钙（漂粉精）、次氯酸钠、二氯异氰尿酸钠（优氯净）。

氯剂使用浓度应含有效氯250毫克/升以上，餐用具全部浸泡在液体中，作用5分钟以上。

（2）漂白粉的配制：配制水溶液时先加少量水，调成糊状，再边加水边搅拌成乳液，静置沉淀（定溶），取澄清液使用。

（3）漂粉精的配制：每片含有效氯0.25克，配制1升的有效氯浓度为250毫克/升的消毒液：① 在专用消毒容器中事先标好1升的刻度线；② 容器中加水至满刻度；③ 将1片漂粉精碾碎后加入水中；④ 搅拌至药片充分溶解。

7. 药剂消毒注意事项

（1）使用的消毒剂应在保质期内，并按规定的温度等条件贮存。

（2）严格按规定浓度进行配制，固体消毒剂应充分溶解。

（3）配好的消毒液定时更换，一般每4小时更换一次。

（4）使用时定时测量消毒液浓度，浓度低于要求立即更换。

（5）保证消毒时间，一般餐具、工具消毒应作用5分钟以上。

（6）采用化学消毒的，至少设有3个专用水池。各类水池应以明显标识标明其用途。

（7）清洗消毒时应注意防止药剂污染食品。

（8）药剂消毒的餐饮具应用净水冲去表面残留的药剂。

8. 消毒用药剂及使用方法一览表（见下表）

药剂名称	适用对象	配比要求
漂白粉	餐具、饮具、环境、操作台、设备、工具及手	有效氯250毫克/升
次氯酸钙（漂粉精）	餐具、饮具、环境、操作台、设备、工具及手	有效氯250毫克/升
次氯酸钠	餐具、饮具、环境、操作台、设备、工具及手	有效氯250毫克/升。
二氯异氰尿酸钠（优氯净）	餐具、饮具、环境、操作台、设备、工具及手	有效氯250毫克/升。

续表

药剂名称	适用对象	配比要求
二氧化氯	餐具、饮具、环境、操作台、设备、工具及手	0.05 克/千克　使用前加活化剂（柠檬酸钠）现配现用
碘伏	餐具、用具、手	3~5 毫克/升
新洁而灭	手	1 毫升/升
乙醇	手、操作台、设备、工具、刀、案板	750 毫升/升

（五）餐具的保洁

餐具保洁的基本要求如下：

（1）消毒后的餐用具要自然沥干或烘干，不应使用手巾、餐巾擦干。

（2）将已消毒好的餐用具及时放入有醒目标识的餐具保洁柜内（或蒸汽箱内）备用。

（3）保洁柜专用（勿存放其他容器、杂物）。

（4）保洁柜柜门要完整，关闭要紧密。

（5）拿取、使用餐具时，不用抹布擦拭，以免造成新的污染。

（6）保洁柜应定期清洁。

（7）保洁区消灭蟑螂等害虫，以免病菌污染。

（六）餐用具使用卫生要求

（1）不得重复使用一次性餐饮具。

（2）已消毒和未消毒的餐用具应分开存放。

（3）配菜和装盘的餐具应严格分开。

（4）为防止瓷质、金属餐具和容器中可能溶出有害物质，禁止长期存放食醋、果汁等酸性食品。

六、专间卫生要求

（一）专间的概念

专间是指处理或短时间存放直接入口食物，为了杜绝交叉污染，配备专用设备、设施以及专职人员的操作场所。

（二）专间总体卫生

专间内应设有专用清洗、消毒工具或设施。

（1）有消毒设施，以紫外线灯作为空气消毒装置的，紫外线灯宜安装反光罩。距离地面 2 米以内。

（2）专间内温度应不高于 25℃，宜设有独立的空调设施。

（3）更换工作服，操作人员进入专间时宜再次更换专间内专用工作衣帽，并戴口罩，按程序将手洗净、消毒。

（4）凉菜间、裱花间应有专用冷藏设施和净水设施。

（三）食品卫生要求

（1）操作人员应认真检查待供应食品，发现有感观性状异常的，不得供应。

（2）一些错误操作易使食品受到污染，如：一个个盛装食品的浅盘摞在一起，上下堆叠，交叉污染。

（3）待分装、待售食品应加盖。如将大盆菜搁在备餐间，未加盖，是错误的。

（4）不在工作场所挠头抓痒，不对着食物咳嗽打喷嚏。

（5）装冷菜用冷盘，装热菜用热盘，以确保食品出售温度，使食品不致处于温热状态。

（6）装盘、取菜、送菜使用托盘、盖具，拿取食品使用夹具，不用手抓。

（7）分装食品用的工具不用时应以符合卫生要求的方式存放。

（8）对餐具与食品或顾客的嘴接触的部位，服务员的手应避免触及。

（9）手拿杯子时，应拿杯把或杯的下部，禁止拿杯的上部。

（10）拿餐具时，禁止拿餐勺的勺口、餐刀的刃部、餐叉的叉齿。

（11）端盘子、端碗或端碟子时，应小心不要触到食品，或把手指伸进餐具的边缘（把手伸到盘里触及食品）。

盘子等餐具放到餐桌上之前，要确保其底部的清洁状态。对所有用脏的餐具应立即撤走，并送到指定场所清洗消毒。

（四）凉菜专间卫生

凉菜间（又称冷菜、熟食、卤味等）指对经过烹制成熟或者腌渍入味后的食品进行简单制作并装盘，一般无需加热即可食用的菜肴。

（1）专间每餐（或每次）使用前应进行空气和操作台的消毒。

使用紫外线灯消毒的，应在无人工作时开启30分钟以上。

（2）凉菜专间应由专人加工制作，非操作人员不得擅自进入；禁止无关活动。

（3）剩余尚需使用的制成品应存放于专用冰箱内，及时冷藏或冷冻，食用前应再充分加热。

（五）裱花、点心专间卫生

裱花蛋糕指以粮、糖、油、蛋为主要原料经焙烤加工而成的糕点坯，在其表面裱以奶油、人造奶油、植脂奶油等而制成的糕点食品。

1. 裱花操作卫生

（1）蛋糕坯应在10℃以下的专用冰箱中贮存。

（2）裱浆和新鲜水果（经清洗消毒）应当天加工、当天使用。

（3）温度控制。植脂奶油裱花蛋糕储藏温度保持在1~5℃，蛋白裱花蛋糕、奶油裱花蛋糕、人造奶油裱花蛋糕贮存温度不得超过20℃。

宜用紫外线消毒后的蛋糕盒盛装蛋糕，包装纸应专用。

2. 点心加工卫生

（1）加工后的成品应与半成品、原料分开存放。

（2）需要冷藏的熟制点心馅料等应尽快冷却后再冷藏。

（3）未用完的点心馅料、半成品点心应在冷柜内存放，并在规定存放期限内使用。

（4）奶油类原料应低温存放，水分含量高的含奶、蛋的点心应当在10℃以下或60℃以上的温度条件下进行。

（六）生食海产品专间卫生

生食海产品是指不经过加热处理即供食用的生长于海洋的鱼类、贝壳类、头足类等水

产品。

（1）从事生食海产品加工的人员操作前应清洗、消毒手部，操作时戴口罩。

（2）用于生食海产品加工的工具、容器应专用。用前应消毒，用后应洗净并在专用保洁设施内存放。

（3）用于加工的生食海产品原料应符合相关卫生要求。

（4）加工操作时应避免生食海产品的可食部分受到污染。

（5）加工后的生食海产品应当放置在食用冰中保存并用保鲜膜分隔。

（6）加工后至食用的间隔时间不得超过1小时。

（7）生食海鲜的加工风险性极大，应设法通过静养、褪沙、去头、剔除肠管、蒸馏酒醉制及速冻等综合除菌手段。对区域性有毒海鲜的加工应遵守当地卫生部门指定的临时监控措施。

（8）生食海鲜加工中不得使用医用药物杀菌。

（9）供餐时提示顾客用芥末、食醋等杀菌调味品拌匀，作用时间5分钟以上。

（七）现榨果蔬汁、水果拼盘专间卫生

现榨果蔬汁指以水果或蔬菜为主要原料，以压榨等机械方法加工所得的新鲜水果或蔬菜汁。

（1）从事现榨果蔬汁和水果拼盘加工的人员操作前应更衣、洗手并进行手部消毒，操作时戴口罩。

（2）现榨果蔬汁及水果拼盘制作的设备、工用具应专用。每餐次使用前应消毒，用后应洗净并在专用保洁设施内存放。

（3）用于现榨果蔬汁和水果拼盘的瓜果应新鲜，未经清洗处理不得使用。

（4）制作的现榨果蔬汁和水果拼盘要当餐用完。

任务五　厨房环境卫生

学习目的：厨房环境卫生管理事关消费者身心健康，波及饭店经营成败，从菜点原料选择开始，到加工生产、烹饪制作和销售服务的全过程，都要确保食品处于洁净没有污染的状态。

教学方法：讲授、情景教学和参观学习。

任务驱动：厨房环境卫生管理不仅是厨房设计的要求，而且包括厨房卫生管理，即菜肴加工生产、烹饪制作和销售服务的全过程。

知识链接：

卫生是厨房生产始终需要强化的至关重要的方面。厨房卫生，指厨房生产原料、生产设备及工具、加工生产环境，以及相关的生产和服务人员及其操作的卫生。厨房卫生管理就是从菜点原料选择开始，到加工生产、烹饪制作和销售服务的全过程，都确保食品处于洁净没有污染的状态。厨房卫生管理事关消费者身心健康，波及饭店经营成败，因此，厨房卫生管理是厨房管理的重要工作内容，切不可掉以轻心。

卫生管理要求全面贯彻“食品安全法”，严格执行食品卫生“五四”制，生产人员一律应经卫生防疫部门体检合格以后，才能上岗操作。

凡与食品接触的设备、用具必须是对人体无害由耐腐蚀的材料构成；直接加工食品原料的机械器具，使用后应及时洗涤，机械设备使用的润滑油等，应防止流漏污染食品；生产环境要坚持每日打扫，厨具务必清洗、消毒。

生料与半成品、熟品要分开存放，植物原料应分别放置，有气味的原料应单独摆放；存放时堆叠不宜过多，各类不同食品应保持一定间距，熟品应在完全冷却后用保鲜薄膜密封存放；存放时间较长的原料与成品应经常翻检，发现问题及时处理；冰箱、冷库要定期清理，以免降低冷藏效果及污染食品；对不宜冷藏的原料和半成品，应在通风处摊散放置。对鲜活原料要单独隔离活养。

一、厨房设计的要求

厨房是餐饮生产车间，也是厨师发挥烹饪技艺的创作场所，周密设计可使厨师获得良好的工作环境，有利于工作效率和餐饮质量的提高。

1. 有利于提供良好的工作环境

（1）要有最佳的空间面积，以餐厅一个座位，厨房面积0.5～0.8平方米为宜。厨房内部要连、通、近、隔、平。

（2）厨房与餐厅最远座位不应超过50米，否则就会影响菜肴质量并增加服务员劳动强度，厨房与餐厅的进出口不应少于两个。

（3）要有良好的通风设备，门窗大小要适度，空气经墙角进入，污染气体经工作台上方排出。

（4）光线应明亮柔和，工作场地要有良好的照明设备，尤其是通风罩上应有灯光直接照到下面的工作台，以利于生产操作。

（5）要有良好的进水管道与排水系统。地面要有沟槽或有棱线，以防行人滑倒。

2. 有利于提高工作效率

厨房布局与餐饮生产密切相关，不同类型的餐饮企业其生产经营的品种不同，其厨房布局的要求也是不同的。厨房合理布局总的要求是：在烹饪原料进入厨房生产场地，到饮食肴馔送往餐厅消费场所的全过程中，尽可能使物质、设备等安排在合适的位置上，保持最短的运输路线和生产周期，生产环节紧密衔接，便于加工生产的迅速开展，便于饮食肴馔保持应有的温度，有助于生产效率的提高和经济效益的改善。具体来说应着重考虑以下几个方面的要求：

（1）方便操作，以提高工作效率　应做到布局系列化，尽量按制作程序布局，使前后工序紧密衔接，例如：收货处→磅位→水台→砧板台→配菜台→灶台→送菜升降机或出菜走道。形成流水作业，以减少操作过程中厨房人员来回走动的距离，取物、送料、出菜快捷顺畅，促使缩短操作时间，提高劳动效率。

（2）合理利用空间，提高厨房面积使用率　应尽量选用多层、多功能设备。如选用工作台冷冻柜、工作台贮柜，就可以大大减少设备占地面积。厨房必备的一些重型设备，或取用频度小的设备用具，可沿墙布置或安放在厨房的角落。合理确定厨房内各个工作台之间的距离，以及净走道宽度，是合理利用厨房面积的重要课题。两工作台之间的距离一般以1.3米为宜，不应少于1.2米。净走道宽度也不应少于1.2米。

（3）有利于厨房卫生　厨房布局应便于清扫和避免造成交叉污染，后工序的产品不应返回前工序，以防止成品污染。为避免因清理炉灰、运进原料和燃料而污染厨房内部环境，因此，水台一般都设在靠近厨门的位置，而灶台则沿墙摆布，清灰口应开在墙外。综合考虑以上要求，可以使厨房布局基本合理。

二、厨房卫生管理

（一）厨房生产卫生制度与标准

制订厨房生产卫生制度与标准，并以此要求检查、督导员工执行，可以强化生产卫生管理的意识，起到防患于未然的效果。

1. 厨房卫生操作规范见下表

序号	操作要领	原理	正确做法
1	化冻食物不能再次冷冻	质量降低，细菌数增加	一次用掉或煮熟后再贮藏
2	对食物有怀疑，不要尝味道	保护员工的健康	看上去质量有怀疑的食品及原料就应弃除
3	水果或蔬菜未洗过不能生产出售，罐头熟食未清洁不能开启	避免污染	
4	设备、玻璃餐具、刀叉、匙或菜盘上不得有食物屑残留	避免污染	厨房设备用后要清洗干净，玻璃餐具、刀叉、匙和菜盘用前要检查
5	餐具有裂缝或缺口的不能使用	细菌可在裂缝中生长	
6	不坐工作台，不倚靠餐桌	衣服上的污染物会传播到菜上	
7	不要使头发松散下来	头发落在食物里可造成污染，也使人倒胃口	戴发网或帽子
8	手不要摸脸、摸头发、不要插在口袋内，除非必要，不要接触钱币	可能污染	必须做这些事情时，事后要彻底洗手
9	不要嚼口香糖之类的东西	它可以散布传染病	
10	避免打喷嚏、打呵欠或咳嗽	散布传染病	如果不能避免，则一定要侧转身离开食物或客人，并要掩嘴
11	不要随地吐痰	散布传染病	
12	工作时间不吃东西，不要就着清理的托盘或脏碟子吃东西	散布疾病	在指定的休息时间吃东西，用餐后要彻底洗手
13	厨房区域，工作期间不得吸烟	传播尼古丁毒素和疾病	休息时间在指定的地方吸烟，吸完后彻底洗手
14	不要把围裙当毛巾用	洗干净的手被脏围裙污染	使用纸巾
15	不要用脏手工作	可能污染	用温热的肥皂水洗手，搓满泡沫，清水冲，用纸巾擦干
16	拿过脏碟子的手在未洗净前，不要去拿干净的碟子	可能由脏碟子而污染	这两步骤间要彻底洗手；打荷、冷菜等岗位尤其重要
17	不要用手接触或取食物	由皮肤散布传染病	使用合适的器具辅助工作

续表

序号	操作要领	原理	正确做法
18	不要穿脏工作服工作	脏物隐藏传染病	穿、系干净的工作服和围裙
19	避免戴首饰	食物屑聚积导致污染	不戴外露的首饰
20	避免不洗澡就工作	防止细菌污染	每天洗澡并使用除臭剂
21	不用同一把刀和砧板，切肉后不洗又切蔬菜	能散布沙门氏菌和其他细菌	刀、砧板要分开或用后清洗并消毒
22	不要带病上班	增加疾病传播机会	告知情况、安排替班
23	不要带着外伤工作	增加伤口发生感染和散布感染的危险	伤口要用合适的绷带包好
24	健康证已失效者不应上班	预防传染性疾病、结核病和性病的传播	经常注意失效期，及时换证
25	不要在洗涤食物的水槽里洗手	污染食物	使用指定的洗手盆
26	不要用手指沾食物尝味	食物被唾液污染	用匙品尝，并只能使用一次
27	用剩的食物不得再向其他客人供应	食物经客人动用会传染疾病	把剩余食物扔掉，建议客人注意点菜分量
28	不要把食物放在敞开的容器里	空气中的尘埃可污染食物	食物要密封存放或加罩
29	不要将食物与垃圾同放一处	增加传染机会	分别放在各自合适的地方

2. 厨房日常卫生制度

（1）厨房卫生工作实行分工包干负责制，责任到人，及时清理，保持应有清洁度，定期检查，公布结果。

（2）厨房各区域按岗位分工，落实包干到人，各人负责自己所用设备工具及环境的清洁工作，使之达到规定的卫生标准。

（3）各岗位员工上班，首先必须对负责卫生范围进行清洁、整理和检查；生产过程中保持卫生整洁，设备工具谁用谁清洁；下班前必须将负责区域卫生及设施清理干净，经上级检查合格后方可离岗。

（4）厨师长随时检查各岗位包干区域的卫生状况，对未达标者限期改正，对屡教不改者，进行相应处罚。

3. 厨房计划卫生制度

（1）厨房对一些不易污染、不便清洁的区域或大型设备，实行定期清洁、定期检查的计划卫生制度。

（2）厨房炉灶用的铁锅及手勺、锅铲、笊篱等用具，每日上下班都要清洗，厨房炉头喷火嘴每半月拆洗一次；吸排油烟罩除每天开完晚餐清洗里面外，还要每周彻底将里外擦洗一次，并将过滤网刷洗一次。

（3）厨房冰库每周彻底清洁冲洗整理一次；干货库每周盘点、清洁整理一次。

（4）厨房屋顶天花板每月初清扫一次。

（5）每周指定一天为厨房卫生日，各岗位彻底打扫包干区及其他死角卫生，并进行全面检查。

（6）计划卫生清洁范围，由所在区域工作人员及卫生包干区责任人负责；无责任负责人及公共区域，由厨师长统筹安排清洁工作。

（7）每期计划卫生结束之后，须经厨师长检查，其结果将与平时卫生实绩一起作为员工奖惩依据之一。

4. 厨房一般卫生标准

（1）食品生熟分开，切割、装配生熟食品必须双刀、双砧板、双抹布，分开操作。

（2）厨房区域地面无积水、无油腻、无杂物，保持干燥。

（3）厨房屋顶天花板、墙壁无吊灰，无污斑。

（4）炉灶、冰箱、橱柜、货架、工作台，以及其他器械设备保持清洁明亮。

（5）切配、烹调用具，随时保持干燥；砧板、木面工作台显现本色。

（6）厨房无苍蝇、蚂蚁、蟑螂、老鼠。

（7）每天至少煮一次抹布，并洗净晾开；炉灶调料罐每天至少换洗一次。

（8）员工衣着必须挺括、整齐，无黑斑、无大块油迹，一周内工作衣、裤至少更换一次。

5. 厨房卫生检查制度

（1）厨房员工必须保持个人卫生，衣着整洁；上班首先必须自我检查，领班对所属员工进行复查，凡不符合卫生要求者，应及时予以纠正。

（2）工作岗位、食品、用具、包干区及其他日常卫生，每天上级对下级进行逐级检查，发现问题及时改正。

（3）厨房死角及计划卫生，按计划日程厨师长组织进行检查，卫生未达标的项目，限期整改，并进行复查。

（4）每次检查都应有记录，结果予以公布，成绩与员工奖惩挂钩。

（5）厨房员工应积极配合，定期进行健康检查，被检查认为不适合从事厨房工作者，应自觉服从组织决定，支持厨房工作。

6. 冷菜间卫生制度

（1）冷菜间的生产、成品保藏必须做到专人、专室、专工具、专消毒、单独冷藏。

（2）操作人员严格执行洗手消毒规定、洗涤后用75%浓度的酒精棉球消毒。操作中接触生原料后，切制冷荤熟食、凉菜前必须再次消毒；使用卫生间后必须再次洗手消毒。

（3）冷菜装盘出品，员工必须戴口罩操作，不得在冷菜间内吸烟、吐痰。

（4）冷荤制作、管藏都要严格做到生熟分开、生熟工具（刀、墩、盆、称、冰箱）严禁混用、避免交叉污染。

（5）冷荤专用刀、砧、抹布每日用后要洗净，次日用前消毒，砧板定时消毒。

（6）盛装冷荤、熟肉、凉菜的盆、盛器必须专用，每次使用前刷净、消毒。

（7）生吃食品（蔬菜、水果）等，必须洗净后，方可放入熟食冰箱。

（8）冷菜间生产操作前必须开启紫外线、消毒灯15~20分钟进行消毒杀菌。

（9）冷菜熟食必须按需定制，一市一烧、一市一配，确保质量和卫生；冷荤熟肉在低温处存放超过24小时必须回锅加热。

（10）每天熟食留样保留24小时。

（11）冰箱有专人管理，保持清洁，放入冰箱内的物品须加盖或用保鲜膜包好，并定期对冰箱进行洗刷消毒。

（12）食品橱柜无浮灰、无鼠迹，不得存放私人物品和其他与冷菜制作无关物品。

（13）非冷菜间工作人员不得进入冷菜厨房。

7．点心厨房卫生制度

（1）工作前需先消毒工作台和工具，工作后将各种用具洗净消毒。

（2）严格检查所用原料，严格过筛、挑选，不用不合标准的原料。

（3）蒸箱、烤箱、蒸锅和面机等用前要洗净，用后及时洗擦干净，用布盖好，并定期拆洗。

（4）盛装米饭、点心等食品的笼屉、筐箩、食品盖布，使用后要用热碱水洗净；盖布、纱布要标明专用，里外面分开。

（5）面杖、馅挑、刀具、模具、容器等用后洗净，定位存放，保持清洁。

（6）面点、糕点、米饭等熟食品须凉透后放入专柜保存，食用前必须加热蒸煮透彻，如有异味不得食用。

（7）制作蛋制品的鸡蛋，必须清洁新鲜，变质、散黄的蛋不得使用。

（8）使用食品添加剂，必须符合国家卫生标准，不得超标准使用。

（二）厨房设备卫生管理制度

厨房设备卫生实行责任到人、分工负责、随用随清、定期强化的管理制度，具体设备卫生管理规定有：

（1）厨房所有设备以附近岗位为主归属管理，明确责任岗位人员，负责看管、督促设备使用人员随时做好卫生工作。

（2）厨房所有设备，不管哪个岗位、人员使用，使用完毕，当事人应随手清洁设备，并组装完整，经设备卫生责任人检查认可后方可离去。设备卫生责任人未经检查或检查未认可的设备清洁工作，设备使用人必须及时进行返工，厨房管理者负责督导完成。

（3）厨房员工必须主动接受设备正确操作、使用及清洁维护的培训指导，相关工作表现列入考核。

（4）厨房管理人员定期组织进行（也可与厨房相关工作结合进行）厨房设备卫生状况检查，检查结果与设备责任人经济利益挂钩。

（5）厨房设备责任人，因工作变动，原设备应明确新的责任岗位、责任人继续负责其卫生工作；原设备责任人，必须接受设备卫生检查，卫生合格方可办理工作变动手续。

（6）厨房设备卫生可以根据饭店厨房规模、设备数量及运行状况，采取列表的方式进行检查（见下表）。

工作项目	工作标准	工作程序
炉灶卫生	光亮无油污	检查员工是否按程序擦拭炉灶，达到干净光亮
墙面卫生	清洁光亮，瓷砖无脱裂，无蜘蛛网，无吊灰	检查员工是否按程序清理墙面卫生且干净光亮
电灯	光亮、无浮灰、吊灰	检查员工是否按程序清理电灯外表卫生，且光亮
门窗	干净、无油污	检查员工是否按程序擦拭门窗且外表干净，明亮
库房	干净整洁	检查员工是否按程序整理仓库，且整洁、干净
餐具柜	干净、光亮	检查员工是否按程序擦拭餐具柜内外卫生，且光亮
制冰机	清洁、运转正常	检查员工是否按程序擦拭制冰机内外，且干净

附　食品加工、销售、饮食企业卫生“五四”制

食品加工、销售、饮食企业卫生“五四”制是中华人民共和国卫生部、商业部于1960年2月13日颁发的行之有效的卫生制度，其内容如下：

（1）由原料到成品实行“四不”制度　采购员不买腐烂变质的原料；保管验收员不收腐烂变质的原料；加工人员（厨师）不用腐烂变质的原料；营业员、服务员不卖腐烂变质的食品（零售单位不收进腐烂变质食品；不出售腐烂变质食品；不用手拿食品；不用废纸、污物包装食品）。

（2）成品（食物）存放实行“四隔离”　生与熟隔离；成品与半成品隔离；食品与杂物、药物隔离；食品与天然冰隔离。

（3）用（食）具实行“四过关”　一洗，二刷，三冲，四消毒（蒸汽或开水）。

（4）环境卫生采取“四定”办法　定人、定物、定时间、定质量。划片分工，包干负责。

（5）个人卫生做到“四勤”　勤洗手剪指甲；勤洗澡理发；勤洗衣服被褥；勤换工作服。

评价方法：观测、自评。

评价内容：通过学习、实践，除了认识厨房工位分类和设备整理，加强厨房操作过程中的安全训练，注重个人卫生和环境卫生以外，还在个人职业素养、劳动意识方面得到充分的锻炼。

思考与练习：

1. 厨房按餐饮风味类别可分为几类？
2. 大型饭店厨房生产运作有哪些岗位？
3. 打荷的工作程序是什么？
4. 简述厨房员工安全操作守则？
5. 专间操作人员特殊要求有哪些？

模块七　烹调方法训练

模块描述： 烹调方法就是在菜肴制作中所采用的手段和方法，即把经过初步加工和切配成形的原料，通过加热、调味，制成不同风味菜肴的操作方法。

建议学时： 28 学时

教学目标：

终极目标：烹调方法是我国烹调技艺的核心，是前人宝贵的实践经验的科学总结。因此，在学习烹调方法的时候，必须用科学的态度，从特点、基本运用、操作要领等方面弄清道理，并切实练好基本功。

过程目标：本模块着重从热菜、冷菜两个方面简述几种主要的、常用的、具有普遍性的烹调方法，并列举实例说明。

任务分解：

任务 1：热菜的烹调方法

任务 2：冷菜的烹调方法

任务一　热菜的烹调方法

学习目的：学习比较典型的热菜烹调方法，掌握几种主要、常用、具有普遍性的烹调方法，并能对实例说明举一反三。

教学方法：讲授、演示、实训和理实一体。

任务驱动：按菜肴受热时的传热介质可分为：以水为传热介质的烹调方法、以油为传热介质的烹调方法、以气体为传热介质的烹调方法、以固体物质为传热介质的烹调方法。

知识链接：

热菜是指烹调后趁热食用的菜肴。由于加热过程中，原料会发生很复杂的物理、化学变化，并产生许多风味物质，使热菜的味道特别香醇浓郁。热菜品种很多，烹调方法也很多，这里主要介绍水媒介烹调方法：烩、烧、炖、焖、汆、涮、煨、煮、蜜汁；油媒介烹调方法：炒、爆、炸、熘、烹、煎、贴；辐射烹调方法：普通热辐射和微波热辐射；汽媒介烹调方法：蒸和熏；其他媒介烹调方法：铁板烧、拔丝和挂霜。

一、水媒介烹调方法

利用水或汤汁为主要传热介质，通过锅、水（汤汁）、原料之间的对流换热，将热源产生的热量传递给烹饪原料，使其受热成熟的烹制方式，称为水媒介烹调方法。以水或汤汁为媒介的烹调方法很多，是最基本的烹制方式之一。水具有导热均匀、迅速的性能，水一经加热，热量就会靠对流作用迅速而均匀地传递到各处，形成均匀稳定的温度场，使原料各个面接受相同的热量。同时，水的比热容高，导热系数大，使原料受热迅速成熟；水具有渗透力较强的性能，水的分子小，黏度低，所以具有很强的渗透能力。水在温度差和渗透压差的作用下可以说是“无孔不入”，这就为调味品渗透创造了良好的条件；水具有溶解力强的性能，在水为媒介的烹制过程中，原料中的许多营养成分和呈味物质，如水溶性蛋白质、氨基酸、糖类、维生素和无机盐等，随温度升高其溶解能力增强。即使某些不能溶解于水的成分，如胶原蛋白、果胶物质、淀粉、脂肪等，也能分散在水中形成胶体溶液或乳状液。所以，水媒介的烹调方法具有汤汁醇美、味透肌理、酥烂、水嫩的成品质感。

（一）烩

[基本含义] 烩是将加工成片、丝、条、丁、块、丸的多种原料放入锅中，加汤及调味品用旺、中火短时间加热入味，勾入薄芡，使成品汤汁较宽的烹调方法。烩菜一般的特点是汤宽汁厚，口味鲜浓，色彩鲜艳。

[基本运用] 烩菜对原料有一定的选择性，通常选用熟料、半熟料或容易成熟的原料。烩菜大多由两种以上的原料组成。

烩的代表菜有“萝卜球烩酥腰”、“黄鱼烩鱼肚”、“烩植物四宝”、“烩养油虾饼”等。

[菜肴实例] 黄鱼烩鱼肚

[用料规格] 黄鱼肉200克，油发黄鱼肚100克，熟火腿末10克，熟猪肥膘25克，湿淀粉60克，葱末3克，熟猪油100克，肉汤400克，精盐6克，味精2克，醋25克，料酒25克。

[工艺流程] 原料初加工→刀工处理→主、辅料组配→烹制入味→装盘上席（带调味碟）

[制作方法]

a. 将黄鱼肉洗净，斜刀片成长5厘米、宽2厘米、厚0.5厘米的片。肥膘切成指甲大小的片。

b. 将油发鱼肚用温水浸泡回软，片成5厘米长、3.5厘米宽的块，用沸水焯一下，然后用冷水洗净，除去腥味。

c. 炒锅上火，放入熟猪油50克，放入鱼片煸一下（不要碎散），加入葱末1.5克、料酒、肉汤，再把鱼肚、熟肥膘倒入，加精盐烧沸，放入味精，用湿淀粉勾芡，淋上熟猪油，用手勺推动均匀，盛入汤盆，撒上火腿末、葱末即成。上桌时随带醋碟蘸食。

[成品特点] 黄白鲜明，鱼肉嫩滑，鱼肚绵糯，吃时蘸醋，味鲜不腥。

（二）烧

[基本含义] 烧是将经过煎、炸、煸炒或水煮的原料，加适量汤水和调味品，用旺火烧开转中小火烧透入味，最后用旺火烧稠卤汁的一种烹调方法。成菜具有熟嫩的质感。

烧具有的三层含义。

1. 第一层含义：原料的初步熟处理

（1）用类似煎的方法　适用于扁平状的原料或刀工处理成扁平状的原料。煎制前锅要洗净，在火上烧热用油滑后才能下料，下料后要注意旋锅，使原料改变位置，均匀地受热至原料结皮上色，不能煎得过老。常见煎后再加调料烧制的原料有：鱼、豆腐、明虾、排骨等。

(2) 用类似炸的方法　适用面比较广，原料形态也不确定。由于原料浸没于油中，所以脱水较快而表面结皮较慢。关键是不同的原料要运用不同的油温。腥味重、不易散碎的原料，可用中火中油温较长时间地加热；含水分较多、易散碎的原料，用大火高油温短时间加热。常见用炸制后再加调料烧制的原料有：禽类、豆腐、土豆等。

(3) 用类似煸炒的方法　适用于不易散碎的，且形状不过大的原料。煸炒前锅要洗净，热锅热油，原料入锅后不断拌炒，煸的时间和程度应根据原料的特点和成菜的要求而定。常见煸炒后再加调料烧制的原料有：肉类、豆类、青菜等。

(4) 用水锅处理后再行烧制　适用于原料本身腥、膻味特重或含苦涩味较多的原料。常见用水锅处理后再加调料烧制的原料有：牛羊肉类、萝卜、豆腐等。

2. 第二层含义：调味

(1) 调味料的投入顺序及品种的选择　一般来说，动物性原料的烧制，最先投入的调味料应是葱、姜、料酒，才能更加有效地起到解腥起香作用；有色调味料的投入应先于汤水的投入，这样更有利于原料吸收和上色；采用白烧的菜肴，盐的投入应该在汤汁浓白以后加入；不同原料和不同烧法，应慎重选用不同的调味品种。

(2) 烧制成熟的火力掌握　烧制的时间长短、火力大小要根据原料质地老嫩、块形大小而定。一般质地老的、块形大的原料应多加汤水，中小火烧制时间要长一些；质地较嫩、块形小的原料应少加一些汤水，火力也可稍大一些。根据烧制菜肴的特定要求，恰当掌握好成熟度。

(3) 烧制时汤水量和汤、水的选择　一般情况下，汤水量要一次投放准确，中途追加会冲淡卤汁的味道，严重影响菜肴的口感。汤水的最佳添加量应该是成菜后形成宽紧最合适的需要量。除此以外，烧制时用汤还是用水应根据具体原料而定。习惯上烧鱼时用水，可以保持鱼味的清鲜纯正；烧禽类、肉类、蔬菜类用白汤；烧山珍海味则要用浓白汤或高级清汤。

3. 第三层含义：收汁勾芡

经过中小火的烧制，原料已经基本成熟，质感已经基本定型。这时应该采取旺火稠浓卤汁和勾芡了。这个阶段是烹调的关键时候，与菜肴的色泽、形态、卤汁关系密切。必须注意以下两个问题：

(1) 用旺火也要掌握分寸，并非火越大越好　同是旺火也有细微差别，一般如汤汁多、原料多，火可大一些；汤汁少、原料少而质地较嫩的，火力稍稍要偏向中火，以避免卤汁糊化过快而结团粘底。

(2) 勾芡方法得当　烧菜大多采用淋芡和泼芡。有些排列整齐或易碎散的原料下芡后不能颠翻或勺子搅动，所以下芡时采用淋入法。一边淋芡，一边晃动锅子；或左手持锅、右手持勺将芡勾入勺中舀入汤汁向原料上泼浇，一边泼一边晃动锅子，使芡汁均匀地粘裹在原料上，直至达到菜肴所需要的浓度为止。

[基本运用] 烧具有广泛的适用性，绝大多数原料都可以用来烧，由于烧的菜一般分量较多，大多数用在整桌菜的大菜类菜肴。烧有红烧、白烧与干烧之分：红烧是将经过初步熟处理后的原料放入锅中，投入有色调味品和汤水；白烧的原料大多采用水锅处

理，不进行上色处理，白烧不用有色调味品烹制；干烧：指菜肴在烹制过程中，用中小火收稠卤汁，不勾芡或勾极少芡，使菜肴见油不见汁，同时具有干香、麻辣的风味特色。

烧的代表菜有“红烧肉”、“红烧沙光鱼”、“干烧鲫鱼”、“毛豆米烧仔鸡”等。

[菜肴实例] 红烧沙光鱼

[用料规格] 沙光鱼8条（约1500克），葱段5克，姜片5克，料酒15克，白糖15克，酱油75克，香油25克，醋25克，精盐50克，熟猪油50克，色拉油1000克（约耗25克）。

[工艺流程] 原料初步加工→刀工处理→类似炸制处理→另锅煸炒小料→加入调料烧制→收汁装盘

[制作方法]

a. 将鱼刮鳞，在泄殖孔处横划一小口，割断肠，从鳃口处把鳃连内脏拉出，洗净，斩去鱼尾。

b. 炒锅置旺火上烧热，舀入色拉油，烧至六成热时，将鱼炸约2分钟，倒入漏勺沥油。原锅置旺火上，舀入熟猪油，放入葱段、姜片炸香后，放入鱼，加料酒、酱油、白糖、精盐、清水漫过鱼身，烧沸后盖上锅盖，移中小火烧约10分钟，再移旺火上，拿掉锅盖，收稠汤汁后加醋，淋入香油，盛入盘中即成。

[成品特点] 沙光鱼肉质鲜嫩、脂肪多。此菜色酱红，略带醋味，鲜肥爽口。

[菜肴实例] 干烧鲫鱼

[用料规格] 鲫鱼2条（约800克），猪瘦肉150克，姜末10克，葱白10克，泡红辣椒20克，熟菜油150克，酒酿汁30克，酱油15克，精盐2克，香油50克。

[工艺流程] 原料初加工→刀工处理→热锅煎鱼→另锅煸炒配料→入小料再煸→加入调料和鱼烧制→收汁装盘

[制作方法]

a. 将鱼宰杀洗净后沥干水分，在鱼身两面各斜剞3～4刀（刀深至骨）后用精盐1克抹遍全身；另将猪肉切成细粒，葱切段，泡红辣椒切段，待用。

b. 炒锅上火，放菜油烧至七成热，入鲫鱼煎至两面呈金黄色后铲起。锅里放肉粒炒酥，加精盐、姜、葱、泡红辣椒再炒一下后，放入鲫鱼、酒酿汁、酱油、清水，移至中火上烧10分钟后将鱼翻身，再烧至汁干油亮时淋入香油，盛入盘中即可。

[成品特点] 色金黄，亮油不见汁，鱼肉细嫩，肉末酥香，咸辣醇鲜。

（三）炖

[基本含义] 炖是将加工处理后的原料放入陶瓷器皿中加水或鲜汤，用大火烧沸后转小火或微火炖至酥烂的烹调方法。成品汤清料烂，原汁原味。

[基本运用] 根据不同原料和炖制的不同要求，可采用不同的炖制法。要保持炖的汤中绝对清醇，可采取隔水炖的办法，即将原料放入一个钵内，放入清汤和调味品盖上盖入水锅内隔水炖（锅中水不要浸过钵口）。还可以采用蒸炖的办法，即原料放入一个钵内，放入清汤或水和调味品，加盖密封放入蒸笼上，利用蒸汽加热成熟。这两种炖法的优点是不受火力大小的影响，都能确保成品酥烂和汤汁清醇。所以炖可分为不隔水炖（直接炖）、隔水炖（间接炖）和蒸炖（或笼炖）等几种。

炖的代表菜有“清炖鸡脚翼”、“清炖仔鸡”、“清炖蟹粉狮子头”、“什锦炖菜核”、“砂锅牛肉”、“砂锅豆腐”等。

[菜肴实例] 清炖鸡脚翼（蒸炖）

[用料规格] 鸡脚12对（约500克），鸡翼12对（约1000克），枸杞子15克，鸡骨250克，净猪皮100克，姜片5克，葱结10克，精盐10克，料酒10克，味精5克，高级清汤750克，白开水750克。

[工艺流程] 原料初加工→刀工处理→焯水处理→用料入盅上笼→去掉配料、小料→加汤再炖→连器上席

[制作方法]

a. 将鸡脚斩去趾甲，直拉一刀，用刀背将爪关节敲断，取出脚骨。鸡翼斩去上节，取用下节（连翼尖）。把鸡骨和猪皮放入沸水锅中焯1分钟，捞起洗净。

b. 将鸡脚、翼放入炖盅内（各放一边）盖上猪皮，加脚骨、枸杞子、精盐、葱、姜、料酒和白开水，入蒸笼用中火蒸炖约90分钟，取出去掉猪皮、鸡骨、葱、姜，加入高级清汤，盖上盖再蒸炖30分钟即成。

[成品特点] 制法简便，汤清软滑，胶质浓。

[菜肴实例] 清炖仔鸡（隔水炖）

[用料规格] 嫩仔鸡1只（约1000克），葱段5克，姜片5克，味精1克，料酒10克，精盐8克。

[工艺流程] 原料初加工→焯水洗净入器具→加入调味料封口→放入水锅中加盖炖至酥烂

[制作方法]

a. 鸡宰杀、去毛，开膛去内脏（肫、肝、心另加工），在沸水锅中焯清血污后取出洗净，放入陶瓷容器中。再将调味品全部放入容器，加水约700克用纸密封，勿使透气。

b. 将密封好的容器放入水锅中（锅中水不超过容器）并盖上锅盖，用中火炖3小时左右，至鸡肉酥烂即成。

[成品特点] 汤汁清鲜，鸡肉酥香，原汁原味。

[菜肴实例] 清炖蟹粉狮子头（不隔水炖）

[用料规格] 净猪肋条肉（七成肥三成瘦）800克，蟹黄50克，蟹肉100克，青菜心1200克，青菜叶6片，干淀粉25克，葱姜汁水300克，熟猪油50克，虾子1克，料酒100克，精盐10克，猪肉汤300克。

[工艺流程] 原料洗净→猪肉切小丁→加入小料、蟹肉、调料成馅→分成12份→青菜头打十字刀→入锅煸炒→砂锅底抹油→排入菜头加汤上火烧沸→将肉馅逐一做圆，中间嵌蟹黄→入砂锅盖上菜叶再盖上砂锅盖→上火炖→最后拣去菜叶上席

[制作方法]

a. 将猪肋条肉切成石榴粒状，放入钵内，加葱姜汁水、蟹肉、虾子0.5克、精盐8克、料酒、干淀粉拌匀。选用长约6.5厘米的青菜心洗净，菜头用刀剖成十字刀纹，切去菜叶尖。

b. 炒锅置旺火上烧热，舀入熟猪油40克，放入青菜心煸至翠绿色，加虾子0.5克、精盐、猪肉汤烧沸离火。取砂锅1只，用熟猪油10克擦抹锅底，再将菜心排入，

然后倒入汤汁，置中火上烧沸。将拌好的肉分12份，逐份放在手掌中，用双手来回翻动四五下成光滑的肉圆子，逐个排放在菜心上面。再将蟹黄分嵌在每只肉圆上，上面盖青菜叶。然后盖上砂锅盖，烧沸后移微火上炖约40分钟，上桌时揭开锅盖，拣去青菜叶即成。

[成品特点] 肥嫩异常，蟹粉鲜香，青菜酥烂清口，汤汁清鲜。

（四）焖

[基本含义] 焖是将经过初步熟处理的原料，加入调味品和汤汁，用旺火烧开，加盖转小火较长时间加热入味，再转中火稠浓卤汁的烹调方法。焖菜主要强调火候和调味，加热时间可根据不同原料的质地、大小灵活掌握。

[基本运用] 焖多选用含胶原蛋白较丰富、质地老韧的动物性原料，常用的有牛肉、猪肉、牛筋、鸡、鸭、甲鱼、黄鳝、猪蹄髈等。植物性原料多选用耐长时间焖烧的，如各种笋等。

焖的火候与烧相似也有三个阶段，但有区别，焖的第二阶段是焖的特色所在，也是关键，要用小火甚至微火加热使原料内的蛋白质等物质溶于汤汁中，卤汁变稠。所以第三阶段的收汁，火力不宜过大，要多旋锅，密切注意卤汁耗损情况，及时下芡或稠浓卤汁，防止粘底。焖的第一阶段用火与烧的第一阶段用火大体相似。

焖菜的调味，一般分两次进行：第一次是初步调味，主要是加入去腥、增香、增色的调味料；第二次是定味调味，当菜肴即将成熟卤汁稠浓时，加入增色、定味的调味品。极少数菜只需一次调味的，如“坛子焖肉”，原料的调味料和汤水只许一次加入、封口，成熟后由食客开封。中途不好添加调味和汤汁，做这种菜是有一定难度的。

根据调味、原料性质和加工手法的不同，焖一般可分为：红焖、黄焖、酒焖、油焖等几种。

焖的代表菜有“红焖海参”、“黄焖鸡翅”、“油焖菜心”、“白花酒焖肉”、“母油船鸭”等。

[菜肴实例] 红焖海参

[用料规格] 水发海参750克，猪五花肉500克，带骨老鸡肉500克，虾米25克，水发香菇75克，湿淀粉10克，葱段15克，姜片10克，甘草1克，精盐7克，味精5克，糖色5克，香油5克，酱油15克，料酒15克，白酒10克，白汤1750克，熟猪油150克。

[工艺流程] 原料洗净→刀工处理→主料焯水→基本入味→略煸入砂锅→配料上色定味入砂锅→小火焖制→加入香菇、虾米再焖→海参、香菇、虾米装入盘中→原汤入锅勾芡收稠明油浇在海参上

[制作方法]

a. 将海参切成长约6厘米、宽约2厘米的块，鸡、猪肉也切成块。

b. 海参放入沸水锅中煮约6分钟捞起，用中火烧热炒锅，下油25克，放葱、姜，烹入白酒，加汤、精盐5克，下海参烧约2分钟，倒入漏勺沥去水，去掉葱、姜。

c. 炒锅洗净放回炉上，加油50克，放入海参略煸，倒入已用竹箅子垫底的砂锅里。炒锅放回炉上，下油50克，放入猪肉、鸡块，烹入料酒，加白汤、酱油、糖色、甘草推匀，略煸，倒入砂锅，加盖，用旺火烧沸后，转小火焖约1小时，再加香菇、虾米，焖约30分钟至软烂，去掉猪肉、鸡块（另用）、甘草，捞起海参、虾米、香菇放入盘中。用浓

缩的原汁下锅，加入精盐、味精，烧至微沸，用湿淀粉勾芡，最后加入香油和猪油推匀，浇在海参上即成。

[成品特点] 此菜烂而不糜，软滑可口，鲜味浓郁，营养丰富。

[菜肴实例] 黄焖鸡翅

[用料规格] 仔母鸡翅膀20只（约600克），水发香菇30克，葱段100克，姜末5克，葡萄酒15克，白糖10克，味精1克，鸡清汤750克，酱油50克，熟猪油50克，色拉油500克（约耗50克）。

[工艺流程] 洗涤→刀工处理→炸制→初步入味、上色→大砂锅焖制→换小砂锅焖制

[制作方法]

a. 用刀在鸡翅骨骱处切断，斩去翅尖，洗净，沥去水分。

b. 炒锅置旺火上烧热，舀入色拉油烧至八成热时，放入鸡翅炸至金黄色，倒入漏勺沥去油。原锅复上火，放入鸡翅，加白糖、酱油、葱段10克、姜末翻炒，至鸡翅上色，起锅倒入大砂锅中，再舀入鸡清汤，置旺火上烧沸，撇去浮沫，盖上锅盖，移到微火上焖至酥烂，锅端离火，捞出鸡翅。

c. 另取小砂锅1只，将小翅排放入锅内垫底，把大翅沿锅边整齐围排似菊花形，倒入原汤，加葡萄酒、味精。

d. 炒锅置旺火上烧热，舀入熟猪油，烧至六成热时，放入葱段炸香，再放入冬菇煸炒几下，起锅倒入砂锅后，盖上锅盖，置微火上焖约15分钟即成。

[成品特点] 色呈棕黄，酥烂脱骨，肥美鲜嫩，汤醇味香。

（五）汆

[基本含义] 汆是把一些易成熟的原料加工成片、丝、蓉等小型形状，放入水或汤锅中，加热至断生，一滚即成菜的烹调方法。

[基本运用] 汆的原料应是新鲜细嫩、去皮、去骨、去筋膜、腥膻气味较少的。刀工处理应厚薄、大小一致，不能有连刀和碎渣。汆的方法大多用于汤菜，且以清汤为多。汆有大火沸水（汤）的汆、中小火温水（汤）的汆，具体采用哪一种汆，根据原料特点和菜肴要求而定。

汆的代表菜有“夜来香汆鸡片”、“珍珠鱼丸”、“榨菜肉丝汤”、“茼蒿肉元汤”等。

[菜肴实例] 夜来香汆鸡片

[用料规格] 仔鸡脯肉300克，夜来香花朵50克，鸡蛋清1个，葱3克，姜3克，精盐3克，鸡清汤1500克。

[工艺流程] 原料选择→刀工处理→上浆→摘洗花瓣→入沸水锅略烫→沸汤汆鸡片断生入碗→冲入沸汤放入花瓣

[制作方法]

a. 将鸡脯肉批成柳叶片放入碗内，用精盐1克、鸡蛋清拌匀浆起。夜来香花朵去蒂洗净，用碗盖好，防止香味散失。

b. 炒锅上火，舀入清水1000克烧沸，放入夜来香花瓣略烫，用漏勺捞起放入盘中，倒去锅内水。炒锅复上火，舀入鸡清汤500克，放入葱姜烧沸，入鸡片，用手勺轻轻推动，待鸡片散开上浮呈白色时，用漏勺捞起，放汤碗内，拣去葱姜，倒去锅内原汤。舀入鸡清汤1000克烧沸，加精盐后倒入汤碗内，放上夜来香花瓣即成。

［成品特点］汤清见底，夜来香幽香扑鼻，鸡片洁白细嫩。

［菜肴实例］珍珠鱼丸

［用料规格］刀鱼 500 克，绿色蔬菜叶 100 克，一块新鲜的大肉皮，葱姜汁 30 克，料酒 15 克，精盐 5 克，鸡清汤 1200 克，鸡油 3 克。

［工艺流程］原料初加工→刀工处理→串馅→配料处理→抓挤鱼丸→小火养制→烧汤入碗→放入菜叶→放入鱼丸淋油

［制作方法］

a. 刀鱼初加工洗净，切去鱼头，剖成两片，去净内脏，入清水漂洗干净，批去龙骨，用刀背将鱼肉敲松散，再用刀刃刮下鱼肉，剔去鱼皮和刺骨。

b. 砧板上铺上鲜肉皮，将鱼肉放上，先用刀背排成粗茸状，再用刀刃斩成极细茸状，放入碗内加葱姜汁、料酒、冷鸡汤 200 克搅拌成糊状，再加入精盐 3 克，顺一个方向搅打上劲成馅。

c. 绿叶菜焯水待用。

d. 锅中放入清水 1000 克，将鱼馅用汤匙柄刮挤成黄豆略大的丸子入水锅，然后上小火烧热，待鱼丸变色成熟后离火。另锅加鸡汤，放入精盐上火烧开，倒入汤碗，放入绿菜叶，用漏勺捞出鱼丸入汤碗，淋入鸡油即成。

［成品特点］刀鱼丸鲜嫩，汤清澈。

（六）涮

［基本含义］涮是把切成薄片的原料或形小质嫩的原料，放入涮锅滚沸的汤汁中烫片刻，成熟后随即蘸上调味品或直接食用的一种特殊的烹调方法。

［基本运用］涮适用于质地较嫩，能即烫即食的动植物性原料；刀工处理比较讲究，特别是对动物性原料的加工，批片要薄而均匀，排列比较整齐；调配料搭配合理，并有足够的余地；针对不同的器具配备足够的能源和安全措施；涮菜热烫鲜美、边涮、边调、边食，进餐者可根据自己的爱好和口味，自行调味和掌握涮制的时间；涮菜特别适宜于天气严寒的冬季。

涮的代表菜有“涮羊肉”、“生片涮锅”、“菊花涮锅”、“涮牛肉”等。

［菜肴实例］涮羊肉

［用料规格］羊肉片 1200 克，白菜头 25 克，水发细粉丝 250 克，酸菜 250 克，冻豆腐 250 克，腌韭菜花 50 克，香菜末 50 克，葱花 50 克，香油、蒜末（每人一碟 50 克），芝麻酱 100 克，精盐 20 克，味精 10 克，料酒 50 克，豆腐乳汁 50 克，酱油 50 克，辣椒油 50 克，卤虾油 50 克，香醋 50 克，白汤 1500 克。

［工艺流程］原料选择→初加工→刀工处理→装盘→配置汤料→上席→食客自助

［制作方法］

a. 把冻好的羊肉切成薄片，整齐地码在盘内，白菜头切成长条块、酸菜切成段、冻豆腐切成小块、粉丝切成 15 厘米长分别放在盘内。各种小料、调味料分装在小碟里一起端到席面上，由食客根据个人喜好适量调配。

b. 涮锅装满沸汤，调好基本味，端上席，点燃底部燃料或插上电源，由食客自己涮食。

［成品特点］荤素搭配，自烹自调自食，气氛浓烈，别具特色。

[菜肴实例] 生片涮锅

[用料规格] 山鸡脯肉150克，鸡脯肉150克，鳜鱼肉150克，大虾仁200克，鸭肫200克，猪腰250克左右，菠菜心100克，豌豆苗100克，锅巴100克，干粉丝100克，油馓子80克，扬州糕点100克，熟笋片100克，雪菜段60克，香菜100克，韭黄100克，料酒150克，味精2克，精盐3克，胡椒粉2克，鸡清汤1500克，香油、蒜末（每人一碟50克），味极鲜酱油100克，花生油500克（实耗100克）。

[工艺流程] 主料刀工处理→浸渍入味→配料加工处理入盘→烹制汤料→涮锅、各种原料上席→食客自助

[制作方法]

a. 将6种主料分别洗净，批成薄片，用料酒、精盐1克、味精分别浸渍10分钟，分装入盘。

b. 将菠菜心、豌豆苗、香菜、韭黄分别洗净装盘。

c. 把干粉丝、扬州糕点用七成热的油温炸脆，锅巴用八成热的油温炸脆酥分别装入盘中，油馓子切成段装盘，雪菜段洗净待用。

d. 将涮锅上火加鸡清汤，放入熟笋片、雪菜段烧开，放入精盐调口，撒入胡椒粉，端上桌接通能源，各种主料、配料、小料盘放在涮锅四周，任食客自助涮食。

[成品特点] 生料鲜嫩，汤味鲜美，自助涮食，别具一格。

（七）煨

[基本含义] 煨是将经过炸、煎、煸炒或水煮的原料放入锅中，加葱、姜、蒜等调味品和多量汤水，用旺火烧开，再用小火或微火长时间加热至酥烂而成菜的烹调方法。

[基本运用] 煨法是加热时间较长的烹调方法之一，适合于质地粗老的动物性原料，所制菜品属火功菜。在选用器具上，有时用陶瓷器皿，如砂锅、陶罐等。煨菜以白汤为主，一般不勾芡。煨法常用在制汤上，俗称煨汤，经过长时间煨制，原料中各种物质溶解于汤中，使汤味鲜美。

煨的代表菜有“白煨脐门”、“长鱼肚肺煲”、“红煨牛肉”、“家乡煨大鸭”等。

[菜肴实例] 白煨脐门

[用料规格] 熟鳝鱼（腹）肉500克，蒜瓣150克，精盐5克，料酒10克，白酱油20克，白醋2克，白胡椒粉2克，虾子0.3克，鸡清汤500克，熟猪油15克。

[工艺流程] 鳝肉的处理→炸蒜瓣→垫砂锅→投放料加盖→旺火烧开→小火煨制→投放蒜瓣焖制→取出竹垫撒上胡椒粉

[制作方法]

a. 将鳝鱼腹部肉撕成长约8厘米长的段，洗净，放入沸水中烫一下捞出沥水。

b. 将锅置旺火上，舀入熟猪油，烧至6成热时放入蒜瓣炸香，用漏勺捞出。

c. 将热油倒入放有竹垫的砂锅内，放入鳝肉，放入白醋、白酱油、料酒、精盐、虾子、鸡清汤，加上盖，置旺火上烧沸后移小火上煨1小时，然后放入蒜瓣，再焖约10分钟，取出锅内竹垫，撒上胡椒粉即成。

[成品特点] 鳝肉醇软酥烂，汤汁乳白，具有强身、健乳的药用功效。

（八）煮

[基本含义] 煮是将原料（有的是生料，有的是半制成品）放于多量的汤汁或清水，用旺

火烧开转中小火较长时间加热成熟的烹调方法。煮菜具有汤宽、汁浓、味醇等特点。

[基本运用] 煮菜多选用新鲜、富含蛋白质的原料；火力以中小火为好；口味以咸鲜味型为主；汤多汁浓，不勾芡。

煮的代表菜有“大煮干丝”、“淮鱼干丝”、“鸡汤煮干丝”、“水煮牛肉”、“萝卜煮鲫鱼汤”等。

[菜肴实例] 鸡汤煮干丝

[用料规格] 豆腐干500克，熟鸡丝50克，虾仁50克，熟鸡肫肝50克，熟火腿丝10克，冬笋片30克，豌豆苗（焯熟）10克，鸡蛋清半个，干淀粉2克，葱段5克，虾子0.5克，精盐3克，白酱油15克，鸡清汤500克，熟猪油120克。

[工艺流程] 干子批片切丝烫制→虾仁浆制滑油→煸葱放入鸡汤、干丝拌和→再放入其他原料于一边→加虾子、猪油大火白汤→加咸味调味品略烧→干丝盛在盘中央，其他配料于四周→火腿丝、虾仁放在干丝上→浇上汤汁

[制作方法]

a. 选用黄豆制的白色豆腐干，片成厚约0.15厘米的薄片，再切成细丝，放入沸水钵中浸烫并用竹筷轻翻拨散，滗去水，再舀入沸水浸烫2次（每次约3分钟），捞出，挤去水，放入碗中。

b. 虾仁放入碗内加入鸡蛋清、精盐0.5克拌匀，再加入干淀粉拌匀。炒锅置火上烧热，舀入熟猪油25克，放入虾仁滑至乳白色，起锅沥油放入碗内。

c. 炒锅上火放油30克，将葱段入锅略煸出香味，舀入鸡清汤，放入干丝、鸡丝拌和，将鸡肫、肝片、笋片放入锅内的一边，加虾子、熟猪油，置旺火上烧约15分钟，待汤浓厚时，加白酱油、精盐，盖上盖，烧约5分钟。将干丝盛在盘中，然后把肫、肝、笋、豌豆苗分放在干丝周围，上放火腿丝、虾仁，浇上卤汁即成。

[成品特点] 干丝洁白、绵软、味鲜，配料色彩鲜明。

（九）蜜汁

[基本含义] 蜜汁是以水或蒸汽为传热介质，将经过加工的原料置于加糖和蜂蜜的甜汁中，蒸或煮至酥烂，待甜汁浓稠后出锅的一种甜菜烹调方法。

[基本运用] 根据不同原料的性质和特点，在实际运用中，蜜汁有两种制法：

（1）将白糖放入锅中，加少量油先炒一下，再加适量的水熬制糖汁，然后将蜜汁的原料倒入糖汁中（易熟的直接倒入锅中，不易成熟的要事先煮或蒸熟），使糖入味，勾玻璃芡出锅。

（2）把经过加工处理后的原料排入碗中，加白糖、猪大油、蜜枣等上笼蒸至酥烂入味，临上桌前扣入盆中，将甜汁滗入锅中，勾薄芡浇在菜肴上即成。

蜜汁的代表菜有“蜜汁芋艿”、“蜜汁糯米藕”、“蜜枣扒山药”、“蜜汁哈士蟆”等。

[菜肴实例] 蜜汁芋艿

[用料规格] 芋艿750克，白糖100克，蜂蜜100克，甜桂花卤2克。

[工艺流程] 芋艿洗净煮熟→去外皮洗净→制甜卤入芋艿→小火入味→大火收汁

[制作方法]

a. 将芋艿下水锅煮熟，捞出下冷水投凉，剥去外皮，用水洗净。

b. 炒锅上火放入清水150克，加白糖、蜂蜜、甜桂花卤，烧开后放入芋艿，用中小

火使芋艿入味，再大火收浓卤汁出锅装盘即成。

［成品特点］芋艿甜糯，桂花清香，味道醇甜。

［菜肴实例］蜜汁糯米藕

［用料规格］莲藕750克，糯米150克，蜜莲子25克，湿淀粉15克，蜂蜜50克，白糖200克，糖桂花2克。

［工艺流程］洗藕切藕→淘米→灌米→封藕→蒸藕→去皮切片扣碗→蒸藕→制甜卤→藕扣入盘中→浇卤

［制作方法］

a. 选用七孔带节藕洗净，切去藕节一端。糯米用水浸泡2小时后，滤去水晾干。

b. 将糯米从藕孔一端灌入，并摇晃使米灌满藕孔，然后将切下的藕节部分用竹签戳住，盖住米孔。放入笼屉，在旺火上蒸30分钟，取出放入冷水中滗2分钟，撕去藕皮晾干，拔去竹签，并用刀将另一头也切齐，从中间剖开，切成0.5厘米厚的片，整齐地排入碗内，加白糖150克，再放入笼锅中蒸20分钟，待糖全部溶化透味时取出，扣入盘中。

c. 炒锅上火，加清水100克，加白糖、蜂蜜、蜜莲子、糖桂花烧沸，用湿淀粉勾薄芡，起锅浇在糯米藕上即成。

［菜肴特点］糯米藕软糯清润，卤汁香甜似蜜。

二、油媒介烹调方法

利用各种食用油脂作为传热介质，原料通过锅与油之间的对流换热，得到热量传递而受热成熟的烹制方式，称为油媒介烹调方法。以油为媒介的烹调方法很多，是常用烹制方式之一。油具有比热容大、烟点高、温域宽的性能，广阔的温度区间可使菜肴形成不同的风格特色；油的导热性能好，可形成均匀的温度场，使投入其中的原料从各个方面受热均匀，但由于连续加热，温度不断升高，温度场的上限很难界定，所以它又是一个不稳定的温度场，在实际使用中油温的识别很重要；油媒介有利于提高菜肴的营养价值，一方面油含有人体需要的各种脂肪酸和某些维生素、磷脂等，另一方面在高温的作用下，可降解原料中蛋白质为肽链和氨基酸，分解糖类为醇、酸、羰基化合物，这些变化可提高原料营养的消化吸收率；同时油媒介烹调方法会使一些脂溶性的维生素溶于油中，造成损失，如果反复高温加热还会产生有害物质，对人体健康不利。

根据油量和油温的不同，习惯将油媒介烹调方法分为大油量高油温的烹调方法、中油量热油温的烹调方法、小油量温油温的烹调方法。

（一）炒

［基本含义］炒是将原料加工成片、丝、条、丁、米等形状，用中、旺火在较短时间内加热成熟，经调味成菜的烹调方法。

［基本运用］根据使用原料性质不同、传热介质不同、调味品种不同等因素，炒的分类比较复杂，各地的说法也很难统一，从不同的分类角度就有不同叫法的炒：从颜色角度有红炒、白炒之分；从熟处理与否有生炒、熟炒之分；从原料配伍情况有清炒、混炒之分；从上浆与否有滑炒、煸炒之分；从勾芡情况有抓炒、爆炒之分；从传热介质有油炒、落汤炒、水炒之分等。这里只从浆制情况、炒制情况和成菜情况着重介绍滑炒、软炒、干炒

（煸炒）三种炒法。

1. 滑炒

滑炒是将经过精细刀工处理或自然形态较小的、质地比较嫩的原料，经过上浆、滑油，再拌入调配料，在旺火上快速翻拌，勾芡明油滋汁紧裹的烹调方法。滑炒是炒中要求较高、使用最广的一种。如何掌握滑炒，应从三个方面入手：

第一，上浆——基本调味过程。具体要求见“上浆”内容中应注意的问题。

第二，滑油——加热成熟过程。滑油即上好浆的原料在温、热油锅中划散加热至断生或刚熟的过程。

第三，炒拌——定味、定色、勾芡阶段。炒拌是滑炒的最后阶段，就是将经过划油的原料与调配料拌和并勾芡。滑油之后，原料已基本成熟，因此，炒拌的速度越快越能保证菜肴的嫩度。

各步骤操作关键如下：

（1）滑油前锅必须洗刷干净，烧热并用油反复滑锅，否则原料入油锅后会粘底。

（2）投料时要掌握油温的变化情况，其可变因素有：① 一次投料量与油量关系；② 火力强弱与油温、油量的关系；③ 原料本身对油温的要求等。具体来讲，火力大，原料下锅时油温可适当低些；原料数量多，油温应高些；原料形体较小或易碎散的油温应低些；容易划散，且不易断碎的原料油温可适当高些。

（3）投料后要及时划散，使其受热均匀，要防止脱浆、结团。

（4）正确把握出锅时间，做到不懒锅、不欠火，保证划油的质量。

（5）调味要准　炒菜一般都是一次性投料，加加减减势必拖延“炒”的时间，所以投入调味料的准确性至关重要。投料的偏差，直接影响菜肴的口味和色泽。

（6）火要旺，速度要快　火旺锅底热，能使淋下的芡汁快速糊化，颠翻后包裹原料表层，缩短“炒”的时间。另外，火力与速度可确保菜肴“精神饱满”，尤其是含水多的配料，火力小，速度慢，很容易疲瘪。

（7）底油不宜多　许多滑炒菜拌炒前先要煸炒小料，这时用油不宜多，否则芡汁结团而包裹不上原料，其原因是过多的油阻隔了粉汁与卤汁的接触而糊化不匀，加上原料表面如裹上过多的油，芡汁也较难包裹上去。

（8）把握明油时机　滑炒菜一般在勾芡后都要明油，何时明油，对芡汁的亮度有很大的影响。实践表明，明油的最佳时机是在淀粉糊化过程中进行，即芡汁入锅后淋明油，使明油与芡汁充分融合，饮食行业上称为“明油亮芡”，就是这个道理。

（9）掌握滑炒菜的不同下芡方式

① 兑汁芡：就是将所有需加的调料及粉汁调对在一起，与滑油后的原料同时下锅快速翻拌而成。其特点是一气呵成，速度快捷。一般使用于不易散碎的所有原料、一次成菜数量不多的菜肴。因此，这种方法对调味品的多少、调味品之间的比例、粉汁的厚薄、粉汁与调味料及菜肴原料的比例，一定要把握准确，过多或过少都难以补救。

② 投料勾芡：多用于主料滑油、配料煸炒的菜肴。即在煸炒配料的同时依次投入调味料、汤料、烧开后勾芡，倒入主料炒拌成菜。这种勾芡要注意的是：下芡时锅中卤汁要烧开，粉汁要淋在翻滚的卤汁里。

③ 勾芡投料：适用于单一主料的菜肴或主配料都滑油的菜肴。就是将调味料和汤汁一起加在锅里，烧开后勾芡，再倒入滑油后的原料一起翻拌成菜。这种勾芡要注意的是：调味量、汤汁量、粉汁量与菜肴原料的量之间的比例要准确，偏多或偏少对菜肴质量都有影响。

滑炒的代表菜有“滑炒鸡丝”、“滑炒里脊丝”、“清炒蝴蝶片”、“清炒虾仁”等。

[菜肴实例] 滑炒里脊丝

[用料规格] 猪里脊肉250克，笋丝50克，韭黄30克，鸡蛋清1个，干淀粉10克，湿淀粉20克，酱油25克，精盐1克，味精1克，白糖5克，料酒10克，香油10克，色拉油500克（实耗75克）。

[工艺流程] 刀工处理→上浆→划油→煸炒配料调味勾芡→入主料拌炒明油装盘

[制作方法]

a. 将里脊肉切成丝，放入碗内，加鸡蛋清、精盐、料酒5克、清水50克拌匀，加干淀粉搅拌上劲。韭黄切3.5厘米的段待用。

b. 炒锅上火烧热，用油滑锅，放油烧至四成热，入肉丝，用手勺拨散，待肉丝变色，倒入漏勺沥油。原锅留底油上火，放入笋丝煸炒，加料酒、酱油、糖、少许汤、韭黄、味精，用湿淀粉勾芡，倒入肉丝，颠翻均匀，淋上香油出锅即成。

[成品特点] 色泽淡黄，肉丝鲜嫩，明油亮芡。

2. 软炒

软炒是将一些动物性原料加工成蓉状，用汤调制成液态状，加米粉或淀粉、鸡蛋清、调味料，过汤筛后，放入少量油的锅中炒制成熟的烹调方法。成菜特点是质嫩软滑，味道鲜美，清淡利口。掌握软炒的关键如下：

（1）原料的要求　选用筋膜少、质地鲜嫩、血色素少的原料（如原料含血色素多，要事先用水泡去血水）。

（2）加工处理要求　原料斩成蓉状，越细越好，最好用食物处理器加工。

（3）加汤稀释的要求　应掌握好原料、汤、米粉或淀粉、蛋清和调味料之间的比例。

（4）炒制要求　① 锅要刷洗干净，并用油将锅滑透。② 恰当掌握火力。火力过大容易焦煳，火力过小不易成熟。③ 炒制时勺头向下，顺时针一个方向推动，要均匀，直至达到要求为止。

软炒的代表菜有“炒鸡粥”、“大良炒鲜奶”、“鸡粥蹄筋”等。

[菜肴实例] 炒鸡粥

[用料规格] 鸡脯肉200克，鸡蛋清2个，火腿末5克，米粉或干淀粉35克，葱姜酒汁水150克，精盐4克，味精2克，鸡清汤150克，色拉油60克。

[工艺流程] 制蓉→调成糊状→过筛→炒制→装盘点缀

[制作方法]

a. 将鸡脯肉去皮并剔去筋膜，斩成蓉状，放碗内，加鸡清汤、葱姜酒汁水、蛋清、精盐、味精、米粉搅匀成糊状，用细眼汤筛过去渣滓待用。

b. 炒锅上火烧热，用油滑锅，在中小火加入油30克，倒入鸡粥糊，用手勺朝一个方向均匀推动，使鸡粥逐渐变厚，呈现白色黏稠状，淋入油，拌匀出锅装入汤盘，撒上火腿末即成。

[成品特点] 色泽白净，质地细嫩，口味鲜美，用汤匙舀食，别具特色。

3. 干炒

干炒也称干煸、煸炒。是用少量油为传热介质，将原料煸炒入味的烹调方法。植物性原料干炒往往用旺火快速翻拌成菜，成品鲜嫩脆爽，本味浓厚，卤汁很少；动物性原料干炒往往用中小火慢慢煸去原料本身水分，使调味料充分渗透入味成菜，成品干香味厚，盘中见油不见卤汁。干炒菜不上浆、不滑油，通常也不勾芡。

干炒的代表菜有“干煸肉丝”、“干煸鳝丝”、“干煸草头”等。

[菜肴实例] 干煸肉丝

[用料规格] 猪瘦肉250克，水发玉兰片50克，干红辣椒2克，葱白10克，酱油10克，味精1克，精盐1克，料酒15克，色拉油100克。

[工艺流程] 刀工处理→煸红椒出色捞起→煸肉丝出水气→加调料、玉兰片丝煸熟→加红椒、葱白丝拌炒装盘

[制作方法]

a. 将猪瘦肉、玉兰片、葱白、干辣椒分别切成丝。

b. 炒锅上火，加入油烧热，放辣椒丝煸至棕红色时捞起，放入肉丝煸炒至水气干时，加料酒、酱油、精盐、玉兰片丝煸熟。再放入辣椒丝、葱白丝、味精拌炒匀即成。

[成品特点] 色泽红亮，味厚，干香。

（二）爆

[基本含义] 爆是将脆韧性动物原料，经刀工处理后投入中等油量的热油锅中或沸水、沸汤中用旺火在极短时间内灼烫成熟，调味成菜的烹调方法。脆嫩爽口是爆菜的最大特点。

[基本运用] 根据传热介质的不同、调味品及烹制方法的不同，爆又可分为油爆、汤爆、酱爆、葱爆、芫爆等。无论是采用哪一种爆法，都必须注意如下问题：其一，要选新鲜脆韧性原料；其二，一般原料都要进行剞刀处理，且刀距深浅要一致；其三，恰当把握加热时间，做到不过、不欠；其四，兑汁用料恰到好处，做到口味准确、芡汁浓厚适宜，确保爆菜脆嫩、爽口、适口的特点。

爆的代表菜有“双爆菊花”、“汤爆双脆”、“酱爆海螺”、“芫爆甲鱼”等。

[菜肴实例] 双爆菊花

[用料规格] 鲜海螺500克，鲜墨鱼300克，大葱150克，蒜苗15克，湿淀粉10克，粗盐10克，鸡汤100克，精盐3克，料酒25克，味精2克，色拉油750克（实耗75克）。

[工艺流程] 原料初加工→刀工处理→焯水→调制兑汁芡→烹制→装盘

[制作方法]

a. 把海螺壳砸破，取出肉，挤尽脏物。海螺肉加粗盐反复揉搓，用清水洗去黏液和黑色杂物，洗净后片成两片，剞上十字花刀，再切成2厘米见方的块；鲜墨鱼收拾干净，剞上十字花刀，切成2厘米见方的块。将海螺肉与墨鱼肉用沸水焯过，捞出沥干水分。大葱与蒜苗均切成1.8厘米长的段。碗内加鸡汤、精盐、味精、料酒、湿淀粉调制成兑汁芡待用。

b. 炒锅上火，放入油烧至八成热时，将海螺肉和墨鱼肉倒入爆一下，迅速捞出；炒锅留底油，放葱炸出香味，把海螺、墨鱼、蒜苗和兑汁芡倒入，颠翻炒锅，盛入盘内即成。

[成品特点] 色泽洁白，肉质脆嫩鲜美，形似菊花，故名。

（三）熘

[基本含义] 熘是根据原料的性质和熘菜的不同要求，选用相应的加热介质和方法使原料成熟，再淋浇上或裹上较多卤汁的烹调方法。熘菜的成熟方法常用的有：油炸、汽蒸、水氽、滑油等。熘菜的味型常见的有：酸甜、甜酸、咸辣、咸鲜等复合味型。熘菜的卤汁较宽，味较浓厚。

[基本运用] 根据成品质感和传热介质及成熟方法的不同，熘可以分为炸熘、软熘和滑溜。

1. 炸熘

炸熘也称脆熘或焦熘。是将加工成形的原料先用调味品浸渍入味，再挂上糊，在热油锅中炸至外表金黄、脆酥时捞出，裹上或淋浇上浓厚卤汁的烹调方法。炸熘成品特点为外脆里嫩。为确保这一特点，必须在几个方面加以注意：

（1）刀工处理要大小一致，剞刀深浅要统一；

（2）粉糊挂制要均匀；

（3）炸制油温得当，通常要进行复炸；

（4）炸制与制卤同时进行，形小的原料入卤翻拌，形大的原料浇卤，无论是属哪一种，都要动作迅速，只有这样，才能保证炸熘菜外脆里嫩的风味特点。

炸熘的代表菜有“糖醋黄河鲤”、“醋熘鳜鱼”、“糖醋瓦块鱼”等。

[菜肴实例] 糖醋黄河鲤

[用料规格] 黄河鲤鱼1条（约750克），湿淀粉150克，葱末5克，姜末5克，蒜末5克，醋100克，白糖200克，酱油10克，精盐2克，白汤300克，色拉油1500克（实耗200克）。

[工艺流程] 鱼的初加工→刀工处理→码入基本味→调制水粉糊→挂糊炸制→装盘→调制卤汁→浇入鱼身

[制作方法]

a. 将鱼刮去鳞，剖腹去掉内脏，挖去鳃，洗净，在鱼身上每隔2.5厘米先直刀剞1.6厘米深至脊骨，再斜刀剞1.8厘米深。然后提起鱼尾使刀口张开，将精盐均匀地撒入刀口内稍腌。

b. 调制淀粉糊，将鱼放入两面均匀粘裹上糊。

c. 炒锅上火，放入油烧至七成热时，手提鱼尾放入油锅中，刀口呈张开状，待基本定型后将鱼身放手，炸至淡黄色时将鱼捞出，提高油温至八成，将鱼复炸至色呈金黄、脆酥，取出装盘。

d. 在炸鱼的同时，另锅上火烧热，加油煸炒葱、姜、蒜末，加白汤、酱油、白糖、醋，烧沸后用湿淀粉勾芡，趁热迅速将糖醋汁淋浇在鱼身上即成。

[成品特点] 色泽红亮，外酥脆，里软嫩，酸甜适口，咸味适中，滋汁入盘，“吱吱”作响。

2. 软熘

软熘也称蒸煮熘。是将加工后的原料用汽蒸、水煮、水汆等方法成熟，再浇上卤汁的烹调方法。成菜质地非常软嫩，多用于鱼类原料的烹制。

软熘的代表有“五柳居”、“西湖醋鱼”、“软熘鱼扇”等。

[菜肴实例] 五柳居（青鱼）

[用料规格] 活青鱼1条（约1000克），猪精肉50克，葱25克，姜25克，水发香菇25克，红椒25克，冬笋25克，湿淀粉50克，姜片5克，葱结1个，色拉油50克，精盐3克，味精2克，料酒20克，香醋20克，酱油20克，白糖75克，白汤200克。

[工艺流程] 鱼初加工→剞刀→配料分别切丝→汆鱼至断生→装盘→调制卤汁→浇入鱼身

[制作方法]

a. 将猪精肉、葱、姜、香菇、红椒、冬笋分别切成丝。

b. 将青鱼宰杀洗净后，在鱼身上剞上柳叶花刀。

c. 锅中放入清水烧开，加葱、姜、料酒投入青鱼（水以淹没鱼身为度），待鱼断生时捞出沥干水分，装入盘中。

d. 炒锅上火烧热加入油，先将肉丝煸炒，再投入香菇丝、红椒丝、冬笋丝煸炒一下，加入料酒、白汤、盐、味精、酱油、白糖，烧沸后勾芡，烹入香醋淋入热油打匀，将卤汁浇在鱼身上即成。

[成品特点] 卤汁红润，配料色彩鲜明，鱼肉鲜嫩，酸、甜、咸、微辣四味俱佳。

3. 滑熘

滑熘以油为传热介质。原料上浆后放入4~6成热油中滑油成熟，再放入调制好的卤汁中熘制。滑熘的原料多为无骨原料，加工形状多为片、丝、丁、条、块等。滑熘菜的口味比较广泛，常见的有咸甜、咸鲜、咸辣、酸甜或多种味感的复合味型。滑熘的卤汁比脆熘、软熘要少得多，一般为卤汁紧裹原料，比滑炒菜的卤汁要多一些，也略厚一些。

滑熘的代表菜有“熘仔鸡丁”、“滑熘鱼片”、“蚝油牛仔柳”等。

[菜肴实例] 熘仔鸡丁

[用料规格] 光仔鸡1只（750克左右），红椒50克，白果仁50克，鸡蛋清1个，干淀粉5克，湿淀粉10克，葱末5克，姜末10克，蒜末5克，酱油30克，白糖20克，香醋15克，料酒15克，鸡清汤50克，香油10克，色拉油500克（实耗75克）。

[工艺流程] 鸡初加工→刀工处理→上浆→红椒切片→主料滑油→煸小料、配料调味→勾芡→入主料拌炒→装盘

[制作方法]

1. 将仔鸡洗净，取下鸡脯肉和腿肉，经排刀后斩成小方丁，放入碗内，用酱油7克拌匀，加鸡蛋清、干淀粉搅拌上浆，再用香油5克调匀；红椒切成菱形片待用。

2. 炒锅上火烧热，放入油烧至五成热时将鸡丁放入滑油，待变色后倒入漏勺沥油。炒锅留底油，放葱、姜、蒜末煸炒出香味，入红椒、白果仁煸炒，放酱油、白糖、料酒、鸡清汤烧沸勾芡，倒入鸡丁颠翻炒锅。淋入香醋、香油起锅装盘即成。

［成品特点］色泽淡黄，鸡肉鲜嫩，咸甜略带醋味，红椒白果相配，色香味更佳。

（四）炸

［基本含义］炸是以油为传热介质，原料在大油量、高油温时段加热，成菜具有香、酥、脆、嫩等特点的烹调方法。

［基本运用］根据炸菜的特征，原料大多数要经过炸前的腌渍入味或挂糊等处理，然后入油锅炸制成熟。炸的菜肴一般要求外层酥脆、内部鲜嫩、无芡汁。在操作步骤上往往需分为两步：第一步是成熟，油温不需要太高；第二步是复炸，使外层快速脱水变脆，避免内部水分损失，则油温一般都比较高。根据原料在油炸前是否挂糊，将炸分为清炸和挂糊炸两大类。

1. 清炸

清炸是原料经调味腌渍后，不经糊、浆、拍粉的处理，直接入油锅加热成熟的一种炸法。清炸由于外层没有糊粉层的遮挡，水分极易耗失，因此，炸时动作一定要快，刀工处理要大小、厚薄一致，有些原料炸时还要进行剞刀处理。

清炸的代表菜有“清炸菊花肫”、“炸佛手”、“清炸小黄鱼”等。

［菜肴实例］清炸菊花肫

［用料规格］鸭肫 400 克，姜 2 克，葱 3 克，料酒 10 克，精盐 2 克，酱油 2 克，味精 1 克，香油 15 克，辣酱油 50 克，花椒盐 5 克，色拉油 1000 克（实耗 75 克）。

［工艺流程］原料剞刀→调味浸渍→炸制→加葱花入主料复锅颠翻→带佐料碟上席

［制作方法］

a. 鸭肫去皮、去筋络，然后剞刀（深至不断为好）成菊花形，再用精盐、葱、姜、料酒、味精、酱油浸渍 10 分钟左右。

b. 炒锅上火，舀入油烧至六成热时，将鸭肫投入油锅炸至断生捞出，待油温升到七成热时，再速炸一下捞出。

c. 锅内放麻油烧热，将葱花略煸，倒入鸭肫颠翻两下出锅装盘即成。上席时配带辣酱油和花椒盐小碟佐食。

［成品特点］鸭肫形似菊花，色呈褐色，质地脆嫩，滋味咸里透香。

2. 挂糊炸

挂糊炸是原料经调味浸渍，挂上事先调制的各种糊或其他物料，投入到油锅中炸制成熟。根据原料挂制的糊种不同和菜肴的要求不同，挂糊炸又可分以下几种。

第一种，干炸：是将经刀工处理的原料，加调味品浸渍，再拌入糊料，投入较高油温的锅中炸制成熟的炸法。在糊层处理和类型上有：拍粉干炸、挂糊干炸、蒸后干炸和丸状原料干炸等。

干炸的代表菜有“干炸银鱼”、“干炸丸子”、“摸刺刀鱼”、“干炸虾筒”等。

［菜肴实例］干炸银鱼

［用料规格］银鱼 750 克，鸡蛋 2 个，面粉 25 克，干淀粉 15 克，明矾末 2.5 克，葱末 15 克，精盐 3 克，辣酱油 10 克，白糖 10 克，花椒粉 0.5 克，味精 1 克，白胡椒粉 1 克，料酒 15 克，香油 5 克，色拉油 750 克（实耗 75 克）。

［工艺流程］初加工→明矾制→漂洗→调味拌糊→炸制→复锅补味→装盘

[制作方法]

a. 将银鱼摘去头，抽去肠，去尾尖，放入碗内，加明矾末拌后，用清水漂去黏液，沥干水，放回碗内，加料酒拌几下后，加入白胡椒粉、花椒粉、白糖、精盐、味精、鸡蛋液拌和，然后加干淀粉、面粉拌匀。

b. 炒锅放油烧到六成热，将银鱼连糊放入，用漏勺抖散，炸至棕黄色捞出，待油温升至七成热时，再将银鱼复炸呈金黄色捞起，倒去锅中油，放入香油、葱末、辣酱油，倒入银鱼颠翻几下，出锅装盘即成。

[成品特点] 色泽金黄，外脆里嫩，香味多样。

第二种，脆炸：是将加工处理后的原料，经调味品浸渍，然后挂上脆皮糊入油锅炸制成熟的炸法。常用的脆皮糊原料有淀粉、面粉、豆油、发酵粉、吉士粉、泡打粉等。

脆炸的代表菜有“脆皮香蕉”、“脆皮虾球”、“腐皮虾卷”、“八宝脆皮糯米鸡”等。

[菜肴实例] 脆皮香蕉

[用料规格] 香蕉2根，干淀粉15克，面粉25克，发酵粉2克，吉士粉1克，泡打粉0.5克，蜂蜜50克，豆油30克，色拉油1000克（实耗75克）。

[工艺流程] 刀工处理→拌干粉→调制脆皮糊→挂糊初炸→复炸→装盘→淋入蜂蜜

[制作方法]

a. 将香蕉去皮，切成长条状，用干淀粉拌一下。

b. 将淀粉、面粉用水调开，加入发酵粉、吉士粉、泡打粉调匀，再加入豆油拌匀成脆皮糊。

c. 炒锅上火，加入油烧至六成热时，将香蕉挂上糊投入油锅炸至饱满，呈淡黄色时捞起，待油温升至七成热时，再倒入香蕉炸至色呈金黄、香脆时捞起装盘，淋上蜂蜜即成。

[成品特点] 色泽金黄，形态饱满，香、脆、甜融为一体，是别具特色的一道干甜菜。

第三种，酥炸：酥炸有两种形式。

其一，不挂糊的酥炸。就是把整只禽类原料用调味品腌渍后上笼蒸至熟烂，稍晾凉后直接投入7~8成热的油锅中炸至酥脆的一种方法。

其代表菜有“香酥肥鸭”、“香酥鸡”、“酥炸糟米鸡”、“香酥羊肉”等。

[菜肴实例] 酥炸肥鸭

[用料规格] 嫩肥鸭1只（约1250克），兰花葱12个，姜片8克，葱结1个，精盐6克，花椒2克，五香粉2克，料酒35克，香油15克，甜面酱40克，色拉油1000克（实耗100克）。

[工艺流程] 刀工处理→洗涤→沥水→调味浸渍→蒸制酥烂→炸制酥脆→抹麻油→改刀（整只）装盘→带配料（事先将葱白处理成兰花状）、佐料上席

[制作方法]

a. 鸭经加工后，斩去翅尖、脚，用刀在脊背划一刀（防止蒸时脯皮裂开），洗净，干洁布沥干水分，用五香粉、料酒、精盐在鸭身内外抹匀，浸渍20分钟，放入蒸盘内，加姜片、葱结、花椒上火蒸至酥烂，取出倒去水晾凉。

b. 炒锅上火，舀入油烧至八成热，放入鸭子炸酥，捞出刷上香油，改刀装盘或直接装盘带甜面酱4小碟，配兰花葱12个（取葱白部位，切成6厘米的段，在葱白两头用刀切成细丝状，水泡后就成兰花状）上桌即成。

［成品特点］色泽金黄，皮香肉酥，骨脆香，配以调味碟别具特色。

其二，挂糊的酥炸。将原料经刀工处理后挂上酥炸糊，投入6～7成热的油锅中炸至成熟，再复炸上色的一种方法。

其代表菜有"酥炸番茄"、"酥炸黄鱼"、"炸指盖"、"炸凤尾虾"等。

［菜肴实例］酥炸番茄

［用料规格］鲜番茄500克，猪肉150克，鸡蛋1个，虾仁100克，酵面100克，面粉100克，湿淀粉10克，干淀粉10克，食碱水5克，姜葱酒汁5克，酱油5克，白糖2克，味精1克，香油20克，精盐3克，花椒盐1克，色拉油1000克（实耗100克）。

［工艺流程］番茄烫皮→刀工处理→撒干粉→制馅→酿制生坯→调糊→挂糊炸制→装盘

［制作方法］

a. 番茄洗净用沸水烫去皮，从正中一剖二，去子和瓤，切成龙船块16块，撒上干淀粉待用。

b. 虾仁、猪肉分别斩成蓉，同放碗内，加姜葱酒汁、鸡蛋液、酱油、白糖、湿淀粉、味精搅拌上劲，再加香油15克拌匀成馅，分放在番茄片上，用手抹成椭圆形待用。

c. 酵面加冷水调开，加面粉调成厚糊状，再加食碱水中和搅拌上劲，加油少许拌匀。

d. 炒锅上火，放油烧至七成热时，将番茄生坯逐个挂糊下油锅炸透捞起，待油温升至八成热时，再复炸呈金黄色捞起装盘，淋上麻油，撒上花椒盐即成。

［成品特点］色呈金黄，外香酥，内鲜嫩。

第四种，软炸：是将原料先用调味品浸渍，再挂上蛋清粉糊，投入中温油锅中炸制成熟的烹调方法。成品色泽浅黄，鲜嫩软香。

软炸的代表菜有"软炸口蘑"、"软炸大虾"、"软炸鸡柳"、"软炸鱼条"等。

［菜肴实例］软炸口蘑

［用料规格］水发口蘑150克，鸡蛋清4个，干淀粉15克，精盐1克，味精1克，色拉油500克（实耗50克），花椒盐2小碟（约10克）。

［工艺流程］口蘑初加工→渍味→调糊→挂糊初炸→复炸→装盘→带作料碟

［制作方法］

a. 将口蘑去根，洗净泥沙，用肉汤焯2次，沥干水，盛入碗内，加精盐、味精拌匀入味；鸡蛋清磕入另一碗内调散，加干淀粉调匀成蛋清粉糊。

b. 炒锅上火，放入油烧至五成热，将蘑菇挂上蛋清粉糊逐个投入油锅中，炸至淡黄色捞起，待油温升至六成热时，将蘑菇复炸成金黄色倒入漏勺沥油，装盘，带花椒盐碟上桌。

［成品特点］此菜外酥内嫩，鲜香可口。

第五种，香炸：是将刀工处理后的原料，用调味品浸渍，后拍上干淀粉，拖入蛋糊，再滚沾上面包糠（面包丁、熟芝麻、熟松仁、熟花生仁、熟瓜子仁等含香物质），压紧投入到油锅中炸制成熟的烹调方法。

香炸的代表菜有“香炸鱼排”、“刺猬虾球”、“双色鱼条”、“炸猪排”等。

[菜肴实例] 香炸鱼排

[用料规格] 净鳜鱼肉200克，面包糠100克，鸡蛋1个，干淀粉15克，葱结2个，姜片10克，味精1克，料酒25克，胡椒粉0.5克，辣酱油50克，酱油20克，色拉油750克（实耗60克）。

[工艺流程] 刀工处理→调味浸渍→抹糊→沾面包糠→炸制→装盘

[制作方法]

a. 净鳜鱼肉片成8厘米长、3.5厘米宽、0.4厘米厚的长方片，用刀面将鱼片轻轻拍松，加葱结、姜片、料酒、酱油、味精、胡椒粉拌匀浸渍，鸡蛋液与干淀粉调成蛋粉糊。鱼片抹上蛋粉糊，两面沾上面包糠，即成香炸鱼排生坯。

b. 炒锅上火，放油烧至七成热时，放入鱼排生坯，炸至淡黄色倒入漏勺沥油。将鱼排撕成块装盘，带辣酱油小碟上桌即成。

[成品特点] 色呈金黄，外酥脆，里鲜嫩。

第六种，包炸：是将无骨鲜嫩的原料，经调味品浸渍后，用能食用的糯米纸或不能食用的耐高温无毒的玻璃纸包成小包，投入温油锅中炸制成熟的烹调方法。包层似糊物，使原料不直接与高温油接触，保持了原料的鲜美滋味；同时也保持了原料的塑造形态，是一种比较独特的炸法。采用糯米纸包制，要防止糯米纸受潮，要即包即炸，防止粘连散包。油温一般控制在5~6成。采用无毒玻璃纸包制，要包紧包牢，不能让原料卤汁流出，也不能在油炸时散开，包裹时要留一角在外（便于食用时打开），油温一般控制在3~4成。

包炸的代表菜有“宝石虾仁”、“纸包鸡肝”、“脆皮虾蟹”、“炸响铃”等。

[菜肴实例] 宝石虾仁

[用料规格] 鲜虾仁150克，熟精火腿250克，青豆24颗，玻璃纸2大张，葱姜汁5克，精盐2克，味精1克，色拉油1000克（实耗75克）。

[工艺流程] 虾仁初加工→入味→配料加工→包制生坯→炸制→装盘

[制作方法]

a. 虾仁洗净沥干水分，放入碗中，加精盐、味精、葱姜汁拌匀，腌渍10分钟，用油10克拌匀待用。火腿切成小菱形片，玻璃纸裁成15厘米见方共12张待用。

b. 将玻璃纸平摊案板上，将虾仁分摊在上面，平铺成6.5厘米长、3.5厘米宽的长方形，虾仁中间摆上菱形火腿片，火腿片两头各放1颗青豆，将玻璃纸折起，即成宝石虾仁生坯（包头露在外面）。

c. 炒锅上火，放油烧至四成热时，将宝石虾仁生坯逐个放入油锅，待纸包鼓起时，将其翻动，后用漏勺捞起，整齐排在盘中（露的一边向上）即成。

[成品特点] 虾仁鲜嫩，外表透明，色彩艳丽，风格独特。

第七种，卷炸：是将原料加工成蓉状、丝状等，经调味处理后，用能食用的大片状的原料（粉皮、豆腐皮、百页、网油、黄芽菜叶等）或加工成大片状的原料（肉片、鸡蛋皮、鱼片等）卷成各种形状（有的要经蒸制后），外表挂上一层蛋粉糊，投入油锅中炸至成熟的烹调方法。

卷炸的代表菜有“卷筒肉”、“炸梅卷”、“网油鸡卷”、“卷筒虾蟹”等。

[菜肴实例] 卷筒肉

[用料规格] 去皮猪五花肉200克，猪网油100克，鸡蛋1个，粳米粉150克，湿淀粉25克，葱5克，花椒10粒，料酒5克，花椒盐1克，味精1克，香油25克，色拉油750克（实耗100克）。

[工艺流程] 斩制葱椒→斩制肉→调馅→调糊→网油处理→卷肉卷→蒸肉卷→改刀→挂糊炸制→排列装盘→撒花椒盐

[制作方法]

a. 将葱和花椒斩细成葱椒末，五花肉斩成蓉与葱椒一起放碗内，加精盐、料酒、味精、湿淀粉5克、香油和少量水，搅拌成肉馅；鸡蛋磕入碗内加粳米粉和20克湿淀粉调成蛋粉糊待用。

b. 猪网油洗净晾干，切成20厘米见方的块，将肉馅平摊在网油上，卷成直径约为2厘米的肉卷，上笼蒸熟取出晾凉，切成4厘米长的段挂上蛋粉糊，逐一投入五成热的油锅中炸至淡黄色捞起；升高油温至七成，再将肉卷复炸至金黄色，捞起沥油。肉卷排列装在盘中，撒上花椒盐即成。

[成品特点] 色泽金黄，外脆里嫩，鲜香适口，肥而不腻。

（五）烹

[基本含义] 烹是原料加工处理后经炸或煎制成熟之后，烹入已调好的调味清汁，成菜强调味感爽滑而不腻的一种烹调方法。

[基本运用] 烹与炸、煎、炒有密切的联系。炸烹适用于小型原料或加工成段、块、条等形状的原料；煎烹适用于扁平状原料或加工成大片状的原料；炒烹适用于丸形、颗粒状的小型原料。

烹的原料大多数要经过事先的腌制处理，要正确把握腌制时间和调味品的量。一般说来，形状细小的腌制时间短，形状大的腌制时间长一点。基本味宜轻不宜重。

原料炸、煎或炒都要趁热烹入清汁。清汁入锅后迅速颠翻，均匀沾上卤汁。

清汁的量与原料的量要恰当。过多过少都会影响烹制菜肴的效果。清汁过多会影响原料的颠翻，不利于原料的快速吸收而影响菜品的色泽，同时也造成清汁的浪费；清汁过少又会使菜品过干。正确的是清汁入锅后，稍加颠翻，原料裹匀卤汁，出锅时略有卤汁即好。

清汁是不带粉汁的调味汁。其调味品的选择随菜品原料不同而不同。常用的有：料酒、精盐、葱、姜、蒜、辣酱油、喼汁、鲜柠檬汁、白糖、香醋、番茄酱等。应根据不同菜品进行调对。

烹的代表菜有“烹大虾”、“煎烹带鱼”、“炒烹元宵”、“盐烹黄豆”等。

[菜肴实例] 烹大虾

[用料规格] 鲜大对虾500克，鸡蛋清1个，面粉5克，湿淀粉50克，葱末2克，姜末2克，蒜末2克，料酒15克，精盐1克，醋50克，白糖100克，鸡汤100克，色拉油750克（实耗100克）。

[工艺流程] 虾初加工→刀工处理→调味拍粉→调配清汁→炸制→煸炒小料→倒入清汁、虾片颠翻→装盘

[制作方法]

a. 将虾去壳、腿、头，从背脊上划开，去掉虾肠，用刀片成片，加精盐、蛋清、湿淀粉、面粉拌匀。

b. 将鸡汤、白糖、醋、料酒放入碗内调成卤汁待用。

c. 炒锅上火，加油烧至六成热时，把虾逐片放入油锅中炸至金黄色，倒出沥油；锅留底油，将葱末、姜末、蒜末倒入煸出香味，倒入清汁、大虾片，颠翻几下，盛入盘内即成。

[成品特点] 色泽橘红，虾肉鲜嫩，口味甜酸咸融为一体。

（六）煎

[基本含义] 煎是以少量油遍布锅底，用小火慢慢加热将原料煎熟并两面呈金黄色的烹调方法。煎的特点是：色泽金黄，外表香脆，内部软嫩。

[基本运用] 适用于煎的原料，多为扁平状或加工成扁平状的，也有加工成蓉状的。煎有挂糊与不挂糊之分；煎也有煎后烹入调味汁和煎后带调味碟或撒花椒盐的。多数煎的原料要经过基本调味过程。

煎的代表菜有“虎皮虾”、“煎藕夹”、“煎荷包蛋”、“煎鱼脯”等。

[菜肴实例] 虎皮虾

[用料规格] 虾仁 220 克，豆腐皮 30 克，咸面包屑 100 克，鸡蛋清 1 个，葱姜汁 10 克，精盐 1.5 克，味精 1 克，料酒 20 克，香油 10 克，花椒盐 0.5 克，花生油 75 克。

[工艺流程] 虾斩蓉→调馅→腐皮改刀→制生坯→煎制→改刀装盘→烹后调味

[制作方法]

a. 将虾仁斩成蓉状，加葱姜酒汁、鸡蛋清、精盐、味精搅成馅。

b. 豆腐皮用水浸泡回软，并用洁布吸干水分，用刀切去厚边，再切成长 6 厘米，宽 4 厘米，铺平，逐片放上虾馅，抹平，再粘上面包屑，即成虎皮虾生坯。

c. 炒锅上火烧热，舀花生油 25 克，将虎皮虾生坯粘上面包屑的一面朝下，放入锅内，将虾馅煎熟，再舀入花生油 25 克，待面包屑煎出香味时翻身，再舀入花生油 25 克，将豆腐皮的一面在锅内煎脆，取出改刀装盘，淋上香油，撒上花椒盐即成。

[成品特点] 外皮酥脆，里嫩鲜香。

（七）贴

[基本含义] 贴是选用片状原料做底托，上面贴叠一种或两种以上原料，底部挂糊，放入有底油的锅中用小火加热，只煎一面，使菜肴达到一面香脆、一面软嫩的烹调方法。

[基本运用] 贴的底托原料常用的有：熟猪肥膘肉、猪网油、鸡蛋皮、豆腐衣等。贴叠的原料形态有：蓉状、片状等。

掌握此方法要注意：叠层之间要使用粘合剂是防止脱落，一般是在底托料上拍上干淀粉或抹上蛋清糊；底糊挂制要均匀，常用的方法是将糊放在平盒中，贴好的生坯放在糊上，连糊滑入锅中；严格掌握火力和加热时间，为防止原料外焦内不熟现象，要严格掌握火力和加热时间。由于原料只煎一面，如果原料贴叠过厚，应适量加入一些调味汁和水，并盖上锅盖略焖，以加快原料的成熟。

贴的代表菜有“锅贴鸡”、“锅贴干贝”、“锅贴火腿”、“锅贴青鱼”等。

[菜肴实例] 锅贴鸡

[用料规格] 生鸡脯肉200克，熟猪肥膘肉200克，面粉50克，咸菜叶50克，鸡蛋清2个，干淀粉15克，大米粉75克，葱结1个，姜片10克，精盐2克，料酒25克，香油15克，味精1克，葱椒盐1克，精制油75克。

[工艺流程] 刀工处理→浸渍→调制粉浆→调制粉糊→制作生坯→托糊炸制→改刀装盘

[制作方法]

a. 将鸡脯肉片切成6.5厘米长，5厘米宽，0.6厘米厚的片，加葱结、姜片、料酒、精盐、味精调拌浸渍入味；熟猪肥膘肉、咸菜叶切成与鸡脯肉同样大小的长方片；鸡蛋清1个加干淀粉、葱椒盐调制咸蛋清粉浆；另用鸡蛋清1个加大米粉、面粉加适量水调成蛋清粉糊。

b. 猪肥膘肉片铺平，涂上蛋清粉浆，放上鸡脯肉片，再涂上蛋清粉浆，盖上咸菜叶即成锅贴鸡生坯。

c. 炒锅上火烧热，用油滑锅，蛋清粉糊放在平盒中，放入锅贴鸡生坯涂糊，然后滑入锅中，在四周浇入油，用小火，盖上锅盖，煎至底部呈金黄色、鸡脯肉成熟，倒去余油，起锅改刀装盘，淋上香油即成。

[成品特点] 底部酥脆，表层松嫩，咸菜清香味美。

三、辐射烹调方法

辐射可分为四种方式。

1. 普通热辐射

通过热源向烹饪原料发射热射线来传递热量，使烹饪原料成熟的烹制方式。其特点是设备简单，方便易行，易于掌握火候。但普通热辐射火力分散，属于不均匀温度场，要通过转动或翻动原料，才能使其受热均匀，成熟一致。

2. 远红外线辐射

红外线是一种具有强热作用的放射线。红外线的波长范围很宽，人们将不同范围的红外线分为近红外、中红外和远红外区域，相对应波长的电磁波称为近红外线、中红外线及远红外线，在中波长自0.76～1000微米的一段被称为红外光。用于加热的远红外线，通常指波长在30～1000微米的电磁波。它能被各种气体分子（包括水蒸气）及固体微粒所吸收，并转化为原料内部基本粒子微观运动的动能形式之一的热能。随着原料对远红外线吸收量的增多，温度逐渐上升，致使原料成熟。其特点是热效率高，加热迅速，便于大规模生产。

3. 微波辐射

通常，一些介质材料由极性分子和非极性分子组成，在微波电磁场作用下，极性分子从原来的热运动状态转向依照电磁场的方向交变而排列取向。产生类似摩擦热，在这一微观过程中交变电磁场的能量转化为介质内的热能，使介质温度出现宏观上的升高，这就是对微波加热最通俗的解释。由此可见微波加热是介质材料自身损耗电磁场能量而发热。对于金属材料，电磁场不能透入内部而是被反射出来，所以金属材料不能吸收微波。水是吸收微波最好的介质，所以凡含水的物质必定吸收微波。有一部分介质虽然是非极性分子组成，但也能在不同程度上吸收微波，如碗、碟、杯、盘等非金属材料作为器具，直接放入

加热。

微波加热有如下特点：

（1）加热速度快　常规加热如火焰、热风、电热、蒸汽等，都是利用热传导的原理将热量从被加热物外部传入内部，逐步使物体中心温度升高，称之为外部加热。要使中心部位达到所需的温度，需要一定的时间，导热性较差的物体所需的时间就更长。微波加热是使被加热物本身成为发热体，称之为内部加热方式，不需要热传导的过程，内外同时加热，因此能在短时间内达到加热效果。

（2）均匀加热　常规加热，为提高加热速度，就需要升高加热温度，容易产生外焦内生现象。微波加热时，物体各部位通常都能均匀渗透电磁波，产生热量，因此均匀性大大改善。

（3）节能高效　在微波加热中，微波能只能被加热物体吸收而生热，加热室内的空气与相应的容器都不会发热，所以热效率极高，生产环境也明显改善。

（4）易于控制　微波加热的热惯性极小。若配用微机控制，则特别适宜于加热过程、加热工艺的自动化控制。

（5）低温杀菌、无污染　微波能自身不会对食品污染，微波的热效应双重杀菌作用又能在较低的温度下杀死细菌，这就提供了一种能够较多保持食品营养成分的加热杀菌方法。

4．光波微波组合辐射

光波炉是最新推出的家用烹调用炉，自称微波炉的升级版，光波炉与微波炉的原理不同。微波炉是利用磁控管加热的，但光波微波组合炉是在微波炉炉腔内增设了一个光波发射源，能巧妙地利用光波和微波综合对食物进行加热。在使用中既可以微波操作，又可用光波单独操作，还可以光波、微波组合操作。因此，光波炉兼容了微波炉的功能。从结构上看，光波炉在炉腔上部设置了光波发射器和光波反射器。光波反射器可以确保光波在最短时间内聚焦热能最大化，这也是光波炉在结构上与普通微波炉的重要区别。相比微波炉，光波炉具有加热速度快、加热均匀、能最大限度地保持食物的营养成分不损失等诸多优点。光波微波组合炉，在于能大大提高微波炉的加热效率，并在烹饪过程中最大限度地保持食物的营养成分，避免在烹饪食物时尽量减少水分的丧失。其实光波是微波炉的辅助功能，只对烧烤起作用。没有微波，光波炉只相当于普通烤箱。

这里着重介绍两种辐射形式的烹调法，即普通热辐射和微波热辐射。

（一）传统烤（普通热辐射）

[基本含义] 普通热辐射在实际使用中就是传统意义上的烤。它是将腌渍或加工处理后的原料，放入烤炉中利用热辐射直接或间接将原料烤熟的一种烹调方法。

[基本运用] 根据烤炉设备和操作方法的不同，可分为明炉烤和暗炉烤两种；根据原料受热的方式不同，可分为裸烤和裹烤两种；根据原料烤制时包裹料的不同，又可分为泥烤和竹烤等。烤制菜肴的燃料，常用的有柴、煤、炭、煤气、液化气和电能。这里着重介绍明炉烤和暗炉烤两种。

1．明炉烤

明炉烤是将加工好的原料用特制的器具串起或叉住，直接放在敞口的烤炉上，利用燃

料释放出的光和热将原料烤制成熟的一种方法。明炉烤的优点是一般设备比较简单，火候直观，成熟度、色泽比较容易掌握；缺点是火力分散、温度不均匀，烤制时间一般较长且要不停地翻转。

明炉烤的代表菜有“扬州烤鸭”、“烤乳猪”、“叉烤鳜鱼”、“烤羊肉串”等。

[菜肴实例] 扬州烤鸭

[用料规格] 肥光鸭1只（约1500克），薄饼16片，干荷叶5张，葱叶200克，姜块50克，葱白50克，白糖25克，饴糖25克，甜面酱100克，香油25克。

[工艺流程] 揣制→上叉→烫制与上色→制作佐料→烤制→片鸭皮装盘→片鸭肉装盘→鸭架制汤

[制作方法]

a. 揣制。将光鸭从腋下开口，取出内脏洗净；荷叶洗净，与姜、葱叶由刀口处揣进；鸭肛门内也揣进部分荷叶、姜、葱叶，力求鸭体丰满。

b. 上叉。将钢叉从鸭臀部与两腿旁边戳进穿过腹腔，在鸭颈离鸭头16厘米处露出尖叉，将鸭头弯过来，从颈下戳进，横戳在叉尖上。

c. 烫制与上色。将叉鸭倒悬于沸水锅上，舀沸水，由上往下浇烫全身，使鸭皮收缩绷紧，用洁布拭去水分，趁热均匀抹上饴糖水，挂在进风处吹干。

d. 制作佐料。甜面酱与白糖放在碗内，上笼蒸5分钟取下，加麻油调匀。葱白切成4厘米长的兰花葱。

e. 烤制。锅膛烧芦柴，燃烧后，用火叉拍成星星小火，将叉鸭稍斜放进炉膛，先烤鸭身的两侧，后烤鸭脊背和鸭脯，约1小时，用小火焐透，两侧不能出油。临吃时，用大一点火烤至上色、皮脆时取出钢叉，先用刀片下鸭脯皮装盆，带甜面酱、薄饼、兰花葱碟上桌；再用刀将鸭肉片成片装盘上桌；最后将鸭骨架煮汤上桌即成。

[成品特点] 色泽酱红，外皮香脆，鸭肉甘香，鸭汤鲜醇。

2. 暗炉烤

暗炉烤是指用封闭型的烤炉、烤箱烤制原料。其优点是温度较稳定，原料周身受热均匀，容易成熟；缺点是原料处于封闭状态，其成熟度、色泽很难把握。

暗炉烤的代表菜有“挂炉烤鸭”、“蜜汁叉烧”、“烤富贵鸡”、“暗炉烤鱼”等。

[菜肴实例] 蜜汁叉烧

[用料规格] 去皮五花肉5000克，白糖300克，精盐75克，豆酱75克，深色酱油50克，汾酒150克，浅色酱油150克，糖浆500克。

[工艺流程] 刀工处理→调味腌渍→上叉→入炉烤制→取出稍晾→抹糖浆→再入炉烤→改刀装盘

[制作方法]

a. 将肉切成长36厘米、宽4厘米、厚1.5厘米的条，放入盆内，加入精盐、白糖、深浅色酱油、豆酱、汾酒拌匀，腌约45分钟后，用叉烧环将肉条穿成一排。

b. 将肉排放入烤炉，入炉后将炉盖盖紧，用中火烤约30分钟至熟取出，约晾3分钟后用糖浆抹匀，再放回烤炉烤2分钟即成，食用时改刀装盘上桌。

[成品特点] 肉质内咸外甜，略有蜜味，瘦肉焦香，肥肉甘化。

（二）微波热辐射

［基本含义］微波辐射方式是利用微波辐射烹饪原料，由其内部分子本身产生的摩擦热，里外同时加热烹饪原料，使其内外成熟一致。但原料成熟度与微波炉的功能、原料体积、原料摆放密度、摆放位置有直接关系。

［基本运用］微波加热适用于各种烹饪原料，具有微波加热的风味特色。一般地讲，微波的火力决定了不同的烹调方法，通常 900～1000 瓦运用于快速烹调，适用于含水量高的食物或饮品，如水、清汤等；750～850 瓦运用于需翻拌快速烹调，适用于鱼类、肉类和一些蔬菜类；650 瓦运用于不能翻拌的烹调，适用于煮类的烹调方法；500 瓦运用于需小心处理的食物烹调，适用于工艺菜品和一些蛋品等；350 瓦运用于慢火炖的烹调，适用于大部分的炖菜。

微波烹制的食品很多，这里着重介绍两种不同功率情况的烹制方法及菜肴实例。

［菜肴实例］云腿香菇蒸鳜鱼

［用料规格］鳜鱼一条（约重 600 克），熟云腿 25 克，水发香菇 25 克，葱 10 克，姜 10 克，生抽酱油 5 克，白糖 1 克，色拉油 5 克，香油 2 克，胡椒粉 1 克。

［工艺流程］配料小料切丝→鱼初加工→剞刀→调味→放置配料→入炉蒸制→取出换盘→撒上葱丝→淋上香油

［制作方法］

a．火腿、香菇、葱、姜分别切丝。

b．鳜鱼初加工收拾干净，剞上花刀，放在蒸锅里，上放火腿丝、香菇丝、姜丝、各种调味料，盖上盖。

c．放入微波炉内，用 650 瓦火力烹调 8～9 分钟，取出倒入腰盘内，撒上葱丝，淋上香油即成。

［成品特点］鳜鱼鲜嫩，配料颜色分明，生葱味浓，别具特色。

［菜肴实例］豆豉炒饭

［用料规格］粳米饭 350 克，黑豆豉 30 克，鸡蛋 1 只，炒香蒜蓉 20 克，菜油 15 克。

［工艺流程］拌饭→制蛋皮→切丝→炒饭→放入蛋皮丝

［制作方法］

a．先将豆豉、米饭、蒜蓉放在焙盘内拌匀。

b．在烤盘表面涂上一薄层油，用烧烤功能预热 3 分钟，将打匀的蛋液倒入烤盘煎成蛋皮。

c．将蛋皮切成细丝。

d．将焙盘放入微波炉内用 1000 瓦火力烹制 1 分半钟，再用 900 瓦火力烹制 2 分钟取出，放上蛋皮丝即成。

［成品特点］米饭松软，豆豉蒜蓉味道特别，是一款独具特色的炒饭。

四、汽媒介烹调方法

汽媒介分为湿热气和干热气两种。湿热气在烹调中往往以水蒸气为代表，用蒸来表示；干热气在烹调中又分为火热气和烟热气两种，火热气代表的烹调方法有焙、烤、焐等几种，烟热气代表的烹调方法主要有熏。这里我们主要了解和掌握蒸和熏两种烹调方法。

（一）蒸

［基本含义］蒸是以水蒸气为传热介质，利用蒸汽的热对流，使加工后的原料成熟或酥烂入味的烹调方法。水蒸气是雾化了的水分子，它的加热温区比水宽阔，比热容比水小，因此，导热十分迅速，加之它的黏度特别小，可在最短的时间内将热量传至原料的每个部位，加热非常均匀。但是，雾化了的水分子，它不具有水的渗透性，在烹调过程中也就不具有携带调味品向原料中的渗透功能，加之在汽蒸的过程中，蒸笼是比较密封的，蒸笼内的温度处于饱和状态，调味品不容易进入原料内部。所以在蒸制菜肴时，原料一般要经过烹前调味或烹后调味。

［基本运用］汽蒸适用的范围比较广，根据原料性质、烹调要求、蒸制时间、火力以及蒸笼的密封程度等因素，汽蒸一般可分为三种情况。

1. 高压汽蒸（旺火沸水速蒸）

在汽蒸时，使用旺火和加强蒸笼的密封性，就会在蒸发空间造成水蒸气过量积累，形成一定程度的高压水蒸气。在旧式的竹笼的条件下，温度可达 105～110℃，在一般高压锅内温度可达 124℃，大大提高了水蒸气的传热速度。在这种情况下蒸制的食物最能保持原料的暄嫩度，适用于质地较嫩、只要蒸熟、不要蒸酥的菜肴。如“清蒸刀鱼”、“粉蒸牛肉片”、“榨菜蒸肉片”、“清蒸仔鸡”等。

［菜肴实例］清蒸刀鱼

［用料规格］刀鱼 2 条（约 400 克），笋片 25 克，冬菇 20 克，熟火腿 4 片（约 35 克），青豆 25 粒，葱结 5 克，姜片 5 克，精盐 5 克，料酒 20 克，味精 0.5 克，生板油丁 50 克，鸡清汤 50 克。

［工艺流程］初加二→烫制刮洗→改刀装盘→铺放配料小料→调味上笼蒸制→出笼拣去小料→滗出卤汁入锅→调整味浇在鱼身上

［制作方法］

a. 将刀鱼刮去鳞，用竹筷从鳃部伸入卷出内脏和鱼鳃，洗净，放入即将沸的水锅中烫一烫捞出，用刀轻轻刮去鱼身上的黏液（鱼皮不破）再洗净。

b. 在鱼身的 2/3 处切下 1/3 的鱼尾，整齐地排放在鱼形盘中，鱼身上先铺上笋片，再依次放上火腿片、冬菇和板油丁，葱结、姜片放在最上面，加上精盐、料酒，上笼速蒸 7 分钟左右，鱼端出笼，拣去葱姜。

c. 将卤汁滗入锅内，加青豆和鸡清汤，烧开后调整口味倒在鱼身上即成。

［成品特点］鱼肉细嫩，味极鲜美。

2. 常压汽蒸（中火沸水长时间蒸）

主要利用水在常压下沸腾所产生的 100℃饱和水蒸气传热。常压水蒸气传热，要求在一定封闭空间进行，要控制热源供热量，以满足水在沸腾状态下正常产生水蒸气为原则。在这样的情况下长时间蒸制食物，能使食物达到酥烂的质感。适用于质地老、体积大、要求酥烂的菜肴。如“粉蒸排骨”、“香芋扣肉”、“蜜枣山药”、“虎皮肉”等。

［菜肴实例］香芋扣肉

［用规格料］猪五花肉 500 克，荔浦芋头 400 克，湿淀粉 10 克，蒜泥 1 克，八角末 0.5 克，红豆腐乳 15 克，精盐 2.5 克，白糖 5 克，老抽酱油 25 克，白汤 200 克，色拉油 1500 克（实耗 75 克）。

[工艺流程] 芋头去皮改刀→肉洗干净入锅煮制→取出上色→调制卤汁→炸芋头→炸肉改刀→卤汁调拌→肉与芋头间隔排扣碗中→入笼蒸至熟烂→覆扣入盘→原汁入锅→加汤调色→勾芡淋浇

[制作方法]

a. 将芋头切成长6厘米、宽3.5厘米、厚0.4厘米的长方块。猪肉刮洗干净，放入水锅中煮至七成熟取出，用酱油10克涂匀。

b. 将蒜泥、红豆腐乳、精盐、八角末、白糖和酱油10克，放入碗中调成卤汁。

c. 炒锅上火，放入油烧至八成热时，放入芋块炸至熟捞起，另将猪肉下锅炸至大红色（炸时皮向上，并用锅盖盖上，避免油溅伤人），捞起放入冷水中，漂约30分钟，取出切成与芋头同样大小的块。

d. 将肉块放入卤汁碗中调拌均匀，然后皮向下逐块与芋块相间排在碗里，入笼蒸至熟烂，取出覆扣盘中。原汁倒入锅内，加白汤和酱油，烧开后用湿淀粉勾芡，淋浇在香芋扣肉上即成。

[成品特点] 色泽铁红，肉软烂，芋松粉，荤素搭配，味道互补，风味别致。

3. 低压汽蒸（小火沸水徐徐蒸）

低压汽蒸是利用水温小于或等于100℃，蒸发状态下形成的水蒸气与空气混合物共同对原料传递热量。它通常用来加热细嫩易老，不耐高温的原料，如蛋糕、鱼糕、鸡糕等。也适用于质地较嫩、经过细致加工、要求保持鲜嫩和造型的菜肴。如“琵琶虾”、“金鱼鸽蛋”、“瓢儿口蘑”、“百花银耳”等。

[菜肴实例] 百花银耳

[用料规格] 银耳15克，鸡脯肉150克，鸡蛋清4个，鸡蛋皮1张，熟火腿片50克，青菜叶1大张，葱姜汁水50克，料酒25克，精盐10克，味精2克，鸡清汤1000克，熟猪油40克。

[工艺流程] 银耳浸泡去蒂→上笼蒸松软→切制花瓣→鸡脯肉斩制调馅→取小碟抹油→酿馅入笼蒸→摆放花瓣→再入笼略蒸→煮制银耳→装入汤碗明油→摆放“花朵”

[制作方法]

a. 将银耳放入约50℃的水中浸泡涨大后，去蒂，洗净放入碗内上笼蒸至松软后，再用鸡汤焯一下，待用。

b. 将火腿片、鸡蛋皮、青菜叶分别切成花瓣形的片。

c. 鸡脯肉斩成蓉，放入碗内加葱姜汁水调和，再放入料酒、鸡蛋清、精盐2克、味精1克搅匀上劲成鸡蓉糊。

d. 选直径6厘米的小碟12只，用熟猪油25克分别抹一下，然后将鸡蓉糊平分在12只小碟内，表面抹平，上笼用小火蒸约3分钟取出，将切成的花瓣，分别摆放在鸡糊面上，做成各种花朵，再上笼小火蒸约1分钟取出待用。

e. 炒锅上火舀入鸡汤，加精盐、味精，放入银耳烧沸，撇去浮沫，倒入大汤碗中，淋入熟猪油，把蒸好的“百花”脱放在汤面上即成。

[成品特点] 银耳软糯滑润，“百花”浮于汤面，朵朵争艳，汤清味醇，营养丰富。

（二）熏

[基本含义] 熏是将原料置于密封的容器（熏锅）内，利用熏料的不完全燃烧所产生的热

烟气使原料成熟入味的一种烹调方法。

[基本运用] 熏最初是一种贮藏食品的方法，原料经过熏，外部失去部分水分而干燥，表面留下熏烟中所含的酚、醋酸、甲酸等物质，这些物质可有效抑制微生物的繁殖，所以在保藏鱼、肉等原料时经常用烟熏法。后来人们从这些原料发现一种烟熏香味，经过不断改进，在烹调中就有了烟熏的方法。熏法常用的熏料有：锅巴、茶叶、白糖、香樟树叶、花生壳、稻壳、柏树枝、松针叶等无特殊怪味的材料都可用作熏料。由于烟熏法对环境有一定的污染，加之有些资料报道，熏制食品含有苯并芘、硫化物、砷等有害物质，久食对人体健康不利，熏制方法在烹调中越来越少用了。为了让后来者了解此法，本教材仍将此法收录进来。

熏制方法从不同的分类角度，有多种说法。从原料的生熟度划分，有生熏和熟熏；从熏制设备划分，有缸熏（敞炉熏）、锅熏（密封熏）和室熏（房熏）；从熏料划分，有糖熏、茶叶熏、樟叶熏、松针熏、甘蔗渣熏、米熏、锅巴熏、混合料熏等。烹调中主要有生熏和熟熏。

[菜肴实例] 烟熏白鱼（生熏）

[用料规格] 白鱼1条（约1000克），葱叶250克，姜片250克，花椒盐5克，酱油5克，香油10克，锅巴100克，湿茶叶50克，白糖100克。

[工艺流程] 白鱼初加工→改刀剞刀→腌渍→抹酱油→放置熏料铁架→放置白鱼→封盖→熏制→抹香油装盘

[制作方法]

a. 将白鱼去鳞剖肚挖鳃去内脏洗净，用洁布吸去水分，再将鱼剖成两半，一片连头，一片连尾，在鱼肉厚处剞斜刀纹，用花椒盐腌1小时后洗净，晾去水汽抹上酱油。

b. 锅内放入熏料，架上铁丝络，上放葱叶、姜片，将白鱼放在上面，盖好锅盖（鱼离锅盖4厘米），将锅盖四周用纸糊密封。

c. 锅上小火加热至封纸熏黄，黄烟过后冒白烟时（12分钟左右），关火略焖，鱼即熏好，取出抹上香油装盘。

[成品特点] 色泽棕红明亮，鱼肉烟香鲜嫩，夏令佳肴，别具风味。

[菜肴实例] 烟熏鹌鹑蛋（熟熏）

[用料规格] 鹌鹑蛋12只，葱叶100克，精盐2克，味精2克，香油5克，鸡清汤250克，锅巴50克，湿茶叶50克，白糖100克。

[工艺流程] 煮蛋→剥壳剞刀→浸渍→放置熏料铁架→放置鹌鹑蛋→封盖→熏制→抹香油剖开装盘

[制作方法]

a. 将鹌鹑蛋放入冷水锅，小火煮熟，捞出用冷水激一下，剥去外壳，每只蛋用刀划剞四刀，入碗加鸡清汤味精、精盐浸渍20分钟，滗去汤汁。

b. 小铁锅内放入熏料，架上铁丝络，上放葱叶鹌鹑蛋，盖好锅盖（蛋离锅盖3厘米），用湿纸将锅盖四周密封。

c. 锅上小火烧约5分钟，待冒黄烟时，锅离火，取出鹌鹑蛋抹上香油，一剖两开，皮面朝上叠入盘中。

[成品特点] 色呈棕红，细嫩鲜香。

五、其他媒介烹调方法

（一）铁板烧

［基本含义］铁板烧是将加工的原料经调味、上浆后，用竹签穿插起来，先经油炸制后，再放到烧热并有垫底料的铁板上，浇上热卤汁而成菜的方法；或是原料先经炒、爆等方法烹制后，卤汁要宽，倒在烧热的铁板上而成菜肴的方法。

［基本运用］铁板烧多用动物性原料，原料经炸、炒、爆等方法的事先烹制，浇卤或是连卤汁一起倒入烧烫的铁板上。在实际运用上要考虑以下几点要素：

（1）卤汁量要适度，太少易干，太多易溢出；

（2）原料成熟度，在原料事先的烹制过程中要考虑铁板的温度，原料入铁板以后还有一个后熟过程；

（3）铁板的温度，铁板必须达到灼人的效果，并要保持铁板的光洁油亮，原料入铁板要有“吱吱”响声；

（4）铁板加热和原料烹制时间要吻合；

（5）铁板上垫底料的量要适中。

铁板代表菜有“铁板牛柳”、“铁板牛蛙”、“铁板鸡肉串”、“铁板大虾”等。

［菜肴实例］铁板鸡肉串

［用料规格］鸡脯肉600克，洋葱1个（约100克），青椒60克，胡萝卜30克，鸡蛋1个，干淀粉15克，湿淀粉20克，20厘米长的竹签12根，葱花5克，姜米5克，精盐2克，味精1克，白糖10克，料酒15克，沙茶酱15克，辣椒酱3克，酱油5克，鸡清汤150克，色拉油750克（实耗75克）。

［工艺流程］刀工处理→上浆→穿鸡肉串→调制卤汁→烧铁板→鸡肉串滑油→上铁板→倒卤汁

［制作方法］

a. 将鸡脯肉洗净，切成2.5厘米见方的丁（48粒），放入碗中加鸡蛋、干淀粉、精盐1克、味精0.5克、料酒5克上浆。

b. 洋葱半个、胡萝卜、青椒分别切成与鸡丁大小的片，另半个洋葱切成丝待用。取竹签将它们串起，每串有鸡丁4粒、洋葱4片、青椒4片、胡萝卜4片。

c. 将铁板放在火上烧至红，另锅上火烧热用油滑锅，并留有底油放入葱姜炒香，加沙茶酱略煸加鸡清汤、酱油、精盐、白糖、辣椒酱、料酒、味精烧开后勾入湿淀粉，明油，倒入碗中。

d. 另锅放入色拉油，待温度达五成时，将鸡肉串放入滑油。至鸡肉熟时捞出沥油。

e. 将烧红的铁板用干净湿毛巾擦拭一下，放入洋葱丝，上放鸡肉串，连同卤汁一起端上席，并将卤汁倒在鸡肉串上，此时发出“吱吱”响声。

［成品特点］色彩艳丽，风味独特，便于取食。

（二）拔丝

［基本含义］拔丝是将经过油炸后的小型原料，挂上熬制好的糖浆，食用时能拔出丝来的一种甜菜烹调方法。

［基本运用］拔丝的原料主要是去皮核的水果、干果、根茎类的蔬菜，极少数用动物性原

料。对含水较少的根茎类原料一般炸前拍粉；含水较多的水果类原料一般挂蛋粉糊油炸。

常用的拔丝方法有水拔、油拔、混合拔三种。

① 水拔，是以水作为传热介质，用中小火熬制糖液的一种方法。水拔色泽好，火候好掌握，宜于初学者。

② 油拔，是以油为传热介质，用油来溶化糖的一种方法。油拔传热快，加热时间短，成丝明亮细而长。但是，油的升温快，沸点高，糖遇高温极易上色，是拔丝难度较大的一种。

③ 混合拔（水、油拔），是在炒锅内先放少许油滑锅，再加入适量的水，水沸后加糖以中小火进行熬制。成丝色泽微黄，丝长且脆。

拔丝有一定的操作难度，但只要在实践中注意把握以下方面，掌握拔丝也不是一件难事。

（1）熬糖时要防止返砂和糖焦化　糖由晶粒到能拔出丝来，实际上经历了3个阶段：一是溶化阶段。大量冒泡，基本无色，气泡大而不均匀；二是浓稠阶段。开始泛出米黄色，大气泡逐渐减少；三是稀薄阶段。颜色加深，气泡变为小而密，表面平静，此时是投料拔丝的最佳时机。

返砂是糖变成液体后又变成砂糖。水拔法最可能出现这种现象，原因是糖溶于水成糖液，当所加水蒸发完时，火不够旺，搅动不及时，即可能还原成砂糖。此时再搅，部分糖粘附在勺上，底下部分快速变色烧焦。油拔炒糖必须使糖粒彻底溶化，不能留下未溶化的颗粒，否则会影响出丝。油拔时如火候掌握不当，很可能出现部分糖粒未溶化，另一部分糖液已转色变焦的现象。

（2）油炸、熬糖要同步进行　拔丝的原料在复炸时，要尽量与熬糖同步进行。如果事先将原料炸好，糖热料冷，会使糖液迅速凝结，而影响拔丝的效果。油炸的原料在入锅时，必须沥去油分，否则会使糖液难以均匀地包裹到原料上。

（3）盛装盘子要先抹油　盛装拔丝菜肴的盘子，要事先抹上油，以避免糖液粘住盘。

（4）拔丝菜肴上桌的速度要快　如果稍有迟缓，就可能拔不出丝来。

（5）拔丝菜肴配以凉开水碗同上　因为拔丝菜的温度很高，并有一定黏度，不小心很容易灼伤食客的嘴唇，如将拔丝菜蘸以凉开水再食用，会更加香脆爽甜，又可避免灼伤的危险。

拔丝的代表菜有“拔丝山药”、“拔丝苹果”、“拔丝土豆”、“拔丝肉丸”等。

[菜肴实例] 拔丝山药

[用料规格] 山药500克，白糖150克，精制油750克（约耗75克）。

[工艺流程] 山药去皮→切块→烫制→炸制→熬制糖浆→盛器抹油→配水碗→山药入糖浆颠翻装盘

[制作方法]

a. 将山药洗净去皮，切成滚料块，放入沸水中烫过，沥净水。

b. 炒锅放油，用中火烧至五成热，入山药炸至九成熟，皮呈黄色取出沥油。

c. 在炸山药的同时，另锅放油25克，在微火上烧至四成热，加白糖，炒至糖溶化，转中火熬至能拔出丝时，迅速倒入山药，锅离火颠翻，使糖液均匀地挂在山药上，倒入事先抹油的盆中，带一凉开水碗同时上桌即成。

[成品特点] 此菜拔丝细长，甜香软嫩，宜于热吃、快吃。

（三）挂霜

[基本含义] 挂霜是将经过油炸、炒制或烤制的小型厚料沾上一层似粉似霜的糖粉的一种甜菜烹调方法。

[基本运用] 根据挂霜的程度分为：暗霜和明霜两种。

① 暗霜是原料表面霜色较薄，基本能透明到原料。其操作是在拔丝的基础上，糖粒充分溶开，锅中气泡由大转小时倒入原料拌匀，冷却后在原料外表凝结一层暗淡的白霜。

② 明霜是原料表面霜色较厚，几乎不能透明内部原料。其操作是在水拔的基础上，糖粒完全溶解后即倒入原料，随即倒入糖粉，拌匀起锅，或原料蘸上糖液后倒在糖粉中，用手拌匀，冷却后原料外层滚沾上厚厚一层糖粉。用此法也可制成“异色霜”，即将糖粉换成咖啡粉、可可粉、巧克力粉等。

无论用何种方法挂霜，在挂霜时应注意以下几个问题：

（1）挂霜的原料最好用烤制或盐炒、砂炒成熟的，这样糖液容易裹均匀。用油炸的原料要用口纸将外表油吸掉，以免糖液挂不均匀。

（2）熬糖时用水而不用油。

（3）正确掌握原料入锅的时间。

（4）有外皮的原料，成熟后要去掉外皮。

挂霜的代表菜有“挂霜生仁”、“挂霜桃仁”、“可可开心果”、“巧克力腰果”等。

[菜肴实例] 挂霜生仁（暗霜）

[用料规格] 花生米300克，白糖50克，白米石子500克。

[工艺流程] 炒制生仁→熬制糖浆→生仁滚沾糖浆→冷却成霜

[制作方法]

a. 将花生米、白米石子分别洗净，一同放入炒锅内，上中火炒制酥脆，用漏勺筛出花生米，脱去花生米外皮待用。

b. 炒锅上中火，倒入清水50克和白糖，待炒至糖水冒泡，将花生米倒入颠翻炒锅，离火用手勺不停地翻动，凉透见霜状时，装盘即成。

[成品特点] 色白如霜，香甜酥脆。

[菜肴实例] 挂霜桃仁（明霜）

[用料规格] 核桃仁300克，葡萄糖粉100克，白糖200克，口纸3张，色拉油250克（实耗25克）。

[工艺流程] 桃仁浸泡去皮→炸制→吸油→熬制糖浆→桃仁挂浆→加入糖粉→搅拌均匀→冷却装盘

[制作方法]

a. 将桃仁入沸水浸泡10分钟取出，用牙签拨去桃仁皮，洗净。

b. 炒锅上火，舀入油，待油温五成热时放入桃仁，炸至桃仁呈淡黄色，轻浮油面时，倒入漏勺沥油，再放入盘中用口纸吸干油分。

c. 炒锅复上火，放入清水100克，加入白糖烧沸，用手勺不停搅动，待糖汁起稠，勺头有黏丝状，锅离火，放入桃仁，用锅铲炒匀，待糖汁紧裹桃仁，再放入葡萄糖粉，搅拌至桃仁成颗粒状，倒入盘中晾开，待冷却后装盘。

［成品特点］糖霜洁白，桃仁酥脆甜松。

任务二 冷菜的烹调方法

学习目的：学习比较典型的冷菜烹调方法，掌握几种主要的、常用的、具有普遍性的制作方法，并能对实例说明举一反三。

教学方法：讲授、演示、实训和理实一体。

任务驱动：本任务重点介绍四个大类的冷菜烹调方法。即卤煮类、拌炝类、腌泡类和其他类。

知识链接：

冷菜，又称凉菜、冷碟、冷盘等。是热制冷吃或冷制冷吃的菜肴，口味甘香，脆嫩而爽口，是菜肴中一个重要的而颇具特性的菜类。在正式筵席中，冷菜不但不可缺少，而且用多种冷菜拼装而成的、具有图形美和色彩美的冷盘，往往能引起人们的注目，突出地显示整个筵席的规格和水平。在某种程度上，起到先声夺人的作用。

冷菜具有鲜、香、嫩、爽、汁紧和入味等特点。

① 鲜：是指原料新鲜及口感鲜美。冷菜对原料的要求在某种意义上比热菜更高。有些腥膻异味的原料，在一定的温度中不是很明显，一旦冷却下来，异味便加重而明显，因为人的味觉感受的最佳温度是在30℃左右，热菜的最佳食用温度为60～65℃，冷菜的最佳食用温度是10℃左右，因此，在选料和调味时要充分考虑这一因素。

② 香：冷菜的香与热菜的香有区别，热菜的香味随着热气扩散在空气中，为人所感知。而冷菜的香则必须在咀嚼时才为人感知，所以，许多冷菜要重用香料，使之具有越嚼越香，给人清新爽快、回味之美感。

③ 嫩：冷菜的嫩，有脆嫩、柔嫩、酥嫩、熟嫩之别。脆嫩主要来自植物性原料，能给人以爽口不腻、清香淡雅之感；柔嫩常与疏松连在一起，有一种入口咀嚼轻松的特殊口感，多为素料；酥嫩有耐咀嚼的质感，主要是一些较为老韧的原料，反复咀嚼方能体会原料的本味和渗入的调味混合后的特殊美味；熟嫩就是咀嚼有阻力，但不大，这些原料本身都比较嫩，加热时间不长，成熟后原料含水分较多，食用时有一种易齿爽滑的质感。

④ 爽：是冷菜独特的特点，具体表现为清爽、爽口、爽意，无论是素原料的冷菜，还是荤原料的冷菜都能体现爽而不腻这一特点。

⑤ 汁紧和入味：一般的冷菜，在制作过程中卤汁都是吸入原料内部，食用时无卤无汁，味透肌理，即是少数冷菜靠浇汁，严格讲，原料经吸味后，盘中的卤汁也是很少的。所以，汁紧、入味表现了冷菜的又一特点。

冷菜的制作方法，部分是热菜烹调方法的延伸、变格，或综合运用，既要加热又要调味；部分冷菜从制作上来看只有调而没有烹。从烹调方法的意义来看，这类冷菜制作的方法不能称其为烹调方法。但是从烹的含义来讲，烹意味着加热、成熟，而烹饪上的成熟并不是指生熟的熟，而是指成熟的熟。何谓成熟，能食用者为熟，所以，不经烹的过程，只有调的方法，从这个意义上讲也可以称为烹调方法。因此，冷菜烹调方法具有冷菜的特有

含义。认识它、分析它、掌握它，对于冷菜制作有着事半功倍的作用。本书重点介绍四个大类的冷菜烹调方法。即卤煮类、拌炝类、腌泡类和其他类。

一、卤 煮 类

卤煮类冷菜的制作，是以水为导热介质的烹调方法，与热菜烹调方法相比，无论是原料选择，火候运用，调味品的应用，还是成品的特色，冷菜都具有其鲜明的特点。原料质地嫩的，加热时间短，以断生为好；原料质地老的，加热时间长，以酥烂上刀为度。调味品中重用香料，以弥补冷菜香气不足，形成特有的“骨香”特色。成菜卤汁紧，不勾芡，所以在烹制时如何考虑入味是关键。卤煮类大体可分为卤、酱、白煮、油焖和酥五种。

（一）卤

［基本含义］是将原料在事先调制好的卤汁中煮或浸的方法。

［基本运用］卤适用原料广泛，最常见的是家禽、家畜及其内脏、蛋类、豆制品类等。烹制时，一种是将原料经初步加工后，直接投入卤锅中用大火烧开，改用小火焖煮，至原料成熟或酥烂，调味料渗入原料为止；另一种是原料经初步熟处理后，投入到卤水中不经继续加热，而浸至入味。卤制完毕的菜肴，冷却后在表面涂上一层麻油，以防止卤菜表面干缩变色，也可将卤好的菜肴一直浸在卤汁中，随用随取。这样既可使菜肴保持湿润和嫩度，也可使菜肴更加入味。

卤菜制作的关键如下。

1. 卤水的调制

卤菜的色、香、味完全由汤卤决定，汤卤分为红卤水和白卤水两种：

（1）红卤水　常用的调味料有：红酱油、红曲米、料酒、冰糖、白糖、精盐、味精、葱结、姜块、大小茴香、桂皮、甘草、草果、花椒、丁香、沙姜、豆蔻等。

（2）白卤水　常用的调味料中除有色调味品和糖类外，其他与红卤水相同。但白卤水中有一种较常用的盐水卤，以葱、姜、料酒、花椒、八角、盐、味精等为调味料。

总之，卤水的调制，用料各地有所不同，口味也因地而异，但有一点是相同的，就是第一次制卤水时，要熬制一定的时间，充分将调味料的味熬入汤卤中，随后才能放入原料。卤水用的次数越多，保存的时间越长，卤制出来的菜肴的味就越香浓。

2. 原料入锅前应先除去血腥异味

卤制的原料，尤其是动物性原料多少带有血腥异味，在卤制前，应先通过走油或焯水处理。走油，一方面可以使原料上色，另一方面在走油的同时也可以除去血腥异味；焯水，同样可以除去原料的腥臊异味和血污。通过对原料的初步熟处理，还有一个好处，就是可以保护卤水的清洁。

3. 掌握成熟度，加热恰到好处

卤制原料往往是大批量进行，一锅卤水中可以同时卤制几样不同的原料或同种很多的原料。同种的原料存在老嫩的不同，受热时间有区别；不同种的原料存在差异性更大，受热时间相差也很大。因此，要把握成熟度这几个方面的问题不能忽视：

（1）易熟和不易熟的原料要分开放置，一般的不易熟的放在下面，易熟的放在上面；

（2）注意随好随捞，做到不过不欠；

（3）如果原料过多，锅底要放置垫衬，防止紧靠锅底的原料烧焦；

（4）正确掌握火候，要求熟嫩的用中火，酥烂的用小火或微火，确保卤制菜肴成熟、成形，恰到好处。

4. 卤水的保管

制成的卤水，卤制原料越多，使用的次数越多，质量越高。卤水的保管：

（1）每次用后要清理残渣碎骨，并烧沸，撇去浮油，防止这些物质沉在底部变质，影响卤汁；

（2）定期添加调料和更换香料；

（3）取放时用专门工具，以防止细菌带入；

（4）选用专门盛器，最好是陶瓷或木制的，并存放在阴凉处，盖上盖。有条件的夏天卤水最好放在冰库预冷间。

卤的代表菜有："卤牛肚"、"卤肫肝"、"卤素鸡"、"盐水鹅"等。

[菜肴实例] 盐水鹅

[用料规格] 肥仔光鹅1只（活宰约2000克），生姜2片，香葱2根，精盐100克，八角2颗，花椒5粒，五香粉5克，香醋25克。

[工艺流程] 鹅的初加工→炒盐→用盐在鹅身内外搓擦→腌制→复卤→吹干→插管→塞入小料→入锅煮焖→中途肚中换汤→继续煮焖→取出插管冷却即成

[制作方法]

a. 将仔光鹅去掉小翅和爪，在右翅窝下开一个6厘米长的小口，从刀口处取出内脏，疏通泄殖孔，放清水里浸泡，洗净血水，沥干。

b. 炒锅上火，放入精盐，花椒、八角、五香粉炒热，离火倒入碗中。

c. 将鹅子放在案板上，用热盐50克和花椒，从刀口处塞入鹅肚内，晃匀。再用热盐25克在鹅腿、脯、脊背上搓擦，使肌肉收缩离骨。将余下的盐从刀口及鹅嘴内塞入鹅颈，放入缸内腌制（夏季腌1小时，冬季腌2小时）取出，放入清卤（清卤调制：汤锅上火，放清水50千克，粗盐40千克，将腌鹅原卤倒入，用微火烧，使盐溶化，撇去血沫，放入葱500克，姜500克，八角100克，烧沸后倒入缸内。每缸盐卤可复卤鹅8~10次，每次20只左右，如卤色变淡红色，要进行回锅煮制，过滤加料处理）内复卤（夏季复卤4小时，冬季复卤6小时）取出，沥尽盐卤，挂起吹干，用12厘米长空心芦管1根插入泄殖孔内。取生姜1片，香葱1根，八角1颗从刀口内塞入肚内。

d. 汤锅上火舀入清水3000克烧沸，放入姜片、葱、八角、香醋，将鹅腿向上，鹅头向下，丢入锅中，小火加盖，焖约25分钟，待锅边水起小泡时，揭开锅盖，提起鹅腿将肚中温汤沥入锅中，复将鹅揿入汤中，使鹅肚内灌入热汤，小火再焖25分钟取出，抽去芦管，冷却即成。

[成品特点] 皮色乳白，肉质红润，皮肥骨香，鲜嫩美味。

（二）酱

[基本含义] 是把原料先用盐、硝水及调味香料腌制入味后，入油锅炸制外层起壳，捞出沥油，再放入锅中加酱油、白糖、料酒、葱、姜、八角和水煮至刚熟状；另锅将甜面酱煸炒，加入炒成淡黄色的面粉、汤汁炒拌成厚糊状，将煮熟的原料投入拌匀，淋入香油，冷凉后改刀装盘。

［基本运用］酱的原料范围较广，动物性原料一般要经事先腌制过程，再经熟制处理和酱制处理，而植物性原料一般只经油锅或水锅制熟后可直接投入酱汁中拌匀，淋入香油即成。

酱制的原料要掌握腌制的时间，严格控制硝的使用量；在煮制过程中要掌握调味品的使用量和成熟度。

酱的代表菜有："酱鸡"、"酱汁肉"、"酱汁茭白"、"酱汁春笋"等。

［菜肴实例］酱汁春笋

［用料规格］鲜春笋750克，甜面酱100克，虾子1克，白糖25克，味精1克，色拉油500克（实耗75克），香油20克，鸡清汤250克。

［工艺流程］笋初加工→刀工处理→酱过筛→笋焐油→熬酱→煮笋→放入酱搅拌→淋入麻油即成

［制作方法］

a. 春笋切去根蒂，去壳，削去老皮，用刀剖开，切成4厘米长的笋段，用刀身轻轻拍松。

b. 用水将甜面酱调开，用汤筛滤去渣汁。

c. 炒锅上火，放入油，待油达五成热时，放入笋段焐油后，倒入漏勺沥油。炒锅复上火，将酱汁倒入，加糖，用手勺搅动，熬透，装盘待用。

d. 炒锅再上火，舀入鸡清汤，放入虾子，烧沸，再放入笋段烧沸，待汤汁快要收干时，再放入酱汁，用手勺不停搅动，待卤汁逐步裹在笋段上，加入味精，淋上香油装盘即成。

［成品特点］色泽酱红，酱味浓郁，吃口脆嫩。

（三）白煮

［基本含义］白煮，是将原料放在水锅或汤锅中煮至刚熟状态，冷却后改刀装盘浇上卤汁的一种方法。白煮菜具有白嫩鲜香、本味俱在、清淡爽口、夏季最宜的特点。

［基本运用］一般适用整只家禽、畜类大块原料的煮制，汤中不加咸味品，取料不用汤（汤另用），原料冷却后改刀装盘或扣碗，另配带调味碟或将调味汁倒入扣碗浸渍入味再反扣盘中上席。

白煮的代表菜有："白斩鸡"、"白切肉"、"白切肚"等。

［菜肴实例］白切肉

［用料规格］猪坐臀肉1000克，葱2根，姜片10克，蒜泥15克，酱油50克，白糖25克，精盐4克，味精2克，料酒10克，鸡清汤50克，香油10克。

［工艺流程］原料初加工→煮制→调制卤汁→改刀装盘→浇卤汁

［制作方法］

a. 猪坐臀肉去皮，修齐边沿，切成长方形，用水洗净。

b. 锅中加入冷水，放入肉，用旺火烧开，撇去浮沫，投放葱、姜片、料酒，肉上放上竹笠，压上重物（不使肉浮汤面），加盖改用小火继续焖煮，至六成熟（筷子插入，拔出时插孔处无血水）捞出，平放盘中，自然冷却。

c. 将蒜泥和调味料一起调成卤汁。

d. 将白肉用刀对切开，批去肥膘（留1厘米左右附在瘦肉上），再斜着肉纹切成长8厘米，宽4.5厘米，厚0.5厘米的大薄片，整齐装入盘中，浇上卤汁即成。

[成品特点] 色泽乳白，肉嫩味鲜，肥而不腻，夏令佳肴。

(四) 油焖

[基本含义] 原料经油炸或干煸去掉部分水分，再加入调味料、汤汁焖烧，最后收干卤汁，见油不见卤的方法称为油焖。

[基本运用] 油焖原料一般加工成片、条、块等形状，不宜太大，否则难以入味；油炸或干煸要尽量透一些，焖烧时调味汤汁应一次加足，不宜中途添加，火力不宜大，吸汁阶段用大一点火。

油焖的代表菜有："油焖茭白"、"油焖冬笋"、"油焖苔条"、"油焖豆筋"等。

[菜肴实例] 油焖豆筋

[用料规格] 豆筋（水发）1000 克，葱结 20 克，姜片 20 克，精盐 5 克，味精 1.5 克，白酱油 50 克，胡椒粉 0.5 克，白糖 20 克，香油 8 克，鸡清汤 250 克，色拉油 1000 克（实耗 100 克）。

[工艺流程] 豆筋煮制沥水→炸制→煸葱姜→下料焖制→收汁出锅→冷却装盘

[制作方法]

a. 豆筋改成一指条，下开水锅煮透，捞出沥干水分待用。

b. 炒锅上火，放入色拉油烧至六成热时，下豆筋略炸一下，倒入漏勺沥油。

c. 炒锅留底油复上火，将葱、姜煸炒一下，加鸡清汤稍煮，捞去葱姜，下豆筋、白酱油、精盐、胡椒粉、白糖、味精烧开后离小火焖制，待锅内卤汁快干时，转中火翻锅淋入香油出锅，待冷却后装盘，浇入多余卤汁即成。

[成品特点] 质地柔软爽口，咸中略带甜味。

(五) 酥

[基本含义] 将原料整理洗净后，用油炸或直接排放在砂锅中，加入调味品，先以大火烧开，撇去浮沫，再以微火慢炖，加热时间一般 3 小时左右，以原料质酥为度。

[基本运用] 酥制原料有荤料，也有素料，制作时一般以批量生产。因此，原料底部要加垫，防止底部原料烧焦。酥制菜的调味品根据不同菜肴和不同地方口味，有所增减，但调味料的投放和汤水要力求一次投放准确。

酥的代表菜有："酥鲫鱼"、"酥铁雀"、"酥海带"等。

[菜肴实例] 酥鲫鱼

[用料规格] 小活鲫鱼（二指宽）750 克，酱瓜丝 50 克，酱生姜片 15 克，葱丝 50 克，红大椒丝 25 克，酱油 50 克，白糖 50 克，香油 100 克，醋 25 克，料酒 150 克，色拉油 1000 克（实耗 100 克）。

[工艺流程] 鲫鱼初加工→炸鱼→主料、配料、调料装入砂锅→上火焖制→取出装盘

[制作方法]

a. 将鲫鱼去鳞去鳃，用刀从脊背剖开，去内脏洗净，沥干水分。

b. 炒锅上火，舀入油，待油温七成时，放入鲫鱼，炸至鱼身收缩，色呈金黄时，用漏勺捞出沥油。

c. 取砂锅一只，内放竹垫，上放酱瓜丝 20 克，酱生姜片 5 克，葱丝 20 克，红大椒丝 10 克，将鲫鱼鱼背向上，鱼头向一边逐层叠起，将余下的酱瓜丝、酱生姜片、葱丝、

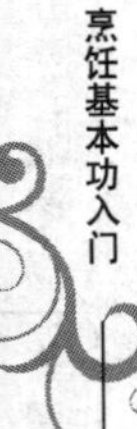

红大椒丝放上，再加入酱油、白糖、醋、料酒、香油，另加清水适量（基本平鱼身）。

d. 砂锅上火烧沸，移小火焖2个小时，收稠汤汁离火，取出竹垫，将鲫鱼背向上复在盘内，淋上卤汁即成。

[成品特点] 色呈金红，骨酥入味，卤汁浓厚。

二、拌 炝 类

拌炝类是最常见的冷菜烹调方法，既有经加热后的调味，也有不经加热直接调味，其口味多种多样，千变万化。拌和炝在实际操作中有联系也有区别，有的地方将它们并列，有的地方将它们分开，也有的地方不分。本书主张将它们分开，拌就是拌，炝就是炝，研究探讨拌和炝各自的操作要领，掌握各自菜肴的特点。

（一）拌

[基本含义] 是把生料或晾凉的熟料加工成丝、条、片、块等小形状，再用调味品拌制的烹调方法。

[基本运用] 拌的方法适应面比较广，拌有素类原料的拌，也有荤类原料的拌，也有荤素原料的混合拌；同时，拌有单独生料的拌、单独熟料的拌，也有生料熟料在一起的混合拌。拌的常用调味品有：酱油、精盐、味精、糖、醋、花椒面、辣椒面、香油、蒜末、姜汁、辣油、辣酱等。拌菜的最大特点是爽嫩、清淡而不腻。

拌的代表菜有："青蒜拌肚丝"、"凉拌黄瓜"、"辣味牛肚"、"芥末鸡丝"等。

[菜肴实例] 芥末鸡丝

[用料规格] 熟鸡脯肉250克，芹菜50克，绿豆芽50克，芥末（发好的）50克，精盐1克，白酱油25克，醋0.5克，味精0.5克，香油15克。

[工艺流程] 撕鸡丝→配料初加工→焯水→调味→垫底→调制芥末→调制调味→主料调拌→装盘于垫底料上面

[制作方法]

a. 鸡脯肉撕成细丝，绿豆芽掐去两头，芹菜取心、去筋与绿豆芽焯水，捞出摊于竹筛内，冷却后拌入盐0.5克、香油5克，放于盘子垫底。

b. 芥末用白酱油调散，打去粗渣，加入醋、盐、味精、香油调匀，然后与鸡丝拌匀，放于盘中垫底料上面即成。

[成品特点] 清淡爽口，鲜香味美。

（二）炝

[基本含义] 是将一些生料或将生料加工成丝、片、条、块用沸水稍烫，晾凉后用花椒面、花椒油、芥末油、芥末酱、白酒、姜末、蒜末等具有较强挥发性物质的调味品浇（撒）上，食用时由食客自己拌匀的一种烹调方法。

[基本运用] 炝有鲜活原料的生炝（活炝）；也有经上浆滑油后的滑炝；也有经焯水后的普通炝（一般炝）。

炝的代表菜有：生炝："炝虾"、"炝莴苣"等；滑炝："滑炝鸡丝"、"滑炝鱼片"等；一般炝："虾子炝药芹"、"炝腰片"等。

[菜肴实例] 炝虾

[用料规格] 活河虾350克，姜米20克，香菜叶10克，60°洋河酒50克，香醋50克，白

胡椒粉2克，味极鲜酱油50克。

[工艺流程] 虾初加工→入碗加酒醉→调制调味料→虾与调料上席→揭盖倒入调料→食客自己拌食

[制作方法]

a. 河虾洗净，剪去须脚，再用清水冲一下，盛入碗内，将白酒淋入，盖上盘子，以免虾蹦出（一般在上桌前5分钟制作，以保持虾的鲜活）。

b. 将小料、调味料放在一个小碗内调匀。

c. 将虾反扣盘中滗去多余酒水，连同调味一起上席，揭去碗，倒入调味，食客自己拌食。

[成品特点] 鲜虾活吃，酒香肉嫩，别具特色。

三、腌　泡　类

腌泡是以盐为主要调味品，配合其他调料，将原料经过一定时间（短则数小时，长则数日）腌制成可直接食用或经过加热成熟，并具有特殊风味质感的成菜方法。经腌制的原料，植物性原料会更加爽脆；动物性原料便会产生一种特有的干香味，质地变得紧实耐咀嚼。它们有的可单独作为冷菜使用；有的既可作为冷菜使用，也可作为热菜使用。

根据腌制方法、形式和过程的不同，大致可分为腌风、腌腊、腌泡三类。

（一）腌风

[基本含义] 将原料以花椒盐擦抹周身后，置于阴凉通风处吹干水分，然后以蒸或煮制成冷菜的方法。成菜质地干香，有咬劲，耐咀嚼。

[基本运用] 腌风的原料都为动物性原料，因腌制时间较久，故多在秋冬季节制作。腌风制品应掌握：一要选择刚宰杀或极为新鲜的原料，风制时一般不经水洗，否则易变质，不易保存；二要风制时将花椒盐内外擦遍、擦透，不留死角，禽类、鱼类如不去毛和鳞的，将盐擦抹肚中，要沟匀周到，同时要注意花椒盐的用量；三要风制时应悬吊在背阳通风处，避免日晒雨淋。风制的时间可根据原料质地和形体大小而定。一般禽类1个月左右，鱼类半个月左右。

腌风的代表菜有："风鸡"、"风鳗"、"风肉"等。

[菜肴实例] 风鸡

[用料规格] 当年活公鸡1只（1500克左右），花椒盐125克，葱结25克，姜片25克。

[工艺流程] 宰杀→开膛→取内脏→擦拭内膛→擦拭调料→捆紧鸡身→风制→解绳拔毛→洗涤泡水→煮制→撕成鸡丝→装盘

[制作方法]

a. 将公鸡宰杀后，血放净，从左腋下开一刀口，取出内脏，用洁干布将体腔内拭干。

b. 待鸡体温散后，将花椒盐100克从刀口处放入体内，用手指在鸡体内四周擦拭透，另将花椒盐25克在鸡嘴和刀口处擦拭到位。

c. 将鸡头揣入刀口，合上翅膀，用绳子将鸡身整个缠紧，挂在通风处风制（约一个月即可烹食）。

d. 解开风鸡的绳子，拔毛，洗净，用清水泡2个小时，入沸水锅焯水。

e. 将收拾干净的风鸡放入砂锅，加满清水，上火烧沸，撇去浮沫，加入葱、姜，移小火焖透，取出鸡子，稍凉，撕成鸡丝，装盘即成。

[成品特点] 鸡肉鲜嫩，腊香味浓，别具特色。

（二）腌腊

[基本含义] 是将原料以花椒盐或硝盐腌制后，再进行烟熏，或腌制后晾干，再行腌制，反复循环几次的方法。腌腊后的成熟方法有蒸和煮等。

[基本运用] 腊制菜，都为动物性原料。腊制菜适宜批量生产，一般在冬季制作，四季可用。经腌腊的原料，香味浓烈，咸淡适中，带有烟香味，具有质地坚实、余味悠长的风味特色。在腌腊时应注意，盐腌后及时除去渗透出来的水，并掌握盐的使用量，咸淡适中。如取烟熏法，熏制时火不可太大，烟气不可太急，防止熏焦原料。

腌腊的代表菜肴有："腊肉"、"腊肠"、"腊香肚" 等。

[菜肴实例] 四川腊肉

[用料规格] 新鲜猪肉 50 千克，葱段 10 克，姜片 10 克，精盐 3600 克，硝盐 75 克，五香粉、糖、酒等调味根据各地口味使用。

[工艺流程] 刀工处理→炒盐→擦盐→腌制→晒制→风制→蒸制→刀工处理装盘

[制作方法]

a. 将肉切成长 40 厘米，宽 3 厘米左右，每条约重 250 克的长方条。

b. 将盐放入锅内上火炒热，放入大盆内晾凉后，加入硝盐、五香粉调拌均匀。

c. 用炒后拌匀的盐擦肉块，将擦后的肉，皮向下，肉面向上放入缸内，一层一层叠紧，最上面一层，皮向上，肉面向下，整齐平放，将多余调料洒在缸内。

d. 腌 2 ~ 3 天（冬天 3 天，夏天 2 天），翻缸一次，再腌 2 ~ 3 天即可出缸。

e. 用清水洗净肉皮上白沫，再用铁钎在肉的一头穿眼，用麻绳结套拴扣，挂在通风处吹干水分，天气晴朗时可放太阳下曝晒 3 天，也可用烘房烘烤至肉水分收干。以后仍放在通风处，随用随取。

f. 取腊肉 2 条，用温水洗去表层灰尘，放在蒸盘内，放上葱姜，入蒸笼蒸制 1 小时左右，取出切片装盘。

[成品特点] 色泽红亮，腊香味浓，别具一格。

（三）腌泡

[基本含义] 是将原料浸泡在不同的调味料的卤汁中，有些原料先经盐腌；有些质地脆嫩、调味易渗入的原料，则直接浸泡于卤汁中。腌泡的时间随原料质地及成菜要求而定。

[基本运用] 腌泡菜肴有浓郁的卤汁味，又能保存一定的时间，适宜批量加工。根据调味料的不同，可分为糟、醉、泡三种。

1. 糟

糟是将加热成熟的原料浸泡在以糟卤为主要调味的卤汁中的一种腌泡方法。糟制菜肴强调味爽、糟香突出、成品质地鲜嫩等特点。常用的糟料有红糟、香糟和糟油三种。

糟制菜制作时应注意以下四点：

（1）糟制的原料应是极新鲜而且颜色白净的禽类和畜类及部分素料。为了突出糟香味，原料一般只选味感平和而新鲜的。

（2）除非原料质地十分老韧，一般以煮到刚熟为好，煮得过于酥烂，成品质感反而不佳。

(3) 糟制的方法，一般是先以盐将煮熟的原料腌制入味，随后泡入糟卤中。香糟只取糟卤，也可在糟卤浸制的同时，将过滤出的糟渣用纱布包着压在原料身上。用红糟的一般不经过滤，原料加盐、白酒等料腌制后，放入稀释后卤汁中浸泡，成菜时还黏附少许糟粒，风味更加独特。

(4) 糟制品在低于10℃的温度下，口感最好，夏天制作此菜，最好放冰箱中，随吃随取。这样能使糟菜更具清凉爽淡、满口生香的特点。

糟制代表菜有："糟油口条"、"红糟鸡"、"糟冬笋"、"香糟肉"等。

[菜肴实例] 香糟肉

[用料规格] 带皮猪肉50千克，酱油5千克，香糟3千克，白糖2千克，精盐750克，生姜520克，味精100克，香油150克。

[工艺流程] 猪肉改刀泡水→入锅煮制→加入调料→焖至酥烂→出锅→装盘

[制作方法]

a. 将肉切成10厘米长、3.5厘米宽、0.7厘米厚的块，用清水将肉浸泡，去除血水。

b. 将肉捞出放入锅中加水煮沸，撇去浮沫，放入葱姜，用小火煮1小时左右，改用微火，同时加入各种调料，香糟用纱布包扎放入，直焖至汁浓皮烂时，即可出锅。趁热将糟肉竖排在大托盘中，多余卤汁均匀浇在上面，冷却后入冷藏室。

c. 用筷子或专用工具取出香糟肉整齐装盘（临食时上席）。

[成品特点] 肉酥质烂，香糟味浓，油而不腻。

2. 醉

醉是以酒和盐作为主要调味料浸泡原料的方法。醉菜酒香浓郁，肉质鲜美，所用的酒一般是优质白酒或绍兴黄酒。醉制的原料通常是活的河、海鲜及熟制的禽畜类原料，少数的植物类原料有时也可用来醉制。制作方法通常是先调制卤汁，后将原料浸泡于卤汁中，也有个别菜是依次加料，浸渍腌制。醉制的基本要求是：用鲜活原料醉制的，应事先洗涤干净，有的原料要放在清水中静养几天，使其吐尽污物；醉制时间长短，应根据原料而定，一般生料腌泡时间久些，熟料短些；长时间腌泡的，卤汁中咸味调味料不能太浓。短时间浸泡的不能太淡。采用黄酒醉制的，时间不能摆放太长，防止口味发苦。

醉制的代表菜有："醉蟹"、"醉黄螺"、"醉鸡"、"酒醉小竹笋"等。

[菜肴实例] 醉蟹

[用料规格] 活湖蟹3000克（每只约125克），曲酒500克，冰糖100克，花椒50克，姜块（拍松）50克，葱100克，花椒盐75克，精盐250克。

[工艺流程] 蟹净养去体内污物→清洗外壳→装包压物去水分→煮制盐水→蟹装坛醉制→蟹脐放入花椒盐→复入坛→加入盐水冰糖→封坛口→腌醉→改刀装盘

[制作方法]

a. 将蟹放入清水中活养3小时左右，使蟹吐出体内污物，再用刷子刷去体外污物，装入干净的蒲包内，上压重物，沥去水分。

b. 炒锅上火，放入1500克清水，加精盐、花椒、姜、葱烧沸，离火。冷却后拣去姜葱，倒入钵内沉淀。

c. 用小坛子一只，洗净，并擦拭干净，放入蟹，放入曲酒使其饮醉，再将蟹逐只取出，掰开蟹脐，放入花椒盐5克，将脐合上，外用蟹小爪稍插一下，防止花椒盐散落，再逐只放入坛中，倒入冷盐水，放入冰糖，用荷叶将坛口封住，外敷黄泥，醉20天左右即可食用。

d. 取醉好的蟹2只，掰开外壳，用刀十字交叉将蟹分成四块，保持原形，盖上蟹壳，整齐摆放盘中，淋上醉蟹原汁即成。

［成品特点］酒味香醇，蟹黄甘鲜细腻，蟹肉嫩质似胶。

3. 泡

泡是以时鲜蔬果为原料，投入经调制好的卤汁中浸泡成菜的方法。泡菜根据调味料的不同，形成各种不同风味的泡菜。在制作时应注意以下几个问题：

（1）用来泡制的原料应新鲜，含有较多的水分，这样泡出的菜才会具有脆嫩爽口的质感。

（2）每次泡入新的原料应随之按比例添加佐料，做到先泡先取，泡菜的卤汁口味，泡制的原料越多，时间越长，口味越佳。泡菜坛内的卤汁如遇红白醭，可以点入一些白酒即可除去，若卤水严重溢出，出现异味则说明已变质，应废弃不能再用。

（3）取食泡菜时不能带入油腻和其他不洁物，要用干净的专用工具夹取，以防卤汁变质。

（4）泡制时间的长短应根据原料的形体大小、质地及季节而定。一般较厚实的原料泡制时间长一些，细、薄的原料稍短一些；夏天泡制1天最多2天即可食用；冬天一般需泡制3天以上。糖醋卤泡制，一般1天即可，季节影响不大。

泡制的代表菜有："四川泡菜"、"朝鲜泡菜""西式泡菜"、"酸黄瓜"等。

［菜肴实例］西式泡菜

［用料规格］洋白菜1500克，葱头400克，胡萝卜400克，黄瓜300克，菜花250克，芹菜250克，青椒250克，干辣椒段100克，丁香15克，桂皮75克，白胡椒粒8克，精盐40克，白糖900克，白醋200克。

［工艺流程］初加工→各种原料改刀→分别焯水→装坛→制卤→泡制→取料装盘

［制作方法］

a. 将洋白菜剥去外围老叶洗净，切成3.5厘米长的四方块；将菜花摘洗干净，切成小块；把芹菜洗净，撕去老筋，切成小方块；把胡萝卜去皮、去根切成花边形；青椒去子、根蒂，洗净，切成小方块；黄瓜去子洗净，切成小方块；葱头去根、去外层皮洗净。

b. 锅上火加入清水，烧开后，先将洋白菜焯水，过凉，控干水分；再将胡萝卜、菜花、青椒、芹菜、黄瓜、葱头依次投入开水锅中焯水，过凉，控干水分。一起放入泡菜坛内。

c. 锅上火加入清水1500~2000克，水开后，放入干辣椒段、丁香、桂皮、胡椒粒转小火煮30分钟左右，离火，放入白糖、白醋、盐，搅拌均匀，待冷却后，捞出汤料，汤汁倒入坛内，然后盖上盖，泡一天就可食用。

d. 用干净筷子（或专用工具）取泡菜装盘。

［成品特点］色泽鲜艳，口感爽脆，口味微咸、微甜、微酸、微辣，佐酒佳肴。

四、其　他　类

冷菜烹调方法，除了上面介绍的三大类之外，应该说冷菜的烹调方法还有很多。因为，冷菜的烹调方法与热菜的烹调方法一样，面临分类标准不统一的问题，从不同的分类角度和不同的分类方法，烹调方法就很难统一，也无法统一。这里主要介绍：蒸制、烤制、炸制、冻制、松制等几种方法。

（一）蒸制

［基本含义］蒸制是利用气体的对流，将经过调味和成形的原料定形成熟，便于刀工处理和食用。

［基本运用］广泛运用于液状、蓉状和一些成形原料的制作。经蒸制的原料可直接成为热制冷吃的菜肴；也可成为工艺冷盘拼摆的重要原料。冷菜的蒸制，一般火力不宜过大，蒸制的时间一般不会太长，但要控制得当，做到不过不欠。

汽蒸的代表菜有："玛瑙蛋"、"双色蛋糕"、"风味鱼糕"、"紫菜鱼卷" 等。

［菜肴实例］双色蛋糕

［用料规格］新鲜鸡蛋 20 只，皮蛋 6 只，面粉 15 克，精盐 10 克，胡椒粉 2 克，香油 15 克。

［工艺流程］调制蛋液→平盆抹油→皮蛋切块→皮蛋、蛋液入盆→上笼蒸制→改刀装盘

［制作方法］

a. 将鸡蛋磕开，蛋清蛋黄分开放入容器内（蛋黄另用），加盐、胡椒粉、面粉调匀成蛋糊。

b. 取平底瓷盆，抹上香油待用。

c. 皮蛋去壳，逐个切成大小相等的 6 块船形块，弧面向下均匀摆放在瓷盆内，另将蛋糊缓慢倒入盆中（淹没蛋块）。

d. 将蛋盆放入蒸笼，小火加热至熟出笼，冷却后整齐取出，切片装盘即成。

［成品特点］质地柔嫩，味道咸鲜，色泽分明。

（二）烤制

［基本含义］冷菜的烤制方法几乎与热菜的烤制方法没有什么区别，只是在食用时间上、原料要求上和调味品的选用上有些区别。冷菜的烤制：成品冷却后再刀工处理、装盘；原料的皮色、肥瘦、完整性比热菜要求要高；在调味品的选用上，去腥、增香类调味品比热菜使用量和使用品种要多一点。

［基本运用］冷菜的烤制适用于禽类、畜肉类、扁平状的鱼类或加工成扁平状的原料；同时也适用于一些植物性原料和制品的烤制。

烤制类代表菜有："电烤鸡"、"烤白丝鱼"、"烤脆皮肉"、"烤素鸡" 等。

［菜肴实例］烤脆皮肉

［用料规格］猪五花肉（中方）1 块（约 2000 克），葱汁 25 克，姜汁 25 克，麦芽糖 15 克，白醋 5 克，花椒盐 75 克，五香粉 5 克，胡椒粉 5 克，料酒 25 克，香油 50 克，味精 2 克。

［工艺流程］五花肉处理→调制调味汁→肉面上抹调味汁→肉皮上抹醋、抹麦芽糖→上钩吹干→入炉烤制→改刀装盘

[制作方法]

a. 将五花肉剔去肋骨，用温水刮洗干净，在肉的一面，间隔3.5厘米，顺肋骨方向剞一刀深1厘米的口子，然后用竹扦在肉的一面插些小气眼（皮不破），入开水锅煮10分钟捞出，再刮洗一下，晾干水分待用。

b. 取碗一只，将花椒盐、五香粉、胡椒粉、姜汁、葱汁、料酒放入调均，均匀地抹在肉面上。

c. 将白醋先在肉皮上均匀地抹一遍，再抹一遍麦芽糖，然后用铁钩挂起，置通风处吹4小时左右。

d. 将肉挂在直立烤箱中，底放一个托盘，温度调至250℃，烤至肉将熟时，取出在肉皮上刷香油1~2次，继续烤，待肉皮酥脆时即可取出。

e. 待烤肉稍凉后改刀装盘即成。

[成品特点] 色泽红亮，皮脆肉香，油而不腻。

（三）炸制

[基本含义] 原料经调味品浸渍或其他方法处理后，投入一定温度、一定油量的油锅中炸至酥脆或外脆内嫩的质感效果，冷却后直接食用或经调味的淋浇或浸卤后再食用的方法。

[基本运用] 采用单纯炸制的冷菜品种，在冷菜中的数量并不太多；而采用炸制后，再利用其他方法配合的冷菜品种还是有一定数量的。

炸制类的代表菜有：

（1）单纯炸制的有："椒盐乳鸽"、"香酥猪排"、"面拖虾"、"油炸腰果"等。

（2）炸制后再用其他方法配合的有："盐味油爆虾"、"糖醋脆鱼"、"无锡脆鳝"等。

[菜肴实例] 香酥猪排

[用料规格] 猪大排1500克，面包糠150克，鸡蛋4只，干淀粉100克，姜片50克，葱结75克，精盐40克，料酒100克，山柰1克，八角2克，丁香0.5克，桂皮1克，豆蔻0.5克，甘草5克，味精2克，香油25克，色拉油1500克（实耗100克）。

[工艺流程] 排骨刀工处理→拌味→蒸制→调蛋液→排骨拍粉沾蛋液、粘面包糠→炸制→改刀装盘→淋入香油

[制作方法]

a. 将大排洗净，斩成1厘米厚的块，放入容器内，加盐、料酒、姜片、葱结、山柰、八角、丁香、桂皮、豆蔻、甘草拌匀浸渍30分钟，再加入味精，上笼旺火蒸40分钟出笼。

b. 将蒸后的排骨摊于盆中，晾干水气（香料可留作他用）。

c. 鸡蛋磕入碗中，搅打均匀。

d. 将大排逐块用干淀粉拍一下，沾上蛋液，再粘上面包糠。

e. 炒锅上旺火放入色拉油，至油温七成热时，将大排逐块投入油锅炸至金黄色时，用漏勺捞出沥油。食用时改刀成小块装盘，淋上香油即成。

[成品特点] 色泽金黄，外酥内嫩，香味浓郁，冷食、热食皆宜。

（四）冻制

[基本含义] 冻制是将含胶质丰富的动物性原料加热水解成胶体溶液，然后自然冷却冻结或加入其他烹饪原料一起凝固成菜的冷菜烹调方法。对于一些含胶质不足的原料冻制，可

加入琼脂或皮汤，利用它们的胶质作用，使制品冷却后凝固成形（也有用模具如小碗、酒杯、汤匙等来制作的）。

［基本运用］冻制菜肴适用于新鲜、腥味较少的原料，如：鸡、猪肘、蹄髈、鸡爪、鸡翅、鸭掌、鸭舌、虾仁及一些鱼类、蔬菜类、水果类等原料。

冻制菜肴是夏季时令菜式。其代表菜有："水晶凤脯"、"水晶虾仁"、"五丁水果冻"、"水晶鸭舌"、"冻羊羔"、"水晶肴蹄"等。

制作好冻制菜肴，以下几点要认真掌握。

1. 掌握胶质的熬制方法

一般琼脂与水或清汤的比例为1∶(70～100)，熬煮时要先将琼脂浸泡至软，然后与水一起用小火熬制至琼脂全部溶化即可。琼脂具有反复加热结冻的特点，因此，可以批量生产，分批使用。皮汤的熬制，肉皮最好选用猪脊背和腰肋部的皮为好，要去净皮上的肥膘和污物，加水用小火煮烂。最好的皮汤是蒸制的。如属制作水晶冻的，煮制后用汤筛过滤再用明矾吊清；如属制作浑色的冻，也可将肉皮切碎与其他原料一起烧煮，一般是1000克原料加500克肉皮，以增加汤汁胶质，冷却后加强凝固。

2. 掌握胶质的浓度

含胶物质的用量应随菜的不同和水或汤的量不同而恰当掌握，一般的成品以装盘能结冻不塌为标准。

3. 注意冻制原料的质量

冻菜的原料应选择鲜嫩无骨、无血腥的原料；刀工处理后要整齐均匀；煮制或划油要掌握成熟度；配料应选用色彩鲜明、质地鲜嫩的原料。如属分装的，应注意原料的排列整齐。

4. 要注意冻制菜的调味效果

冻菜的口味以清淡不腻为主，不能偏咸。

［菜肴实例］水晶凤脯

［用料规格］熟带皮鸡脯肉2个（约400克），琼脂5克，熟火腿25克，青豆20颗，水发香菇25克，葱结10克，姜片10克，精盐15克，料酒10克，胡椒粉1克，味精2克，鸡清汤500克。

［工艺流程］鸡脯刀工处理→平放盘中→配料刀工处理→组合成花朵放在鸡脯肉上→制作琼脂→倒入平盘中→入冷藏凝固→改刀装盘

［制作方法］

a. 将鸡脯肉用刀批成长5厘米，宽3.5厘米，厚0.8厘米的长方块10块，皮向上放在平底盘中，间隔2厘米。

b. 火腿批成薄片，修成小花瓣；香菇切成丝做花梗；青豆去皮分两瓣，用做花蕊。然后将花瓣、花梗、花蕊组合起来放在鸡肉块上。

c. 琼脂用清水漂洗干净后盛放在盆内，加入鸡清汤、精盐、胡椒粉、料酒、味精、葱结、姜片，上笼用旺火蒸至琼脂溶化后出笼，用干净纱布过滤，稍凉后，缓慢倒入平盘，将鸡块淹没为度。入冷藏凝固。

d. 将凝固成形的水晶凤脯，用刀改成比鸡块四周大约0.5厘米的长方块，装盘即成。

［成品特点］色彩鲜艳，晶莹剔透，口味咸鲜，夏令佳品。

（五）松制

［基本含义］松制类冷菜亦称为脱水类冷菜。松制品是冷菜的一种形态或质感，是将无皮无骨无筋的原料，采用炸、烤、焙、炒等方法脱水变脆或变得松软的制作方法。

［基本运用］松制类冷菜大致可以分为两类：一类比较容易脱水的，如切成细丝的植物性原料，有“青菜松”、“土豆松”、“藕松”等，还有鸡蛋液经油炸即可成“蛋松”；另一类不易脱水的动物性原料，如鸡肉、猪瘦肉、鱼肉、虾肉等，往往先经烧、煮、焖、蒸等方法，然后再经炒、烤、焙等方法脱水。脱水冷菜质地疏松、酥脆或柔软，色彩悦目，可塑性强。用做单碟或拼装点缀工艺，是冷盘不可缺少的菜品之一。

松类菜肴几乎脱尽原料内的水分，操作难度很大，稍有不慎，则因脱水不足而产生皮韧的口感，或因脱水过度而枯焦变味。因此，在制作过程中，应根据不同的原料，采用不同的脱水方法，对火力、油温和加热的时间要掌握得当。另外，要注意松类制品的调味时间、调味方法和调味的量，确保松类制品的质量。

［菜肴实例］虾松

［用料规格］新鲜小虾仁500克，姜片50克，葱结50克，精盐2克，料酒50克，胡椒粒2克，味精1克。

［工艺流程］虾仁初加工→煮制→搓制成蓉→焙烤→装盘

［制作方法］

a. 将虾仁洗净，拣去杂质。

b. 炒锅上火加清水（以淹没虾仁为宜），放入虾仁，放入葱姜、调料（胡椒粒用纱布包扎），微火慢煮，待锅中水快干，虾仁十分软烂出锅，倒入平盆中，拣去葱、姜和胡椒包，稍凉后，用双手反复将虾仁揉搓成虾蓉状。

c. 将虾蓉放入烤箱内，用150℃左右的温度烤干虾蓉水分，取出，冷却后装盘即成。

［成品特点］咸鲜味美，单碟或作为工艺拼盘的垫底皆宜。

评价方法：操作过程。

评价内容：学生学习本模块后，能熟练掌握烹饪操作的特点、运用和要领，并切实练好基本功。对几种主要的、常用的、具有普遍性的烹调方法，能列举实例说明。

思考与练习：

1. 热菜的传热方式主要有哪几种？
2. “烧”具有哪三层含义？
3. 油脂作为传热介质的优点有哪些？
4. “爆”又可分为哪几种爆法，分别有什么特点？

参 考 文 献

1.《中国烹饪百科全书》编委会. 中国烹饪百科全书. 北京：中国大百科全书出版社，1992

2.《中国烹饪大全》编委会. 中国烹调大全. 哈尔滨：黑龙江科学技术出版社，1990

3. 江苏省烹饪协会，江苏饮食服务公司编. 中国名菜谱（江苏风味）. 北京：中国财政经济出版社，1990

4. 四川省蔬菜饮食服务公司编. 中国名菜谱（四川风味）. 北京：中国财政经济出版社，1991

5. 广东省饮食服务公司编. 中国名菜谱（广东风味）. 北京：中国财政经济出版社，1991

6. 刘万朗著. 腌腊酱菜食品制法400例. 北京：中国展望出版社，1983

7. 江苏扬州商业学校编著. 烹饪工艺技术. 上海：上海科学技术出版社，2005